国家林业和草原局普通高等教育"十三五"规划教材
国家级一流本科专业（网络安全与执法）建设成果
江苏省高校品牌专业（网络安全与执法）建设工程项目资助

数据结构：Python 语言描述

钱　珺　江林升　主编

U0161994

中国林业出版社

内 容 简 介

本书是编者结合多年教学经验及国内数据结构课程现状，采用 Python 作为描述语言编撰的一本数据结构教程，适用于全国高等院校计算机及相关专业。本教材内容包括绪论、线性表、栈和队列、字符串、树、图、查找、内排序和外排序 9 章。

图书在版编目(CIP)数据

数据结构：Python 语言描述 / 钱珺，江林升主编．
—北京：中国林业出版社，2020. 10
国家林业和草原局普通高等教育"十三五"规划教材
ISBN 978-7-5219-0658-5
Ⅰ．①数… Ⅱ．①钱… ②江… Ⅲ．①数据结构–高等学校–教材②软件工具–程序设计–高等学校–教材
Ⅳ．①TP311. 12②TP311. 561
中国版本图书馆 CIP 数据核字(2020)第 119684 号

中 国 林 业 出 版 社 教 育 分 社

策划、责任编辑：曹鑫茹　高红岩　　　　　　责任校对：苏　梅
电话：(010)83143560　　　　　　　　　　　传真：(010)83143516

出版发行　中国林业出版社(100009　北京市西城区德内大街刘海胡同 7 号)
　　　　　E-mail：jiaocaipublic@ 163. com　电话：(010)83143500
　　　　　http://www. forestry. gov. cn/lycb. html
经　　销　新华书店
印　　刷　北京中科印刷有限公司
版　　次　2020 年 10 月第 1 版
印　　次　2020 年 10 月第 1 次印刷
开　　本　787mm×1092mm　1/16
印　　张　20.25
字　　数　530 千字
定　　价　56 元

前　言

　　数据结构是计算机学科的重要分支研究领域，在计算机学科中的地位十分重要，其他计算机科学领域及有关的应用软件都要使用到各种数据结构，学好数据结构这门课程对于学生日后从事计算机相关行业大有益处。但目前众多的数据结构教材通常采用伪代码或 C 语言描述，学生学习伪代码常常难于将其使用自己熟悉的语言实现，使得理解数据结构变得难上加难。由于 Python 语言的一些优点，近年来已经有很多院校采用它作为第一门计算机科学技术课程的教学语言。Python 较为简单且具有足够的抽象性，非常适合描述数据结构，但目前使用 Python 语言描述数据结构的教材非常稀缺。本书采用 Python 语言作为数据结构的描述语言，基于 Python3 版本同时考虑到 Python 语言的特色及程序的可读性，学生通过上机操作，可以形象地看到数据结构在计算机中的表示，使得抽象的内容变得具体化。

　　本书每一章首页都根据该章内容绘制了思维导图。思维导图能够动态展示思维过程和教学过程，有利于学生课堂预习。学生在思维导图的引导下，能够很快掌握知识点的分布，理解各个知识点的关系，并根据绘制的思维导图，得到思维拓展和训练。除了每章相应的知识内容外，本书还包括了章节小结和习题，根据学生实际学习情况选择难度不同的习题，有助于学生检测自己是否真正掌握了知识点。本书结构严谨，内容深入浅出，配有大量的图示和说明，易教易学。

　　本书共分为 9 章。

　　第 1 章是基础知识，主要介绍了数据结构的基本概念，包括数据的逻辑结构、存储结构、基本运算和运算的实现以及算法分析等。

　　第 2 章主要介绍了线性表相关的基本概念和抽象数据类型的定义、线性表的一些常见运算、线性表的顺序和链式存储表示及其在这两种存储结构上的实现。

　　第 3 章讨论了栈和队列的基本概念和抽象数据类型的定义、栈和队列的顺序和链式存储表示以及算法实现和常见应用。

　　第 4 章简要介绍了字符串、数组和广义表的定义及存储表示。

　　第 5 章讨论树形结构，包括树、二叉树、森林、哈夫曼树和哈夫曼编码等内容。

　　第 6 章主要介绍了图结构的基本概念、抽象数据类型定义、存储结构以及树的遍历，还介绍了最小生成树、最短路径、拓扑结构等概念和实现方法。

　　第 7 章主要介绍查找的基本概念以及基于静态查找表和基于动态查找表的查找原理和实现方法。

　　第 8 章主要介绍内排序的基本概念以及插入排序、交换排序、选择排序和归并排序等多种排序的原理和实现方法。

第 9 章简要介绍了外排序的概念及磁盘排序的原理和实现方法。

本书的主编为钱珺、江林升，副主编为吴育宝，蔡都参与了部分内容的编写，陈胜涛、岳景彪、李睿哲、毕志杰、王悦骅、公国旭、夏铮、王远昊、段琛等同学参与了校对、素材整理等工作。本书的编写得到了南京森林警察学院领导的帮助和关心，也得到了中国林业出版社的大力支持，在此表示衷心感谢。由于水平和能力有限，书中若有不当之处，恳请各位同仁和广大读者给予批评指正。

编　者

2019 年 12 月

目　录

第1章 绪 论

　　自20世纪40年代世界上第一台计算机问世以来，计算机产业飞速发展。随着计算机的普及和软硬件技术的发展，计算机的应用越来越广泛，计算机已由早期主要处理科学计算中的数值型数据发展到现在处理各种如字符、表格、图像、声音、视频等非数值型数据。如何选择合理高效的数据结构处理非数值型数据是数据结构主要的研究内容。本章主要介绍数据结构的基本概念，包括数据的逻辑结构、存储结构和基本运算以及算法分析等内容。

思维导图

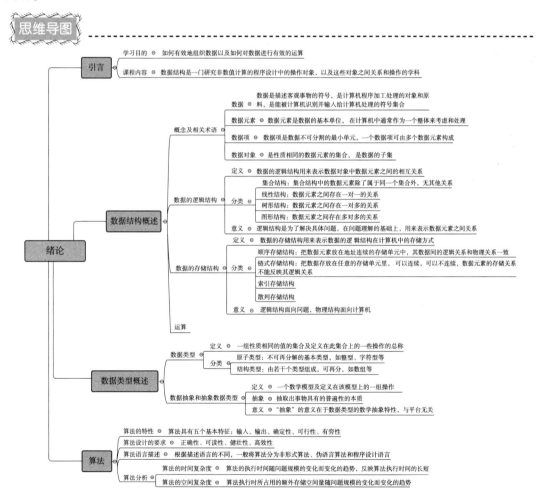

1.1 引言

1.1.1 学习目的

在现实生活中，当谈到事物的"结构"时，一般是指它由哪些部分组成，各部分之间的相互关系如何等。对"数据结构"这个概念，从字面上可以理解为数据的组成和相互间的关系，或称数据的组织形式。不过这并不全面，因为数据结构中还应包含数据的相关操作。

在计算机发展初期，计算机主要被用于处理数值计算，在学习高级语言时所编制的程序基本上也是属于数值计算的，如级数求和、方程求根等，由于所涉及的数据对象比较简单，数据结构的问题并不突出，程序设计者的主要精力集中在程序设计的技巧上，随着计算机软硬件的发展和计算机的普及，计算机应用领域不断扩大，早已不再局限于科学计算。大量实际问题仅凭高级语言的知识无法处理的，必须借助数据结构的知识，例如，文字处理、数据库、多媒体、游戏、过程控制等都属于非数值型问题。在这些问题中，要处理的数据一般比较复杂，且数据之间还有复杂的关系，而这些关系无法用数学方程式描述；另外，对数据的处理一般也很复杂。如何有效地组织数据以及如何对数据进行有效的运算等问题成为处理这类问题的关键，而这正是数据结构所要研究的。

【例 1-1】 学生成绩管理系统。

高校教务处使用计算机对全校的学生考试成绩进行统一管理，需要了解学生的基本信息，包括学生的学号等相关信息，见表 1-1 所列。每个学生的数据结构科目成绩按照学号，依次存放在"数据结构科目成绩表"中，根据需要可对这张表进行查找。每个学生的成绩信息记录按学号排列，形成了学生成绩信息记录的线性序列。在此类问题中，计算机处理的对象是各种表，元素之间存在简单一对一的线性关系，因此，这类问题的数学模型就是各种线性表，施加于对象上的操作有查找、插入和删除等。这类数学模型称为"线性"的数据结构。

表 1-1 数据结构科目成绩表

学号	姓名	性别	考试科目	考试成绩
115208	张三	男	数据结构	88
115209	李四	男	数据结构	87
115210	王五	女	数据结构	92
115211	赵六	女	数据结构	90
115212	钱七	男	数据结构	92
……	……	……	……	……

1.1.2 课程内容

数据结构成为一门独立的课程始于 20 世纪 60 年代，1968 年，美国 Donald E. Knuth 教授在《计算机程序设计艺术》第一卷《基本算法》中系统阐述了数据的逻辑结构和存储结构及其操作，开创了数据结构课程体系。70 年代初，大型程序相继出现，软件也开始相对独立，结构程序设计成为程序设计方法学主要内容，人们开始认为程序设计的实质是对确定的问题选择一种好的结构加上设计一种好的算法，因此，数据结构在程序设计中占据了重要的地位。简单来说，**数据结构**是一门研究非数值计算的程序设计中的操作对象，以及这些对象之间关系和操作的学科。

数据结构课程主要通过以下 3 个步骤使用计算机解决问题。

①抽象求解问题中需处理的数据对象的逻辑结构。

②根据求解问题需要完成的功能特性实现存储结构表述。

③确定为求解问题而需要进行的操作或运算。

为了构造和实现出好的数据结构，必须将以上三者结合，充分考虑与各种典型的逻辑结构、存储结构、数据结构相关的操作和实现及实现方法的性能。

1.2 数据结构概述

1.2.1 数据结构的概念及相关术语

①数据 是描述客观事物的符号，是计算机程序加工处理的对象和原料，是能被计算机识别并输入给计算机处理的符号集合。早期的计算机主要用于工程计算、科学计算、商务处理等，数据的概念主要是指整型、实型等**数值型**数据。随着计算机软硬件的发展和计算机的普及，计算机应用领域不断扩大，数据的概念已逐步扩展到字符、文字、图像、语音、表格等**非数值型**数据，这类数据的特点是量大且有着复杂的内在联系。

②数据元素 是数据的基本单位，在计算机中通常作为一个整体来考虑和处理。某些情况下，数据元素也称为元素、结点、顶点或记录。例如，如果以学号、姓名及性别来标识某个学生，那么由学号、姓名及性别组成的记录构成了一个数据元素。

③数据项 是数据不可分割的最小单位，具有独立含义，但通常不具有完整确定的实际意义，或不被当作一个整体看待。某些情况下，数据项也称为字段、域或属性。数据元素一般由若干个数据项组成，但有时也可以只含有一个数据项。例如，对于上述的学号、姓名及性别，其中，任意一项都可以成为数据项。

④数据对象 是性质相同的数据元素的集合，是数据的子集。例如，整数数据对象是集合 $N = \{0, \pm1, \pm2, \cdots\}$，字母字符数据对象是集合 $C = \{\text{‘}A\text{’}, \text{‘}B\text{’}, \cdots, \text{‘}Z\text{’}, \text{‘}a\text{’}, \text{‘}b\text{’}, \cdots, \text{‘}z\text{’}\}$。

1.2.2 数据的逻辑结构

数据元素对应着客观世界中的实体，数据元素之间存在着各种各样的关系，这种数据元素之间的关系就称为**结构**。其中，数据元素之间的关联方式（或称邻接关系）称作数据的**逻辑关系**，数据元素之间逻辑关系的整体称为**逻辑结构**。

数据的逻辑结构与数据的存储无关，是独立于计算机的，可以将其看作是从具体问题中抽象出来的数学模型。根据数据结构中数据元素之间的结构关系的不同特征，可将其分为 4 种基本的逻辑结构：集合结构、线性结构、树形结构和图形结构。

1.2.2.1 集合结构

在集合结构中，元素间的次序是随意的。元素之间除了属于同一个集合外，没有任何

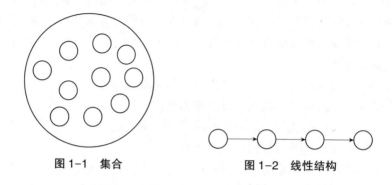

图 1-1　集合　　　　　　　　　　　图 1-2　线性结构

其他关系，如图 1-1 所示。数据结构中的集合关系类似于数学中的集合。

1.2.2.2　线性结构

线性结构中的数据元素之间是**一对一**的关系，如图 1-2 所示。线性结构是数据元素的有序序列，两个不同数据元素的连线称为边，边的起点称为前驱元素，终点称为后继元素。其中，第一个元素没有前驱只有后继，最后一个元素只有前驱没有后继，其余元素有且仅有一个前驱和一个后继。

1.2.2.3　树形结构

树形结构中的数据元素之间是**一对多**的关系，如图 1-3 所示。在树形结构中，除一个特殊元素(根)没有前驱只有后继外，其余元素都有且仅有一个前驱，但后继的数目不限。

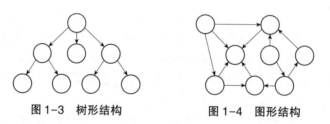

图 1-3　树形结构　　　　　　　　图 1-4　图形结构

1.2.2.4　图形结构

图形结构中的数据元素之间是**多对多**的关系，如图 1-4 所示。图形结构中任何两个数据元素之间都可能邻接，数据元素的前驱和后继的数目都不限。

上述 4 种基本逻辑结构可分为两大类：**线性结构和非线性结构**，通常将除了线性结构以外的几种结构关系——集合、树和图都归入非线性结构一类，如图 1-5 所示。

> Tips
>
> 在表示数据的逻辑结构时：
> - 将每一个数据元素看做一个结点，用圆圈表示数据元素；
> - 带箭头的线表示数据元素间的次序关系。

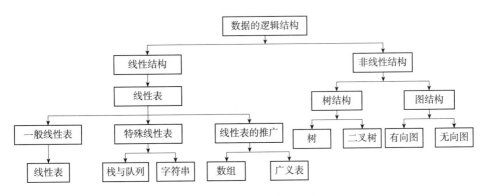

图1-5 几种逻辑结构层次图

1.2.3 数据的存储结构

数据的逻辑结构是面向应用问题的，是从用户角度看到的数据结构。数据的**存储结构**是指数据的逻辑结构在计算机中的存储形式。数据是存储在计算机内的，数据的存储结构是数据在计算机内的组织方式，是逻辑数据的存储映像。数据的存储结构应能正确反映数据元素之间的逻辑关系。在实际应用中，数据有多种存储结构，大致可将其分为以下4类。

1.2.3.1 顺序存储结构

顺序存储结构是指将数据元素相继存放到地址连续的存储单元中，在这种存储结构中，逻辑上相邻的两个数据元素的存储地址也相邻，即元素之间的逻辑关系和存储关系是一致的。顺序存储结构是一种最基本的存储方法，通常借助程序设计语言中的数组来描述。例如，将5条学生记录组成的成绩表存储在连续的存储单元内，假设存储单元的起始地址是110，其中，每条记录占40个存储单元，其对应的顺序存储表示见表1-2所列。

表1-2 学生成绩表的顺序存储结构

地址	学号	姓名	性别	考试科目	考试成绩
110	115208	张三	男	数据结构	88
150	115209	李四	男	数据结构	87
190	115210	王五	女	数据结构	92
230	115211	赵六	女	数据结构	90
270	115212	钱七	男	数据结构	92

顺序存储方法并不仅限于存储线性数据结构。对于非线性数据结构，如树形结构，也可采用顺序存储的方法表示。这将在后面章节中讨论。

1.2.3.2 链式存储结构

链式存储结构是指将数据元素存放在任意的存储单元里，这组存储单元可以是连续的，也可以是不连续的，因此，数据元素的存储关系并不能反映其逻辑关系。使用链式存储数据元素时，除了需要存放该元素本身的信息外，还需要存放其后继元素的结点的存储位置。这两部分信息组成一个数据元素的结点，由此得到的存储表示称为链式存储结构，它通常借助于程序设计语言中的指针来描述，适合存储复杂的数据结构。假定给表 1-2 的"学生成绩表"中的每个结点附加一个"下一个结点地址"，即后继指针字段，用于存放后继结点的首地址，则可得到表 1-3 所列的链式存储结构。

表 1-3　学生成绩表链式存储结构

地址	学号	姓名	性别	考试科目	考试成绩	后继结点首地址
110	115208	张三	男	数据结构	88	270
150	115212	钱七	男	数据结构	92	Null
190	115210	王五	女	数据结构	92	230
230	115211	赵六	女	数据结构	90	150
270	115209	李四	男	数据结构	87	190

1.2.3.3　索引存储结构和散列存储结构

在索引存储结构中，不仅需要存储所有数据元素（称为主数据表），还需建立附加的索引表。索引表中的每一项称为索引项，索引项的一般形式是：（关键字，地址），其中，关键字是能标识一个数据元素的那些数据项。

散列存储结构是指依据数据元素的关键字值为自变量，通过事先设计好的散列函数计算出该数据元素的存储位置。

在这 4 种存储方式中，顺序存储结构和链式存储结构是两种最基本的存储表示方法，索引存储方式和散列存储方式在具体实现时需要利用前两种结构，也可看成前两种结构的衍生。这 4 种存储方法，既可以单独使用，也可以组合使用。有时同一种逻辑结构可采用不同的存储结构，如何选择要视具体要求而定。

1.2.4　运算

在讨论数据结构时，不仅需要讨论数据的逻辑结构和存储结构，还需要讨论在数据结构上执行的运算以及实现这些运算的算法。通过对运算及其算法的性能分析和讨论，在求解应用问题时选择和设计适当的数据结构，编写出高效的程序。

数据结构中常见的运算有：

①创建运算　创建一个数据结构。

②清除运算　删除数据结构中的全部元素。

③插入运算　数据结构中插入一个新元素。

④删除运算　将数据结构中的某个指定元素删除。

⑤查找运算　在数据结构中搜索满足一定条件的元素。

⑥更新运算　修改数据结构中某个指定元素的值。

⑦访问运算　访问数据结构中某个元素。

⑧遍历运算　按照某种次序，系统地访问数据结构的各元素，使得每个元素恰好被访问一次。

根据实际需要，可对这些运算进行增减。在各种运算中，如果某些运算，它的实现不能利用其他运算，而其他运算可以或需要利用该运算，则这些运算称为**基本运算**。如上面的更新运算就不是基本运算，因为在更新时，可先利用查找运算，找到该结点后再更改有关内容(或删除原结点，再插入新结点)；而查找运算是基本运算，它不能利用其他运算。一般地，我们将较复杂的运算分解为若干较简单的运算，有利于降低程序设计的难度，同时也有利于提高程序设计的效率。

1.3　数据类型概述

1.3.1　数据类型

数据类型是指一组性质相同的值的集合及定义在此集合上的一些操作的总称。在用高级程序语言编写的程序中必须对程序中出现的每个变量、常量明确说明它们所属的数据类型。确定数据的类型意味着确定了数据的性质以及对数据进行的运算和操作，同时数据也受到类型的保护，确保不能对数据进行非法操作。不同类型的变量的取值范围不同，所能进行的操作不同。高级程序设计语言通常预定义基本数据类型和构造数据类型。基本数据类型是只能作为一个整体来进行处理不可分解的数据类型。本节主要介绍 Python 语言的几种基本数据类型。

(1)数字数据类型

Python 中的数字数据类型用于存储数值，如整型、浮点型和复数型，定义在其上的操作有加、减、乘和除等。

①Python 可以同时为多个变量赋值，如 a，$b=1$，2。

②一个变量可以通过赋值指向不同类型的对象。

③数值的除法(/)总是返回一个浮点数，要获取整数使用//操作符。

④在混合计算时，Python 会把整型转换成为浮点数。

(2)字符串数据类型

字符串是 Python 中最为常用的数据类型之一，通常使用单引号或双引号来创建。定义在其上的操作有字符串连接("+")、重复输出字符串("*")、通过索引获取字符串中的字符("[ ]")截取字符串中的一部分("[:]")、若包含指定字符则返回 True("in")、若不包含指定字符则返回 True("not in")、原始字符串("r/R")和格式字符串("%")等。

①反斜杠可以用来转义，使用 r 可以让反斜杠不发生转义。

②字符串可以用+运算符连接在一起，用*运算符重复。

③Python 中的字符串有两种索引方式，从左往右以 0 开始，从右往左以-1 开始。

④Python 中的字符串不能改变。

(3)列表数据类型

列表是 Python 中最常用的数据类型之一，通常使用方括号来创建。定义在其上的操作有访问列表中的值、更新列表和删除列表元素等，同时与字符串类似，列表也包括连接、重复和截取等操作。

①列表写在方括号之间，元素用逗号隔开。

②和字符串一样，列表可以被索引和切片。

③列表可以使用+操作符进行拼接。

④列表中的元素是可以改变的。

（4）元组数据类型

Python 中元组与列表类似，但元组使用小括号创建，且其中的元素不能修改。定义在元组上的操作有访问元组、修改和删除元组，同时元组也包括连接、重复和截取等操作。

①与字符串一样，元组的元素不能修改。

②元组也可以被索引和切片，方法一样。

③注意构造包含 0 或 1 个元素的元组的特殊语法规则。

④元组也可以使用+操作符进行拼接。

（5）集合数据类型

集合是由一组无序且不重复的元素组成的序列，常使用{}或者 set() 函数来创建。

①集合中的元素不重复，重复了会自动被抹去。

②集合可以用大括号或者 set() 函数创建，但空集合必须使用 set() 函数创建。

③集合可以用来进行成员测试、消除重复元素。

（6）字典数据类型

Python 中字典形如{key1：value1，key2：value2，…}，其中 key1 和 key2 部分被称为键（必须是唯一的），value1 和 value2 被称为值。定义在字典上的操作有修改和删除等。

①字典是一种映射类型，它的元素是键值对。

②字典的关键字必须为不可变类型，且不能重复。

③创建空字典使用{}。

事实上，在计算机中，数据类型的概念并非局限于高级语言中，每个处理器（包括计算机硬件系统、操作系统、高级语言和数据库等）都提供了原子类型或结构类型。

1.3.2 数据抽象和抽象数据类型

（1）数据抽象

数据抽象是指"定义和实现相分离"，即将一个类型的数据及其上的操作的逻辑含义和具体实现相分离。从硬件的角度考虑，引入某一数据类型的目的是解释该类型数据在计算机内存中对应信息的含义，而对使用这一数据类型的用户来说，则实现了信息的隐蔽，即将用户不需要了解的细节都封装在相应的数据类型中。例如，用户在使用"字符串"类型时，既不需要了解"字符串"在计算机内部是如何表示的，也不需要知道其操作具体是如何实现的。

（2）抽象数据类型

抽象数据类型是指一个数学模型以及定义在该模型上的一组操作的总称。"抽象"是指其逻辑特征与具体的软硬件实现（即计算机内部的表示和实现）无关。在用户看来，无论怎样实现，只要其数学特征不变，就不影响其外部使用。抽象数据类型和数据类型实质上是一个概念。例如，各种计算机都拥有的整数类型就是一个抽象数据类型，在用户看来其数学特征相同，而实际上它们在不同处理器上的实现是可以不同的。但另一方面，抽象数据类型的范畴更广，它不局限于在各种处理器中已定义并实现的数据类型，还包括用户自己定义的数据类型。在定义抽象数据类型时，将一组数据和施加于这些数据上的一组操作封装在一起，用户程序只能通过在 ADT 里定义的某些操作来访问其中的数据，从而实现了信息的隐藏。

通常使用以下格式定义抽象数据类型：

ADT 抽象数据类型 {

    数据对象：<数据对象的定义>

    数据关系：<数据关系的定义>

    基本操作：<基本操作的定义>

}

表 1-4 为复数的抽象数据类型定义：

表 1-4　复数抽象数据类型的定义

数据对象：DataSet = {a, b | a, b∈R，R 是实数集}

数据关系：S = {<a, b> | a 是复数的实部，b 是复数的虚部}

操作名称	操作说明
init_complex(complex)	复数 complex 被初始化
create_complex (complex, a, b)	a 和 b 分别被赋值给复数 complex 的实部和虚部
get_real(complex, r)	获取复数 complex 的实部并赋值给 r
get_imag(complex, i)	获取复数 complex 的虚部并赋值给 i
add_complex(complex1, complex2)	将复数 complex1 和 complex2 相加
sub_complex(complex1, complex2)	将复数 complex1 和 complex2 相减

1.4　算法

1.4.1　算法的特性

算法是对特定问题求解步骤的一种描述，它是指令的有限序列，其中每一条指令表示一个或多个操作。它具有 5 个基本特征：输入、输出、确定性、可行性和有穷性。

①输入　算法有零个或多个输入。大部分的算法都是需要输入的，个别情况下，如打印"Hello World"这样的代码时，输入为零。

②输出　算法至少产生一个输出。算法的目的是为了求解，没有输出的算法是没有意义的。

③确定性　算法的每一条指令都有确切的定义，没有二义性。在任何条件下，算法的任意一条执行路径是唯一的，即对于相同的输入所得的输出相同。

④可行性　算法的每一条指令都足够基本，它们可以通过执行有限次已经实现的基本运算来实现。

⑤有穷性　算法总能在执行有限步之后终止，且每一步都可在有穷的时间内完成。

算法与程序的含义很相似，但二者是有区别的：

①算法侧重于描述解决问题的方法，描述一个算法有多种方法，它可以用自然语言、流程图或程序设计语言来描述。而程序是指使用某种计算机语言将算法具体实现。

②算法必须可终止，但计算机程序并没有这一限制，如操作系统是一个程序，但不是一个算法。

1.4.2　算法设计的要求

在使用计算机求解问题时，不仅需要选择合适的数据结构，也需要选择好的算法，衡量一个算法的性能，主要有以下几个指标：正确性、可读性、健壮性、高效性。

①正确性　算法能够正确执行，且执行结果应当满足预先规定的功能和性能要求。

②可读性　算法首先是为了人的阅读与交流，其次才是机器执行。可读性好便于人理解算法；晦涩难懂的算法易于隐藏较多错误，难以调试和修改。

③健壮性　当输入的数据不合法或运行环境异常时，算法应能做出相关处理，而不是产生一些异常或引起严重结果。

④高效性　高效性包括时间和空间两个方面。时间高效是指算法设计合理，执行时间效率高，可以用时间复杂度来度量；空间高效是指算法占用存储容量合理，可以用时间复杂度来度量。

1.4.3　算法语言描述

任何算法都必须用某种方法描述出来，即将算法中的操作及其执行顺序(简称算法两要素)描述出来，其中常用的就是用**语言描述**。根据描述语言的不同，一般将算法分为三类。

(1)非形式算法

非形式算法采用自然语言，同时还可夹杂使用程序设计语言或伪程序设计语言(如流程控制语句 while、for、if 等)描述。这类算法简单易懂，但不够严谨。例如，使用自然语言对顺序查找算法进行自然语言描述(表 1-5)，在学生成绩表中以学号为关键字进行顺序查找，从线性表的一端开始依次将给定值与表中学生的学号进行比较，当学生的学号与给定值相等时则查找成功，结束查找操作；否则继续比较，直到表中所有学生学号比较完毕未发现与给定值相等时，则查找失败，结束查找操作。

表 1-5　学生成绩表

学号	姓名	性别	考试科目	考试成绩
115208	张三	男	数据结构	88
115209	李四	男	数据结构	87
115210	王五	女	数据结构	92
115211	赵六	女	数据结构	90

（2）伪语言算法

伪语言算法采用伪程序设计语言描述，不能直接在计算机上运行。伪语言介于程序设计语言和自然语言之间，它忽略程序设计语言中一些严格的语法规则和细节描述，因此，伪语言算法的优点是强调了算法设计的主要方面，忽略语法部分，又比自然语言更接近程序。伪语言算法一般较为简洁，便于理解，同时也容易修改成可执行程序，如代码段1-1所示。

代码段1-1　伪代码示例

```
1  key = 115211
2  for 学号 in 学生成绩表:
3      if 学号 == key:
4          查找成功, 结束
5  查找失败, 结束
```

（3）程序设计语言

程序设计语言采用计算机程序设计语言描述，可直接在计算机上运行，从而使给定问题在有限时间内被机械地求解。这类算法比较严谨，但要熟悉计算机语言，算法有一定难度，不易理解，通常需要通过大量注释来提高可读性，如代码段1-2所示。

代码段1-2　查找元素值函数

```
1  def  find_element( self, elements key) :
2      pos = 0
3      n = len( elements)
4      while pos < n and elements[ pos] ! = key:
5          pos + = 1
6      if pos < n:
7          return pos        #查找成功且返回位置
8      else :
9          return -1         #查找失败
```

算法除了用语言描述外，实际上还有一种图形描述方法，如流程图、N-S图等，这种描述更加简明。但通常只把它看作语言描述的一个辅助手段，最终还是需要用语言描述出来。不论算法用何种方法描述，最终都需要转换为程序才能在计算机上运行。对一些较复杂问题，一次性地写出可执行程序较为困难，一般可以先写出伪语言算法或非形式算法，再通过"逐步求精"的过程转化为实际程序。

本教材对数据结构的描述采用了Python语言描述，Python是一种面向对象的直译式计算机程序设计语言，语法较为简洁清晰，较易入门，因此，采用Python描述可以帮助读者更好理解数据结构。

1.4.4　算法分析

解决一个实际问题通常有多个算法可以选择，算法都具有优缺点，为了选择合适的算法，需要利用算法分析技术评价算法的效率。确定一个算法时空性能的工作称为算法分析。算法的时空性能是指算法的时间性能和空间性能，前者指算法的时间耗费，即包含的计算量；后者指算法需要的存储量。算法的时间耗费也称时间复杂度（time complexity）；类似，算法的空间耗费也称空间复杂度（space complexity）。算法分析的目的是检测算法实际是否可行，并在出现处理同一问题的多种算法时，进行时间性能比较，从中选出最优算法。

1.4.4.1 算法的时间复杂度

算法的时间复杂度是指算法的执行时间随问题规模的变化而变化的趋势，反映算法执行时间的长短。

（1）算法的执行时间和语句的频度

算法的执行时间是通过依据该算法编写的程序在计算机上执行时所需时间来计算的，大致上等于其所有语句执行时间的总和，而语句的执行时间则为该条语句的重复执行次数和执行一次所需时间的乘积。一条语句的重复执行次数称作语句的**频度**。

设每条语句执行一次所需的时间均是单位时间，一个算法的执行时间就是该算法中所有语句的频度之和。以代码段 1-3 矩阵相加的函数为例，求算法的执行时间。

代码段 1-3　矩阵相加的函数

```
1  def function( self, mat_a, mat. b, mat_c, n) :

2      for i in range( 0, n) :                              #频度为 n+1

3          for j in range( 0, n) :                          #频度为 n(n+1)

4              mat_c [i][j] = mat_a [i][j] + mat_b [i][j]   #频度为 n²
```

第 2 行代码中的 i 从 0 变化到 n，因此，执行次数为 $n+1$，但对应的循环体只执行了 n 次，第 3 行代码本身执行次数为 $n+1$，对应的循环体只执行了 n 次，但由于其嵌套在第 2 行代码内，因此，第 3 行代码执行次数为 $n(n+1)$，同理第 4 行执行了 n^2 次。

该算法中所有语句的频度之和，即算法的执行时间，用 $T(n)$ 表示为：

$$T(n) = n+1+n(n+1)+n^2 = 2n^2+2n+1 \tag{1-1}$$

其中，$T(n)$ 是矩阵阶数 n 的函数。

（2）问题规模和算法的时间复杂度

算法求解问题的输入量称为问题的规模，一般用整数 n 表示。问题规模 n 对不同的问题含义不同，例如，矩阵相加问题的规模是矩阵的阶数，多项式运算问题的规模是多项式的项数，一个图论问题的规模则是图中的顶点数或边数，集合运算问题的规模是集合中元素的个数。

考虑上面矩阵的相加算法，当 n 趋向无穷大时：

$$\lim_{x \to \infty} T(n)/n^2 = \lim_{x \to \infty} (2n^2+2n+1)/n^2 = 2n+1 \tag{1-2}$$

当 n 充分大时，$T(n)$ 和 n^2 之比是一个不等于零的常数。即 $T(n)$ 和 n^2 是同阶的，或者说 $T(n)$ 和 n^2 的数量级相同，通常使用大写"O"来表示数量级，记作 $T(n) = O(n^2)$。通常将使用大写 O 来体现算法时间复杂度的记法，称为大 O 记法。

一个算法的**时间复杂度**是该算法的执行时间，记作 $T(n)$，$T(n)$ 是该算法所求问题规模 n 的函数。当问题规模 n 趋向无穷大时，$T(n)$ 的数量级称为算法的**渐近时间复杂度**，记作：

$$T(n) = O(f(n)) \tag{1-3}$$

它表示随着问题规模 n 的增大，算法执行时间的增长率和 $f(n)$ 的增长率相同，简称**算法的时间复杂度**。

通常，若算法中不存在循环，则算法时间复杂度为常量；若算法中仅存在单重循环，则决定算法时间复杂度的基本操作是算法中该环循环中语句对应的基本操作；若算法中存在多重循环，则决定算法时间复杂度的是算法中循环嵌套层数最多的语句对应的基本操作重复的次数。

①算法中无循环　以代码段 1-4 无循环函数为例，该算法的时间复杂度为 O(1)，称为常数阶。

代码段 1-4　无循环的函数

```
1   def fun1( self num1, num2) :
2       num1 = num1 + num2                  #频度为 1
```

②算法中含有一个单重循环　以代码段 1-5 单重循环函数为例，该算法的时间复杂度为 O(n)，称为线性阶。

代码段 1-5　单重循环函数

```
1   def   fun2( self, num, n) :
2       for i in range(0, n) :             #频度为 n+1
3           num = num + 1                  #频度为 n
```

③算法中含有多重循环　以代码段 1-6 双重循环函数为例，外循环变量 i 从 0 变化到 n，该算法的时间复杂度为 O(n^2)，称为平方阶。

代码段 1-6　双重循环函数

```
1   def   fun3( self, num, n) :
2       for i in range(0, n) :            #频度为 n+1
3           for j in range(0, n) :        #频度为 n(n+1)
4               num = num + 1            #频度为 n²
```

算法在输入不同的数据集时，若其执行次数最少，则将此时对应的时间复杂度称为算法的最好时间复杂度，反之，若其执行次数最多，则称为算法的最坏时间复杂度，算法在所有可能的情况下的执行次数经过加权计算出来的平均值称为算法的**平均时间复杂度**。在实际应用时，通常考虑在等概率的前提下算法的平均时间复杂度。

接下来结合具体示例给出算法的最好、最坏及平均时间复杂度的分析和计算过程。

【例1-2】 在数组 Arr 中查找指定数据 key 的代码，如代码段1-7所示。请分析该算法的最好、最坏和平均时间复杂度。

代码段1-7 在数组 arr 中查找指定数据 key

```
1  def  find( self, arr, key) :
2      n = len( arr)                    # n 表示数组长度
3      pos = -1                         #初始化指针
4      for i in range( n) :
5          if arr[ i] == key:
6              pos = i
7              break                    #找到则跳出循环
8      return pos                       #如果 key 在数组中，就返回对应的位置，否则返回-1
```

如果 key 在数组中的第一个位置，即 arr[0] == key，循环代码只需要执行一遍，因此，时间复杂度为 O(1)，这称为**最好时间复杂度**，即在最理想的情况下执行这段代码的时间复杂度。如果 key 不在数组中，那么需要遍历完整个数组，最后返回-1，因此，时间复杂度为 O(n)，这是最糟糕的情况下执行这段代码的时间复杂度，称为**最坏时间复杂度**。

要查找的数据只有两种情况，在或者不在数组中，假设这两种情况的概率都是1/2。如果在数组中，那么查找的数据在 $0 \sim (n-1)$ 任意位置（数组从0开始计数）的概率就为 $1/2n$，考虑每种情况，代码执行的平均时间就为：

$$1 \times \frac{1}{2n} + 2 \times \frac{1}{2n} + 3 \times \frac{1}{2n} + \cdots + n \times \frac{1}{2n} + n \times \frac{1}{2} = \frac{3n+1}{4} \tag{1-4}$$

因此，该算法的平均时间复杂度为 O(n)。

1.4.4.2 算法的空间复杂度

算法的空间复杂度是指算法执行时所占用的额外存储空间量随问题规模的变化而变化的趋势。在对算法的空间复杂度进行分析时，只需考虑临时变量所占用的存储空间而不用考虑形参占用的存储空间。

与算法的时间复杂度类似，空间复杂度作为算法所需存储空间的度量，记作：

$$S(n) = O(f(n)) \tag{1-5}$$

其中，n 为问题的规模。

程序在运行时所占的存储空间包括输入数据所占用的存储空间及程序本身所占用的存储空间和临时变量所占用的存储空间。若输入数据所占空间只取决于问题本身，和算法无关，则只需分析除输入和程序之外的额外空间，否则应同时考虑输入本身所需空间（和输入数据的表现形式有关）。若额外空间相对于输入数据量来说是常数，则称此算法为原地工作，空间复杂度为 O(1)。

1.4.4.3 时空复杂度的意义

①时间复杂度可用于比较不同算法时间性能的相对好坏。例如，当算法1和算法2求解同一个问题时，它们的时间复杂度分别是 $T_1(n) = 100n^2 = O(n^2)$，$T_2(n) = 4n^3 = O(n^3)$，

它们的时间开销之比 $100n^2/4n^3=25/n$，当规模较小时，如 $n<25$，有 $T_1(n)>T_2(n)$，后者花费的时间较少。但是，随着问题规模的增大，算法 2 的时间耗费就会超过算法 1，并且其差距还会继续加大，此时算法 1 效率要明显高于算法 2。

实际上，在评价一个算法的时间性能时，一般采用渐近时间复杂度。另外，往往对算法的时间复杂度和渐近时间复杂度不予区分，经常将渐近时间复杂度简称为时间复杂度。

②时间复杂度可从宏观上评价算法的时间性能。例如，指数阶 $O(2^n)$ 的复杂度增长太快，当 n 稍大时效率极低，无法应用，即这类算法是不可行的，假设计算机每秒执行 1000 条指令，则当 $n=100$ 时，执行 2^n 条指令需耗时：

$$T=\frac{2^{100}/(1000\times10^9)}{365\times24\times3600}\approx4\times10^{10}\text{年} \tag{1-6}$$

③平均时间复杂度反映的是总体性能，比较符合实际使用情况，最好时间复杂度反映的是理想情况，最坏时间复杂度反映的是最差情况，这两种情况发生的概率一般都较小。同时在这两者中，一般较关心最坏时间复杂度，因为最坏情况即使发生的概率非常小，但一旦发生则可能导致严重后果，这时即便最好或平均情况再好，一般也避免采用。

④对实际问题，一般时间复杂度比空间复杂度稍重要些。这主要是因为实际问题的规模一般较大，计算时间较长，常常是应用中的一个突出问题。也许采用更快的计算机可以解决原来时间复杂度大的问题，但当计算条件提升后，人们往往又希望求解更大规模或更复杂的问题，其结果是计算机速度的提高总是难以满足实际问题，特别是大规模复杂问题的要求。

⑤时间复杂度与空间复杂度往往是互相矛盾的，常常可以用空间换取速度，反之亦然。也就是说，为了获得较快的速度，一般要花费较多的空间；为了使用较少的空间，一般要花费较多的时间。

小 结

本章介绍了数据结构的基本概念，包括数据的逻辑结构、存储结构、基本运算和运算的实现以及算法分析等。主要内容如下：

(1) 数据结构是一门研究各种数据的特性以及数据之间存在的关系，进而根据实际应用的要求，合理地组织和存储数据，设计出相应的算法的学科。

(2) 抽象数据类型是指由用户定义的、表示应用问题的数学模型，以及定义在这个模型上的一组操作的总称，具体包括三部分：数据对象、数据对象上关系的集合以及对数据对象的基本操作的集合。

(3) 算法是对特定问题的求解步骤的一种描述，它是指令的有限序列，其中每一条指令表示一个或多个操作。算法具有 5 个基本特征：输入、输出、确定性、可行性和有穷性。

一个算法的优劣应该从 4 方面来评价：正确性、可读性、健壮性和高效性。

(4) 算法分析的两个主要方面是分析算法的时间复杂度和空间复杂度，以考察算法的时间和空间效率。一般情况下，将算法的时间复杂度作为分析的重点。

习　题

一、选择题

1. 组成数据的基本单位是(　　)。

A. 数据项　　　　　B. 数据类型　　　　　C. 数据元素　　　　　D. 数据变量

2. 可以用(　　)定义一个完整的数据结构。

A. 数据元素　　　　B. 数据对象　　　　　C. 数据关系　　　　　D. 抽象数据类型

3. 数据结构是研究数据的(　　)以及它们之间的相互关系。

A. 理想结构，存储结构　　　　　　　B. 理想结构，抽象结构

C. 存储结构，逻辑结构　　　　　　　D. 抽象结构，逻辑结构

4. 从逻辑上可以把数据结构分为(　　)两大类。

A. 动态结构、静态结构　　　　　　　B. 顺序结构、链式结构

C. 线性结构、非线性结构　　　　　　D. 初等结构、构造型结构

5. 一个算法应该是(　　)。

A. 程序　　　　　　　　　　　　　　B. 问题求解步骤的描述

C. 要满足五个基本特性　　　　　　　D. A 和 C

6. 算法能正确地实现预定功能的特性为算法的(　　)。

A. 正确性　　　　　B. 易读性　　　　　C. 健壮性　　　　　D. 高效性

7. 以下数据结构中，(　　)是非线性数据结构。

A. 树　　　　　　　B. 字符串　　　　　C. 队列　　　　　　D. 栈

8. 下面关于算法说法错误的是(　　)。

A. 算法最终必须由计算机程序实现

B. 为解决某问题的算法同为该问题编写的程序含义是相同的

C. 算法的可行性是指指令不能有二义性

D. 以上三项都是错误的

9. 在下面的程序段中，对 x 的赋值语句的频度为(　　)。

```
1  for i in range(n):
2    for j in range(n):
3      x = x + 1
```

A. 2^n　　　　　　　B. n^2　　　　　　　C. n　　　　　　　D. $\log_2 n$

10. 某算法的语句执行频度为($3n+n\log_2 n+n^2+8$)，其时间复杂度表示(　　)。

A. $O(n)$　　　　　B. $O(n\log_2 n)$　　　　C. $O(n^2)$　　　　　D. $O(\log_2 n)$

二、填空题

1. 数据的存储结构通常分为 _____ 、 _____ 、 _____ 和 _____ 4 种存储结构。

2. 算法的 5 个重要特性是 _____ 、 _____ 、 _____ 、 _____ 和 _____ 。

3. 一个算法的时空性能是指该算法的 _____ 和 _____ 。

4. 线性结构中元素之间存在 _____ 关系，树结构中元素之间存在 _____ 关系，

图形结构中元素之间存在_____关系。

5. 在线性结构中，开始结点_____直接前驱结点，其余每个结点有且只有_____个直接前驱结点。

三、判断题

1. 数据的逻辑结构是数据结构在计算机中的表示。（   ）

2. 算法分析通常是指对算法实施事前分析。（   ）

3. 线性表的逻辑顺序与物理顺序总是一致的。（   ）

4. 线性表中的每个结点最多只有一个前驱和一个后继。（   ）

四、简答题

1. 简述下列术语的含义：数据、数据元素、逻辑结构、存储结构、抽象数据类型。

2. 简述逻辑结构的四种基本关系并画出它们的关系图。

3. 算法有哪三种情况时间复杂度？

五、程序分析题

请分别计算出代码段 1-8、代码段 1-9 和代码段 1-10 的时间复杂度和空间复杂度。

代码段 1-8　简单输出

```
1   def fun1( self) :
2       i = 0
3       print( "Hello World! ")
```

代码段 1-9　单重循环

```
1   def   fun2( self, n) :
2       s = 0
3       for i in range( 0, n) :
4           s = s + i
```

代码段 1-10　双重循环

```
1   def   fun3( self, n) :
2       s = 0
3       for i in range( 1, n) :
4           for j in range( 1, i+1) :
5               s = i * j
6               print( i, " * ", j, " = ", s)
```

第2章 线性表

线性表是一种最常用且最简单的数据结构，其用途广泛，通常应用于信息检索、存储管理、网络爬虫和数据检索、挖掘等诸多领域。本章将主要介绍线性表的基本概念、线性表的两种主要存储结构、线性表的一些常见运算及其在这两种存储结构上的实现。

思维导图

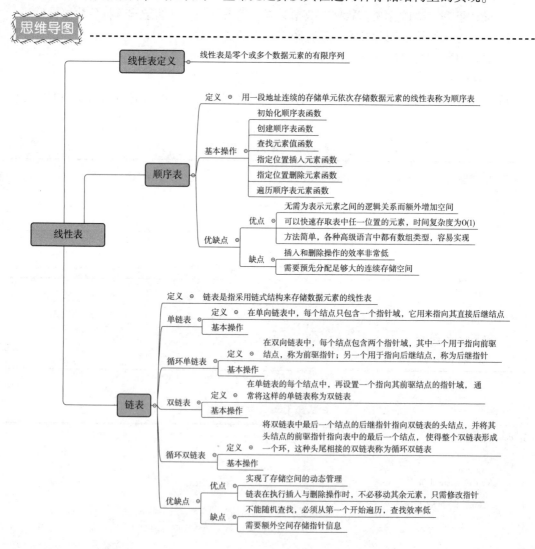

2.1 线性表概述

本节主要从线性表的定义、线性表的抽象数据类型以及线性表的实现这三个方面对线性表进行介绍。

2.1.1 线性表的定义

线性表(list)是零个或多个数据元素的有限序列，记为：

$$(a_1, a_2, \cdots, a_{i-1}, a_i, a_{i+1}, \cdots, a_n)$$

其中，a_i 表示线性表中的任意一个元素，线性表中 a_{i-1} 领先于 a_i，a_i 领先于 a_{i+1}，称 a_{i-1} 是 a_i 的**直接前驱元素**，a_{i+1} 是 a_i 的**直接后继元素**，如图 2-1 所示。线性表元素的个数 $n(n \geq 0)$ 定义为**线性表的长度**，当 $n = 0$ 时，称为**空表**。

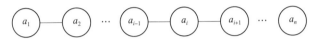

图 2-1　一种典型的线性表的逻辑结构

在线性表中，除了第一个元素 a_1 无直接前驱外，其余元素有且仅有一个直接前驱；除了最后一个元素 a_n 无直接后继外，其余元素有且仅有一个直接后继。一般简称直接前驱为"前驱"，直接后继为"后继"。

在较复杂的线性表中，一个数据元素可以由若干个数据项组成，可以是结构类型，如记录。表 2-1 中的学生成绩表是一个线性表，表中每个元素都是记录，它包括学号、姓名、性别、考试科目和成绩这些数据项。

表 2-1　数据结构科目成绩表

学号	姓名	性别	考试科目	考试成绩
115208	张三	男	数据结构	88
115209	李四	男	数据结构	87
115210	王五	女	数据结构	92
115211	赵六	女	数据结构	90
115212	钱七	男	数据结构	92
……	……	……	……	……

Tips
- 线性表是一个序列，所以表中元素间是有顺序的；
- 若存在多个元素，则第一个元素无前驱，最后一个元素无后继，其他元素都有且只有一个前驱和后继；
- 线性表强调有限性，事实上无论计算机发展到多强大，它所处理的元素都是有限的。

2.1.2 线性表的抽象数据类型

线性表是一种动态的数据结构，它的表长可以变化。在线性表上可以执行元素访问和修改运算，也可以在线性表中任意位置执行插入、删除元素等运算。线性表的抽象数据类型定义见表 2-2。

表 2-2　线性表的抽象数据类型定义

ADT 线性表(list)

数据对象：具有相同特性的数据元素的集合

数据关系：线性表中除表头和表尾元素外，其他所有元素都有唯一的前驱元素和后继元素

操作名称	操作说明
init_list(list)	构造线性表 list
is_empty(list)	判断线性表是否为空
get_length(list)	计算当前线性表的长度
visit_elem(list)	访问当前线性表中的某个元素
get_elem(list,i,e)	查找当前线性表中的第 i 个元素的值，并将其赋值给 e
find_elem(list,i,e)	查找当前线性表中与元素 e 的值相等的第一个元素
insert_elem(list,i,e)	在当前线性表中第 i 个位置前插入元素 e
delete_elem(list,e)	删除当前线性表中值为 e 的元素
remove_elem(list,i)	删除当前线性表中第 i 个位置的元素
traverse_list(list)	将当前线性表中的所有元素依次输出
destory_list(list)	销毁当前线性表

2.1.3　线性表的实现

研究线性表的具体实现主要考虑计算机内存的特点、元素的保存以及线性表中不同操作的效率等因素，基于此提出了两种基本的实现模型：

①将线性表中的元素按顺序依次存放在一大块连续的存储区里，这样实现的线性表也称为**顺序表**。在这种实现方法中，元素的存储结构能够反映出元素的逻辑结构。

②将线性表的元素存放在通过链接构造起来的一系列存储块里，这样实现的线性表称为**链接表**，简称**链表**。

2.2　顺序表

上节从线性表的定义、抽象数据类型及对线性表实现的基本考虑三个方面分别对线性表进行了简单介绍，本节将从顺序表的概念、操作及应用三个方面对线性表进行详细介绍。

2.2.1　顺序存储定义

用一段地址连续的存储单元依次存储数据元素的线性表称为**顺序表**，首元素(第一个元素)存入存储区的开始位置，其余元素依次按顺序存放。元素之间的逻辑关系通过元素在存储区的物理位置表示。线性表 $(a_1, a_2, \cdots, a_{i-1}, a_i, a_{i+1}, \cdots, a_n)$ 的顺序存储如图 2-2 所示。

图 2-2 线性表的顺序存储示意图

2.2.2 地址计算方法

给定一个顺序表 a，假定每个数据元素占用 c 个存储单元，将其存入一组地址连续的存储空间中，并以所占的第一个单元的存储地址作为数据元素的存储起始位置，即可得出顺序表 a 中第 i 个元素与第 $i+1$ 个元素之间的位置满足下列关系：

$$\mathrm{Loc}(a_{i+1}) = \mathrm{Loc}(a_i) + c \tag{2-1}$$

如图 2-3，假设已知顺序表 a 中第一个元素的位置，每个元素所占的存储空间为 c 个存储单元，可以使用下式来计算顺序表 a 中任意一个元素 a_i 的存储位置：

$$\mathrm{Loc}(a_i) = \mathrm{Loc}(a_1) + (i-1) * c \tag{2-2}$$

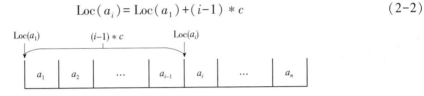

图 2-3 地址计算示意图

2.2.3 顺序表基本操作的实现

在本小节中将具体实现顺序表的一些典型操作。首先定义一个用于顺序表基本操作的 SeqList 类，如表 2-3 所示。

表 2-3 SeqList 类的成员函数

序号	方法名称	功能
1	_ _init_ _(self)	初始化线性表
2	create_seqlist(self)	创建顺序表
3	is_empty(self)	判断顺序表是否为空
4	visit_elem(self)	访问表中某一元素
5	get_elem(self)	获取表中指定位置的元素值
6	find_elem(self)	在表中查找某一指定元素
7	insert_elem(self)	在顺序表中指定位置插入某一元素
8	append_elem(self)	在顺序表末尾插入某一元素
9	sort_seqlist(self)	对顺序表进行排序
10	get_extremum(self)	获取表中最大值或最小值
11	traverse_elem(self)	遍历顺序表中所有元素
12	delete_elem(self)	删除顺序表中某一元素
13	destory_sqlist(self)	销毁顺序表

2.2.3.1 初始化顺序表函数的实现

调用 SeqList 类的__init__(self)函数初始化一个空的顺序表,其算法思路如下。

【算法思路】

①创建一个顺序表。

②将顺序表进行初始化。

【算法实现】

代码段 2-1 为初始化顺序表函数的实现代码:

代码段 2-1　初始化顺序表函数

```
1  def  __init__(self):
2      self.seqlist=[]
```

2.2.3.2 创建顺序表函数的实现

调用 SeqList 类的成员函数 create_seqlist(self)创建顺序表, 其算法思路如下。

【算法思路】

①输入数据元素存入顺序表中。

②结束数据元素的输入。

③成功创建顺序表。

【算法实现】

代码段 2-2 为创建顺序表函数的实现代码:

代码段 2-2　创建顺序表函数

```
1  def  create_seqlist(self):
2      print("输入数据后请按回车键确认,如需结束请输入"#"。")
3      elem=input("请输入元素:")
4      while elem!="#":
5          self.seqlist.append(int(elem))       #在当前顺序表尾部直接插入新元素
6          elem=input("请输入元素:")
```

通过执行上述代码, 创建了一个新的顺序表 seqlist, 表内数据元素为:
$$\{320,\ 605,\ 824,\ 416,\ 316,\ 118,\ 101,\ 3,\ 4\}$$
之后的基本操作中都基于该顺序表进行。

2.2.3.3 查找元素值函数的实现

调用 SeqList 类的成员函数 find_elem(self)来查找顺序表中某一元素, 其算法思路如下。

【算法思路】

①输入待查找的元素值。

②若需查找的元素值存在于顺序表中, 则输出其值及所在位置; 若需查找的元素不在

顺序表中，则输出相应提示。

【算法实现】

代码段 2-3 为查找元素值函数的实现代码。

代码段 2-3 查找元素值函数

```
1  def  find_elem( self) :
2      key = int( input( "请输入想要查找的元素值: "))
3      if key in self. seqlist:
4          ipos = self. seqlist. index( key)
5          print( "查找成功! 值为", self. seqlist[ ipos], "的元素, 位于当前顺序表的第", ipos+1, "个位置。")
6      else:
7          print( "查找失败! 当前顺序表中不存在值为", key, "的元素")
```

代码段 2-3 中第 4 行代码中，调用 index( ) 方法在列表中查找与元素 key 相匹配的第一个值并获得该值的下标位置。

2.2.3.4 指定位置插入元素函数的实现

通过 SeqList 类的成员函数 insert_elem(self, seqlist) ，向线性表 seqlist 插入指定元素。其算法思路如下。

【算法思路】

①输入待插入元素的目标位置。

②输入待插入的元素值。

③输出成功插入元素后的顺序表。

【算法实现】

代码段 2-4 为指定位置插入元素函数的实现代码:

代码段 2-4 指定位置插入元素函数

```
1  def  insert_elem( self) :
2      ipos = int( input( "请输入待插入元素的位置: "))
3      elem = int( input( "请输入元素: "))
4      self. seqlist. insert( ipos, elem)
5      print( "插入元素后, 当前顺序表为: \n", self. seqlist)
```

代码段 2-4 中第 4 行代码中，调用 insert( ) 方法将对象 elem 插入指定位置 ipos。在插入对象 elem 时，insert( ) 方法将自行判断插入位置 ipos 是否合法。

在之前创建的顺序表 seqlist{320，605，824，416，316，118，101，3，4}中，将元素 88 插入表中第 5 个位置(其下标位置是 4) ，通过执行上述代码，原本含有 9 个元素的顺序表变为含有 10 个元素的顺序表 seqlist:

{320，605，824，416，88，316，118，101，3，4}

指定位置插入元素 88 有两种实现方式:

①将原顺序表 *seqlist* 中的元素 316 及其之后的 4 个元素均向后移动一个位置，接着将元素 88 插入指定位置，如图 2-4 所示。

图 2-4 向后移动并插入元素

②将原顺序表 *seqlist* 中的元素 416 及其之前的 3 个元素均向前移动一个位置，接着将元素 88 插入指定位置，如图 2-5 所示。

图 2-5 向前移动并插入元素

假定一个顺序表 *SL* 为 $\{a[1], \cdots, a[i-1], a[i], \cdots, a[n]\}$，在对该顺序表 *SL* 执行 insert_elem 操作时，实质是在顺序表 *SL* 的第 *i* 个元素与第 *i*+1 元素之间插入一个新元素，使得长度为 *n* 的顺序表 *SL* 变为长度为 *n*+1 的顺序表。在执行插入操作前，需要移动元素以腾出空间，为新元素的存储做准备，因此，可将移动元素所需时间视为该算法的时间复杂度。其中，被移动元素的个数取决于插入元素的位置。

在长度为 *n* 的顺序表 *SL* 中，可插入的空位共有 *n*+1 个。假设 $p(i)$ 代表在第 *i* 个位置前插入一新元素的概率，若在每个空位插入元素的概率相等，则 $p(i)$ 可用下式表示：

$$p(i) = \frac{1}{n+1} \tag{2-3}$$

因此，在该顺序表 *SL* 中插入一个元素之前，需要移动元素的平均次数（即期望值）为：

$$E(SL) = \sum_{i=1}^{n+1} \frac{1}{n+1}(n-i+1) = \frac{1}{n+1} \sum_{i=1}^{n+1}(n-i+1) \tag{2-4}$$

对式(2-4)进行计算可得：

$$E(SL) = \frac{1}{n+1} \times \frac{n(n+1)}{2} = \frac{n}{2} \tag{2-5}$$

由此可知，该算法的时间复杂度为 O(*n*)。在长为 *n* 的顺序表 *SL* 中每插入一个新元素，顺序表 *SL* 中所有元素平均需要被移动 *n*/2 次。

2.2.3.5 指定位置删除元素函数的实现

通过 SeqList 类的成员函数 delete_elem(self)，可将已有顺序表 *seqlist* 中的指定位置处的数据元素删除，其算法思路如下。

【算法思路】

①输入待删除元素的下标位置。

②删除指定元素。

③输出删除元素后的顺序表。

【算法实现】

代码段 2-5 为指定位置删除元素函数的实现代码：

代码段 2-5 指定位置删除元素函数

```
1   def   delete_elem( self) :
2         dpos = int( input( "请输入待删除元素的位置: "))
3         print( "正在删除元素", self. seqlist[ dpos], "...")
4         self. seqlist. remove( self. seqlist[ dpos])
5         print( "删除后顺序表为: \n", self. seqlist)
```

在代码段 2-5 的第 4 行代码中，调用了 remove( ) 方法将指定位置 dpos 上的元素删除。在删除元素时，remove( ) 方法将自行判断删除位置 dpos 是否合法。

在原顺序表 *seqlist* 中删除下标位置为 4 的元素 416 有两种实现方式。

①将顺序表 *seqlist* 中元素 316 及其之后的 4 个元素均向前移动一个位置，具体过程如图 2-6 所示。

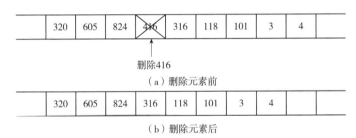

（a）删除元素前

（b）删除元素后

图 2-6 删除元素并向前移动位置

②将顺序表 *seqlist* 中元素 824 及其之前的 2 个元素均向后移动一个位置，具体过程如图 2-7 所示。

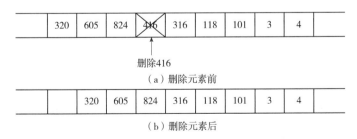

（a）删除元素前

（b）删除元素后

图 2-7 删除元素并向后移动位置

假定一个顺序表 SL 为 $\{a[1]，\cdots，a[i-1]，a[i]，\cdots，a[n]\}$，在对该顺序表 SL 执行 delete_elem 操作时，实质是将顺序表 SL 的某一元素 $a[i]$ 删除，使得长度为 n 的顺序表 SL 变为长度为 $n-1$ 的顺序表 SL：$\{a[1]，\cdots，a[i-1]，a[i+1]，\cdots，a[n]\}$

在顺序表 SL 执行删除操作后，需要通过移动元素来覆盖被删除元素所占的存储空间，因此，可将移动元素所需时间视为该算法的时间复杂度。其中，被移动元素的个数取决于删除元素的位置。

顺序表 SL 中可被删除的元素为 n 个，假设 $p(i)$ 代表删除顺序表 SL 中第 i 个元素概率，若每个元素被删除的概率相等，则 $p(i)$ 可用下式表示：

$$p(i)=\frac{1}{n} \tag{2-6}$$

因此，在该顺序表 SL 中删除一个元素后，需要移动元素的平均次数（即期望值）为：

$$E(SL)=\sum_{i=1}^{n}\frac{1}{n}(n-i)=\frac{1}{n}\sum_{i=1}^{n}(n-i) \tag{2-7}$$

对上式进行计算可得：

$$E(SL)=\frac{1}{n}\times\frac{n(n-1)}{2}=\frac{n-1}{2} \tag{2-8}$$

由此可知，该算法的时间复杂度为 $O(n)$。在长为 n 的顺序表 SL 中每删除一个新元素，顺序表 SL 中所有元素平均需要被移动 $(n-1)/2$ 次。

2.2.3.6 遍历顺序表元素函数的实现

通过 SeqList 类的成员函数 traverse_elem(self)，遍历当前顺序表 $seqlist$ 中的元素，其算法思路如下。

【算法思路】
①得到顺序表的长度。
②将该顺序表中的元素值逐一输出。

【算法实现】
代码段 2-6 为遍历顺序表元素函数的实现代码：

代码段 2-6　遍历顺序表元素函数

```
1  def  traverse_elem( self) :
2      seqlist_len=len( self. seqlist)
3      for i in range (0, seqlist_len) :
4          print ("第", i+1,"个元素的值为", self. seqlist[ i])
```

在代码段 2-6 的第 2 行代码中，调用了 len() 方法获取列表 seqlist 的长度；在第 3 和第 4 行中，使用 for 循环逐一输出表中每个元素，其中的 range(0,seqlist_len) 函数表明循环将被执行 seqlist_len 次。

2.2.3.7 顺序表小结

综上所述，顺序表具有较好的静态特性、较差的动态特性。线性表的顺序表表示，其特点是元素之间的逻辑顺序关系通过元素在存储区的物理位置表示，这一特点使得顺序表有如下的优缺点。

优点：

①无需为表示元素之间的逻辑关系而额外增加空间。

②可以快速存取表中任一位置的元素，时间复杂度为 O(1)。

③方法简单，各种高级语言中都有数组类型，容易实现。

缺点：

①顺序表插入和删除操作的效率很低，在进行插入和删除操作时，除表尾的位置外，在顺序表的其他位置上进行插入或删除操作都必须移动大量的元素，平均移动顺序表中数据元素个数的一半，效率较低。

②数组容量不可更改，需要预先分配（静态分配）足够大的连续存储空间。若分配过大，则顺序表后面的空间可能长期闲置而得不到充分利用，造成内存资源浪费的问题；若分配过小，又可能在使用中因为空间不足而造成溢出。

2.3　链表

由上节的讨论可知，顺序表的优点和缺点都在于其元素存储的集中方式和连续性。但如果在一个表的使用中需要经常修改结构，用顺序表存储就较为不便，为了克服顺序表的缺点，可以采用链接方式存储线性表，通常将链接方式存储的线性表称为链表。本节从链表的基本概念、单链表、循环单链表、双链表和循环双链表五个方面来具体介绍链表。

2.3.1　链表的基本概念

链表是指采用链式结构来存储数据元素的线性表。它与顺序表最大的区别在于两者的存储结构不同。顺序表需要由系统提前分配一组连续的存储空间，并采用顺序存储的方式来存储数据元素；链表是用一组任意的存储单元来存放线性表的数据元素，这组存储单元既可以是连续的，也可以是不连续的，甚至是零散分布在内存中的任何位置上。因此，链表中数据元素的逻辑顺序和物理顺序不一定相同。为了能正确表示数据元素间的逻辑关系，在存储每个结点值的同时，还必须存储其后继或前驱结点的地址（或位置）信息，这个信息称为指针或链。链表正是通过结点的链域将线性表的各个元素按其逻辑顺序链接在一起的。简单地说，链表就是用指针表示元素间的逻辑关系。与顺序表相比，链表有以下特点：

①链表实现了存储空间的动态管理。

②链表在执行插入与删除操作时，不必移动其余元素，只需修改指针即可。

通常使用存储密度这一指标来衡量数据存储时其对应存储空间的使用效率。它是指结点中数据元素本身所占的存储量和整个结点所占用的存储量之比，即

$$存储量存储密度 = \frac{结点中数据元素所占的存储量}{结点所占的存储量} \qquad (2-9)$$

由式(2-9)可知顺序表的存储密度为 1，但链表的存储密度小于 1。在理想情况下，顺

序表的存储密度会大于链表，其相应的存储空间利用率也就更高。但在实际情况中，尤其是在多任务的操作系统里，某一时刻内存中会运行多个进程，这些进程会向操作系统申请不同大小的存储空间，它们运行一段时间后就会导致内存空间的碎片化。此时，向操作系统申请一片大且连续的存储空间极为困难，而申请一片不连续的存储空间则较为容易，鉴于链表能很好地利用不连续的存储空间对数据元素进行存储这一特点，此时使用链式结构进行数据存储将会更加有利。本小节从链表的构成、链表的类型及链表的基本操作 3 个方面，进一步介绍链表。

2.3.1.1 链表的构成

链表是由一系列结点通过指针链接而形成，每个结点由数据域和指针域两部分组成，数据域用来存放结点的值，指针域用来存放结点的直接后继的地址，所有结点通过指针域链接在一起构成一个链表。其中，数据元素 a_i 所在结点为数据元素 a_{i+1} 所在结点的前驱结点；反之，数据元素 a_{i+1} 所在结点为数据元素 a_i 所在结点的后继结点，如图 2-8 所示。

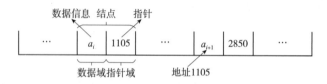

图 2-8　链表示意图

2.3.1.2 链表的类型

链表分为单向链表、双向链表和循环链表。

①在单向链表中，每个结点只包含一个指针域，它用来指向其直接后继结点，通常将这种单向链表简称为**单链表**。单链表中最后一个结点的指针域默认为空，因为根据单链表的定义，它没有直接后继结点。如图 2-9 所示为一个典型的单链表。

图 2-9　单链表

②在双向链表中，每个结点包含两个指针域，其中一个用于指向前驱结点，称为前驱指针；另一个用于指向后继结点，称为后继指针。通常将这样的双向链表简称为**双链表**，双链表最后一个结点指向后继结点的指针域为空。如图 2-10 所示为一个典型的双链表。

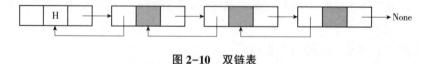

图 2-10　双链表

③从循环链表中的任一结点出发，均可找到表中其他结点。本节主要介绍两种最为常用的循环链表：循环单链表和循环双链表。

循环单链表的特点是表中最后一个结点的指针域不为空，而是指向表中的第一个结点（若循环单链表中存在头结点，那么第一个结点即为头结点；否则第一个结点为循环单链表中第一个元素所在的结点）。如图 2-11 所示为一个典型的循环单链表。

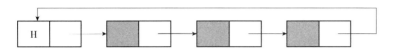

图 2-11　循环单链表示意图

循环双链表的特点是表中最后一个结点的后继指针指向该表的第一个结点(若循环中存在头结点,那么第一个结点即为头结点;否则第一个结点为循环双链表中第一个元素结点),并且表中第一个结点的前驱指针指向该表的最后一个结点。如图 2-12 所示为一个典型循环双链表。

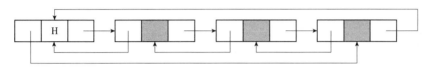

图 2-12　循环双链表示意图

2.3.1.3　链表的基本操作

链表的抽象数据类型的定义见表 2-4 所示。

表 2-4　链表的抽象数据类型的定义

ADT 链表(Linked List)	
数据对象:具有相同特性的数据元素的集合	
数据关系:链表中除表头和表尾元素外,其他所有元素都有唯一的前驱元素和后继元素	
操作名称	操作说明
init_linkedlist(linkedlist)	初始化操作,建立空链表 linkedlist
is_empty(linkedlist)	判断当前链表是否为空
get_length(linkedlist)	计算当前链表的长度
visit_elem(linkedlist)	输出当前链表中的某个元素
get_elem(linkedlist,i,e)	查找当前链表中的第 i 个元素的值,并将其赋值给 e
find_elem(linkedlist,e)	查找当前链表中与元素 e 的值相等的第 i 个元素
insert_elem(linkedlist,i,e)	在当前链表中第 i 个位置前插入元素 e
delete_elem(linkedlist,e)	删除当前链表中值为 e 的元素
remove_elem(linkedlist,i)	删除当前链表中第 i 个位置的元素
traverse_linkedlist(linkedlist)	遍历当前链表中的所有元素
destory_linkedlist(linkedlist)	销毁当前链表

2.3.2　单链表

单链表每个结点的地址存放在其前驱结点的指针域中,但单链表第一个结点无前驱,故使用一个指针来指向它,这个指针称为**头指针**,存放这个指针的变量称为**头指针变量**,如图 2-13 所示。

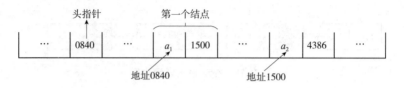

图 2-13 头指针示意图

为了更方便地对链表进行操作，通常会在单链表的第一个结点前附设一个结点，称为**头结点**。头结点的数据域可以不存储任何信息，也可以存储如线性表的长度等附加信息，头结点的指针域存储指向第一个结点的指针。头指针和头结点的异同见表 2-5 所列。通常将含有这种头结点的单链表称为带头结点的单链表。反之则称为不带头结点的单链表，如图 2-14 所示。

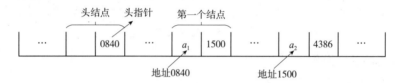

图 2-14 带头结点的单链表示意图

表 2-5 头指针和头结点的异同

头指针	头结点
• 头指针是指链表指向的第一个结点的指针，若链表有头结点，则是指向头结点的指针 • 头指针具有标识作用，所以常用头指针冠以链表的名字 • 无论链表是否为空，头指针均不为空；头指针是链表的必要元素	• 头结点是为了操作的统一和方便而设立的，放在第一元素的结点之前，其数据域一般无意义（也可存放链表长度等相关信息） • 有了头结点，对在第一元素结点前插入结点和删除第一结点，其操作与其他结点的操作就统一了 • 头结点不一定是链表的必须要素

和不带头结点的单链表相比，带头结点的单链表不仅统一了第一个结点及其后继结点的处理过程，还统一了空表和非空表的处理过程。因此，在后续内容的章节中，若无特别声明，通常所说的单链表均指带头结点的单链表。

可按如下步骤来实现单链表的一些典型操作。

①定义一个 SLNode 类，该类包含创建结点并对结点进行初始化的操作，见表 2-6 所列。

②定义一个 SLList 类，用于创建一个单链表，并对其执行相关操作。具体见表 2-7 所列。

表 2-6 SLNode 类中的成员函数

序号	方法名称	功能
1	__init__(self)	初始化结点

表 2-7　SLList 类的成员函数

序号	方法名称	功能
1	__init__(self)	初始化头结点
2	create_sllist(self)	创建单链表
3	is_empty(self)	判断单链表是否为空
4	visit_elem(self, vnode)	访问单链表中某一元素
5	get_elem(self)	获取单链表中指定位置的元素值
6	find_elem(self)	在单链表中查找某一指定元素
7	insert_elem(self)	在单链表中指定位置插入某一元素
8	insert_elem_head(self)	在单链表首端插入某一元素
9	insert_elem_tail(self)	在单链表尾端插入某一元素
10	get_extremum(self)	获取单链表中最大值或最小值
11	traverse_elem(self)	遍历单链表中所有元素
12	delete_elem(self)	删除单链表中某一元素
13	destory_sllist(self)	销毁单链表

本节将具体实现 SLNode 类的 __init__(self) 方法以及 SLList 类中的 __init__(self)、create_sllist(self)、find_elem(self)、insert_elem_head(self)、insert_elem_tail(self)、delete_elem(self)、traverse_elem(self) 这几个方法。

2.3.2.1　初始化结点函数的实现

调用 SLNode 类的成员函数 __init__(self, data) 初始化一个结点,其算法思路如下。

【算法思路】

①创建数据域用于存储结点值。

②创建指针域用于存储下一个结点的地址。

③可以根据实际需求创建更多域,用于存储结点的其他相关信息。

【算法实现】

代码段 2-7 为初始化 SLNode 结点函数的实现代码。

代码段 2-7　初始化结点函数

```
1  class SLNode(object):
2      def __init__(self, data):
3          self.data = data
4          self.next = None
```

2.3.2.2　初始化头结点函数的实现

调用 SLList 类的成员函数 __init__(self) 初始化头结点,其算法思路如下。

【算法思路】

①创建单链表头结点。

②将其初始化为空。

【算法实现】

代码段 2-8 为初始化头结点函数的实现代码：

代码段 2-8　初始化头结点函数

```
1   class SLList( object)
2       def  __init__( self) :
3           self. head = SLNode( None)
```

2.3.2.3　创建单链表函数的实现

调用 SLList 类的成员函数 create_sllist(self) 创建一个单链表，其算法思路如下。

【算法思路】

①获取头结点。

②由用户输入结点值并依次创建这些结点，每创建一个结点就将其链入单链表尾部。

③当用户的输入为"#"时，则结束输入，完成单链表的创建；否则转思路②。

【算法实现】

代码段 2-9 为创建单链表函数的实现代码：

代码段 2-9　创建单链表函数

```
1   def   create_sllist( self) :
2       print( "请输入数据后按回车键确认, 若想结束请输入"#"。")
3       snode = self. head                        #获取头结点
4       elem = input( "请输入当前结点的值: ")
5       while elem ! = "#":
6           enode = SLNode ( int ( elem) )
7           snode. next = enode
8           snode = snode. next
9           elem = input( "请输入当前结点的值: ")
```

通过执行上述代码可以创建一个新的单链表，图 2-15 为某一次输入所产生的单链表 SLList，后面的操作都基于此单链表进行。

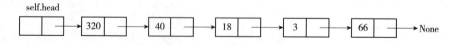

图 2-15　单链表 SLList

2.3.2.4　查找指定元素函数的实现

调用 SLList 类的成员函数 find_elem(self) 创建一个单链表，在单链表中查找含有某指定元素的结点并返回其位置。其算法思路如下。

【算法思路】

①输入待查找的元素值。

②若单链表中存在待查找的元素结点，则输出第一个被找到的结点及其所在位置。

③若单链表中不存在待查找的元素结点，则输出相应的提示。

【算法实现】

代码段 2-10 为查找指定元素函数的实现代码。

代码段 2-10　查找指定元素函数

```
1   def   find_elem( self) :
2         spos = 0
3         snode = self. head
4         key = int( input( "请输入想要查找的元素值: "))
5         if self. is_empty( ) :
6             return
7         while snode. next is not None and snode. data! = key:
8         #存在目标元素结点,则输出第一个被找到的结点的值及其所在位置
9             snode = snode. next
10            spos = spos + 1
11        if snode. data == key:
12            print( "查找成功, 值为", key, "的结点位于单链表的第", spos, "个位置。")
13        else:     #若在单链表中不存在目标元素结点,则输出相应提示
14            print( "查找失败! 单链表中不存在含有元素", key, "的结点")
```

在代码段 2-10 第 5 行使用了 SLList 类的 is_empty( ) 方法来判断单链表是否为空。代码段 2-11 为 is_empty( ) 方法的具体实现代码。

代码段 2-11　判断单链表是否为空

```
1   def   is_empty( self) :
2         if self. get_ length( ) == 0:
3             return True
4         else:
5             return False
```

在代码段 2-11 第 2 行使用了 SLList 类的 get_length( ) 方法来计算链表的长度。代码段 2-12 为 get_length( ) 方法的具体实现代码。

代码段 2-12　　计算当前链表长度

```
1   def  get_length( self) :
2       snode = self. head
3       length = 0
4       while snode. next is not None:
5           length = length + 1
6           snode = snode. next
7       return length
```

2.3.2.5　单链表首端插入元素函数的实现

调用 SLList 类的成员函数 insert_elem_head(self)，在单链表首端插入元素，其算法思路如下。

【算法思路】

①输入待插入结点的值。

②创建数据域为该值的结点。

③在当前单链表首端插入该结点。

【算法实现】

代码段 2-13 为单链表首端插入元素的实现代码。

代码段 2-13　　单链表首端插入元素函数

```
1   def  insert_elem_head( self) :
2       inelem = input ( "请输入待插入结点的值: ")
3       if inelem == "#" :
4           return
5       snode = self. head
6       enode = SLNode( int( elem) )
7       enode. next = snode. next
8       snode. next = enode
```

假定在图 2-15 创建的单链表 SLList 中，将值为 50 的结点插入至表中第一个位置，通过执行上述代码，原本有 5 个结点的单链表 SLList 变为含有 6 个结点的单链表。

①将新结点 enode 指向原单链表 SLList 中的第一个结点。

②将原单链表 SLList 的头结点指向新结点 enode。

插入过程如图 2-16 所示。

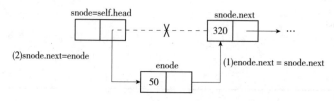

图 2-16　在单链表 SLList 首端插入元素示意图

得到如图 2-17 的单链表:

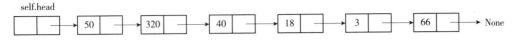

图 2-17　在首端插入元素后的单链表示意图

　　链式存储结构在执行插入操作时, 不需要提前分配存储空间, 只需将结点插入到单链表头结点后的第一个位置即可, 故该算法的执行时间与单链表的长度无关, 其时间复杂度为 O(1)。

2.3.2.6　单链表尾端插入元素函数的实现

　　调用 SLList 类的成员函数 insert_elem_tail(self), 在单链表尾端插入元素, 其算法思路如下。

　　【算法思路】

　　①输入待插入结点的值。

　　②创建数据域为该值的结点。

　　③在当前单链表尾端插入该结点。

　　【算法实现】

　　代码段 2-14 为单链表尾端插入元素函数的实现代码。

代码段 2-14　单链表尾端插入元素函数

```
1   def   insert_elem_tail( self):
2         inelem = input ("请输入待插入结点的值: ")
3         if inelem =="#":
4             return
5         snode = self. head
6         enode = SLNode( int( elem))
7         while snode. next is not None:
8             snode = snode. next
9         snode. next = enode
```

　　在图 2-17 创建的单链表 SLList 中, 将值为 24 的结点插入至表中最后一个位置, 通过执行上述代码, 原本有 6 个结点的单链表 SLList 变为含有 7 个结点的单链表, 具体过程如图 2-18 所示。

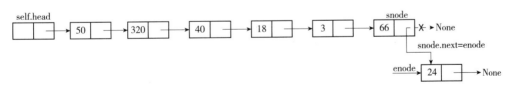

图 2-18　在单链表 SLList 尾端插入元素示意图

得到如图 2-19 的单链表:

　　链式存储结构在执行尾端插入操作时, 需要遍历整个单链表直至链表的尾端, 完成插

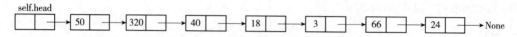

图 2-19　在尾端插入元素后的单链表示意图

入操作，故在长度为 n 的单链表中实现上述算法的时间复杂度为 $O(n)$。

2.3.2.7　删除元素函数的实现

调用 SLList 类的成员函数 delete_elem(self)，在单链表中将指定元素的结点删除，其算法思路如下。

【算法思路】

①输入待删除结点的值。

②在单链表中查找是否存在和待删除结点值相等的结点。若查找成功，则执行删除操作；若查找失败，则输出相应提示。

【算法实现】

代码段 2-15 为单链表删除元素函数的实现代码。

代码段 2-15　单链表删除元素函数

```
1   def  delete_elem(self):
2       deelem = int( input ("请输入待删除结点的值: "))
3       snode = self. head
4       pnode = self. head
5       if self. is_empty():
6           print("当前单链表为空")
7           return
8       while snode. next is not None and snode. data ! = deelem:   #查找与该值相等的结点
9           pnode = snode
10          snode = snode. next
11      if snode. data == deelem:   #若查找成功, 则执行删除操作
12          pnode. next = snode. next
13          del snode
14          print ("已删除含有元素", deelem, "的结点")
15      else:
16          print ("删除失败! 当前单链表中不存在元素为", deelem, "的结点")
```

在代码段 2-15 中的第 5 行中，通过调用 SLList 类中 is_empty() 方法的返回值，来判断当前单链表是否为空；通过执行第 8 行的代码，使用 while 循环来判断 snode 所指结点的值与 deelem 是否相等，若不相等则执行第 9 行和第 10 行的代码，使 pnode 指向 snode 并将 snode 指向其后继结点；否则退出 while 循环后，判断当前结点的值与 deelem 是否匹配，若为真，则执行第 12 行和第 13 行的代码，将 pnode 的 next 指向 snode 所指结点的后继结

点，并使用 del 删除 snode 所指结点；否则给出删除失败的提示。

在图 2-19 创建的单链表 SLList 中删除值为 18 的结点，通过执行上述代码使得原本含有 7 个结点的单链表，变为含有 6 个结点的单链表。操作步骤如下：

①将值为 40 的结点的后继指针指向值为 18 结点的后继结点；

②对值为 18 的结点执行删除操作。

具体过程如图 2-20 所示。

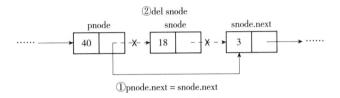

图 2-20　在单链表中删除结点示意图

得到如图 2-21 所示的单链表。

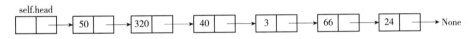

图 2-21　在单链表中删除结点后示意图

2.3.2.8　遍历单链表函数的实现

调用 SLList 类的成员函数 traverse_elem(self)，遍历当前单链表中的元素，其算法思路如下。

【算法思路】

①若头结点的指针域为空，则输出相应提示。

②若头结点的指针域不为空，则调用 visit_elem() 方法将当前单链表中元素逐一输出。

【算法实现】

代码段 2-16 为遍历单链表元素函数的实现代码。

代码段 2-16　遍历单链表元素函数

```
1  def  traverse_elem(self):
2      snode = self.head
3      if snode.next is None:    #通过 snode 所指结点的指针域是否为 None 来判断单链表是否为空
4          print("当前单链表为空!")
5          return
6      print("当前单链表为: ")
7      while snode is not None:
8          snode = snode.next
9          self.visit_elem(snode)
```

代码段 2-17 为 visit_elem() 方法的具体实现代码。

代码段 2-17　输出单链表某一元素函数

```
1  def   visit_elem ( self, vnode ) :
2      if vnode is not None:
3          print( vnode. data, " ->", end = "")
4      else:
5          print( "None")
```

2.3.3　循环单链表

将单链表中最后一个结点的指针端由空指针改为指向头结点，使得整个单链表形成一个环，这种头尾相接的单链表称为**循环单链表**。与单链表相比，两者的基本操作大致类似。在本小节中，按如下步骤来实现单链表的一些典型操作，重点介绍循环单链表的创建、插入及删除操作。

①定义一个 CSLNode 类，该类包含创建结点并对结点进行初始化的操作，见表 2-8 所列。

表 2-8　CSLNode 类中的成员函数

序号	方法名称	功能
1	__init__(self)	初始化结点

在实现这一方法时，调用与单链表 SLNode 类中的__init__( )方法相同的源代码。

②定义一个 CSLList 类，用于创建一个循环单链表，并对其执行相关操作。具体如表 2-9 所示。

表 2-9　CSLList 类中的成员函数

序号	方法名称	功能
1	__init__(self)	初始化头结点
2	create_csllist(self)	创建循环单链表
3	is_empty(self)	判断循环单链表是否为空
4	visit_elem (self, vnode)	访问循环单链表中某一元素
5	get_elem(self)	获取循环单链表中指定位置的元素值
6	find_elem(self)	在循环单链表中查找某一指定元素
7	insert_elem(self)	在循环单链表中指定位置插入某一元素
8	insert_elem_head(self)	在循环单链表首端插入某一元素
9	insert_elem_tail(self)	在循环单链表尾端插入某一元素
10	get_extremum(self)	获取循环单链表中最大值或最小值
11	traverse_elem(self)	遍历循环单链表中所有元素
12	delete_elem(self)	删除循环单链表中某一元素
13	destory_csllist(self)	销毁循环单链表

在实现 CSLList 类的 __init__(self)时,调用与单链表 SLList 类的 __init__(self)方法类似的源代码。本节将具体实现 CSLList 类中的 create_csllist(self)、insert_elem_head(self)、insert_elem_tail(self)和 delete_elem(self)4 种方法。

2.3.3.1　创建循环单链表函数的实现

调用 CSLList 类的成员函数 create_csllist(self)创建一个单链表,其算法思路如下。

【算法思路】

①获取头结点。

②由用户输入结点值并依次创建这些结点,每次创建一个结点就将其链入循环单链表尾部,并将头结点的地址存入其指针域中。

③当用户的输入为"#"时,完成单链表的创建;否则转思路②。

【算法实现】

代码段 2-18 为创建循环单链表函数的实现代码。

代码段 2-18　创建循环单链表函数

```
1  def   create_csllist( self) :
2       snode = self. head
3       print( "请输入数据后按回车键确认, 若想结束请输入"#"。")
4       elem = int( input( "请输入结点的值: "))
5       while elem! = "#":
6           enode = CSLNode ( int( elem ) )
7           snode. next = enode
8           enode. next = self. head
9           snode = snode. next
10          elem = input( "请输入结点的值: ")
```

2.3.3.2　循环单链表首端插入元素函数的实现

调用 CSLList 类的成员函数 insert_elem_head(self),在循环单链表首端插入元素,其算法思路如下。

【算法思路】

①输入待插入结点的值。

②创建数据域为该值的结点。

③在当前循环单链表首端插入该结点。

【算法实现】

代码段 2-19 为循环单链表首端插入元素函数的实现代码。

代码段 2-19 循环单链表首端插入元素函数

```
1  def  insert_elem_head( self):
2      inelem = int( input ("请输入待插入结点的值: "))
3      if inelem == "#":
4          return
5      snode = self. head
6      enode = CSLNode( inelem)
7      enode. next = snode. next
8      snode. next = enode
```

与单链表首端插入元素方法一样，该算法的执行时间与循环单链表的长度无关，其时间复杂度为 O(1)。

2.3.3.3 循环单链表尾端插入元素函数的实现

调用 CSLList 类的成员函数 insert_elem_tail(self)，在循环单链表尾端插入元素，其算法思路如下。

【算法思路】

①输入待插入结点的值。

②创建数据域为该值的结点。

③在当前循环单链表尾端插入该结点。

【算法实现】

代码段 2-20 为循环单链表尾端插入元素函数的实现代码。

代码段 2-20 循环单链表尾端插入元素函数

```
1  def  insert_elem_tail( self):
2      inelem = int( input ("请输入待插入结点的值: "))
3      if inelem == "#":
4          return
5      snode = self. head
6      enode = CSLNode( inelem)
7      while snode. next ! = self. head:
8          snode = snode. next
9      snode. next = enode
10     enode. next = self. head
```

在长度为 n 的循环单链表的尾端执行插入操作时，仅需在单链表的基础上修改表中最后一个结点后继指针的值，其算法的时间复杂度为 O(n)。

2.3.3.4 删除元素函数的实现

调用 CSLList 类的成员函数 delete_elem(self)，在循环单链表中将指定元素的结点删除，其算法思路如下。

【算法思路】

①输入待删除结点的值。

②在循环单链表中查找是否存在和待删除结点值相等的结点。若查找成功，则执行删除操作；若查找失败，则输出相应提示。

【算法实现】

代码段 2-21 为循环单链表删除元素函数的实现代码。

代码段 2-21　循环单链表删除元素函数

```
1   def  delete_elem( self) :

2       deelem = int( input ( "请输入待删除结点的值: "))

3       snode = self. head

4       pnode = self. head

5       if self. is_empty( ) :

6           print( "当前循环单链表为空")

7           return

8       while snode. next! = self. head and snode. data! = deelem:    #查找与该值相等的结点

9           pnode = snode

10          snode = snode. next

11      if snode. data == deelem:    #若查找成功,则执行删除操作

12          pnode. next = snode. next

13          del snode

14          print ( "已删除含有元素", deelem, "的结点")

15      else:

16          print ( "删除失败! 当前单链表中不存在元素为", deelem, "的结点")
```

2.3.4　双链表

在单链表中，每个结点都只有一个指向其直接后继的指针，通过该指针能访问该结点的直接后继结点。如果需要访问结点 snode 的直接前驱结点，需要从单链表的头结点通过遍历单链表，直至某一结点的后继结点为 snode 时，才找到 snode 的直接前驱结点。为了提高处理此类问题的效率，在单链表的每个结点中，再设置一个指向其前驱结点的指针域，通常将这一种的单链表称为**双向链表**，简称双链表。在双链表中的结点都包含两个指针域，其中，一个指向直接后继，一个指向直接前驱。在本小节中，按如下步骤来实现双链表的一些典型操作。

①定义一个 DLNode 类，该类包含创建结点并对结点进行初始化的操作，如表 2-10 所示。

表 2-10　DLNode 类中的成员函数

序号	方法名称	功能
1	__init__(self)	初始化结点

②定义一个 DLList 类,用于创建一个双链表,并对其执行相关操作。具体如表 2-11 所示。

表 2-11　DLList 类中的成员函数

序号	方法名称	功能
1	__init__(self,data)	初始化头结点
2	create_dllist(self)	创建双链表
3	is_empty(self)	判断双链表是否为空
4	visit_elem_next(self,vnode)	按后继指针访问双链表中某一元素
5	visit_elem_prev(self,vnode)	按前驱指针访问双链表中某一元素
6	get_elem(self)	获取双链表中指定位置的元素值
7	find_elem(self)	在双链表中查找某一指定元素
8	insert_elem(self)	在双链表中指定位置插入某一元素
9	insert_elem_head(self)	在双链表首端插入某一元素
10	insert_elem_tail(self)	在双链表尾端插入某一元素
11	get_extremum(self)	获取双链表中最大值或最小值
12	traverse_elem(self)	遍历双链表中所有元素
13	delete_elem(self)	删除双链表中某一元素
14	destroy_dllist(self)	销毁双链表

本节将具体实现 DLNode 类的__init__(self,data)方法,DLList 类中的 create_dllist (self)、insert_elem_head(self)、insert_elem_tail(self)、delete_elem(self)和 traverse_elem(self) 6 种方法。

2.3.4.1　初始化结点函数的实现

调用 DLNode 类的成员函数__init__(self,data)初始化一个结点,其算法思路如下。

【算法思路】

①创建数据域用于存储结点值。

②创建后继指针域用于存储下一个结点的地址。

③创建前驱指针域用于存储前一个结点的地址。

④可以根据实际需求创建更多域,用于存储结点的其他相关信息。

【算法实现】

代码段 2-22 为初始化结点函数的实现代码。

代码段 2-22 初始化结点函数

```
1  def __init__ (self, data):
2      self. data = data
3      self. next = None
4      self. prev = None
```

2.3.4.2 初始化头结点函数的实现

调用 DLList 类的成员函数__init__(self)初始化头结点,其算法思路如下。

【算法思路】

①创建一个结点并将其初始化为空。

②令双链表的头结点为上述结点。

【算法实现】

代码段 2-23 为初始化头结点函数的实现代码。

代码段 2-23 初始化头结点函数

```
1  def __init__ (self):
2  self. head = DLNode( None)
```

2.3.4.3 创建双链表函数的实现

调用 DLList 类的成员函数 create_dllist(self)创建一个双链表, 其算法思路如下。

【算法思路】

①获取头结点。

②用户输入结点值并依次创建这些结点, 每创建一个结点就将其链入双链表尾部。

③当用户的输入为"#"时, 则结束输入, 完成双链表的创建; 否则转思路②。

【算法实现】

代码段 2-24 为创建双链表函数的实现代码。

代码段 2-24 创建双链表函数

```
1  def create_dllist( self):
2      print( "请输入数据后按回车键确认, 若想结束请输入"#"。")
3      snode = self. head
4      data = input( "请输入当前结点的值: ")
5      while data ! = "#":
6          enode = DLNode (int( data))
7          snode. next = enode
8          enode. prev = snode
9          snode = snode. next
10         data = input( "请输入当前结点的值: ")
```

通过执行上述代码可以创建一个新的双链表，图 2-22 所示为某一次输入所产生的双链表 DLList，后面的操作都基于此双链表进行。

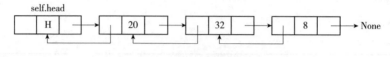

图 2-22 双链表 DLList

2.3.4.4 双链表首端插入元素函数的实现

调用 DLList 类的成员函数 insert_elem_head(self)，在双链表首端插入元素，其算法思路如下。

【算法思路】

①输入待插入结点的值。

②创建数据域为该值的结点。

③在当前双链表首端插入该结点。

【算法实现】

代码段 2-25 为双链表首端插入元素函数的实现代码。

代码段 2-25 双链表首端插入元素函数

```
1   def  insert_elem_head( self) :
2       inelem = input ( "请输入待插入结点的值: ")
3       if inelem == "#":
4           return
5       snode = self. head. next
6       pnode = self. head
7       enode = DLNode ( int( inelem) )
8       enode. prev = pnode
9       pnode. next = enode
10      enode. next = snode
11      snode. prev = enode
```

假定在之前创建的双链表 DLList 中，将值为 3 的结点插入至表中第一个位置，通过执行上述代码，原本有 3 个结点的双链表 DLList 变为含有 4 个结点的双链表，具体过程如图 2-23 所示。

其中，在双链表首端插入元素的步骤顺序如下所示：

①enode. prev = pnode

②pnode. next = enode

③enode. next = snode

④snode. prev = enode

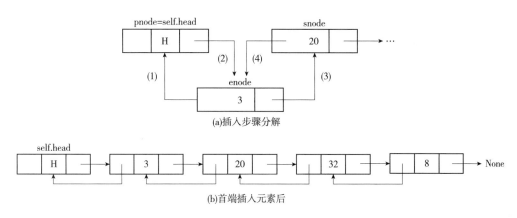

(a)插入步骤分解

(b)首端插入元素后

图 2-23　双链表首端插入元素

得到如图 2-23(b)所示的双链表。

与单链表的首端插入元素类似,该算法的执行时间与双链表的长度无关,其时间复杂度为 O(1)。

2.3.4.5　双链表尾端插入元素函数的实现

调用 DLList 类的成员函数 insert_elem_tail(self),在双链表尾端插入元素,其算法思路如下。

【算法思路】

①输入待插入结点的值。

②创建数据域为该值的结点。

③在当前双链表尾端插入该结点。

【算法实现】

代码段 2-26 为双链表尾端插入元素函数的实现代码。

代码段 2-26　双链表尾端插入元素函数

```
1   def  insert_elem_tail( self):
2       inelem = input ("请输入待插入结点的值: ")
3       if inelem == "#":
4           return
5       enode = DLNode ( int ( inelem) )
6       snode = self. head
7       while snode. next is not None:
8           snode = snode. next
9       snode. next = enode
10      enode. prev = snode
```

与单链表的尾端插入元素类似,在双链表中使用尾端插入元素时,仅需要修改最后一个结点指针域的值即可,其时间复杂度为 O(n),此处不再赘述。

2.3.4.6　删除元素函数的实现

调用 DLList 类的成员函数 delete_elem(self)，在双链表中将指定元素的结点删除，其算法思路如下。

【算法思路】

①输入待删除结点的值。

②在双链表中查找是否存在和待删除结点值相等的结点。若查找成功，则执行删除操作；若查找失败，则输出相应提示。

【算法实现】

代码段 2-27 为双链表删除元素函数的实现代码。

代码段 2-27　双链表删除元素函数

```
1   def    delete_elem( self):
2       deelem = int( input ("请输入待删除结点的值:"))
3       snode = self. head
4       pnode = self. head
5       if self. is_empty( ):
6           print("当前双链表为空")
7           return
8       while snode. next is not None and snode. data ! = deelem:
9           pnode = snode
10          snode = snode. next
11      if snode. data == deelem:      #若查找成功,则执行删除操作
12          if snode. next is None:
13              pnode. next = None
14              del snode
15              print ("已删除含有元素", deelem, "的结点")
16          else:
17              qnode = snode. next
18              pnode. next = qnode
19              qnode. prev = pnode
20              del snode
21              print ("已删除含有元素"deelem"的结点")
22      else:
23          print ("删除失败! 当前双链表中不存在元素为", deelem, "的结点")
```

在代码段 2-27 中的第 5 行中，通过调用 DLList 类中 is_empty( ) 方法的返回值，来判断当前双链表是否为空；DLList 类中 is_empty( ) 与单链表 SLList 中的 is_empty( ) 代码相同。

假定将图 2-23(b) 所示的双链表 DLList 中值为 32 的结点删除，通过执行上述代码使得原本含有 4 个结点的双链表，变为含有 3 个结点的双链表。为了将值为 32 的结点成功删除，我们首先需要将值为 32 的结点的前驱结点内的指针指向值为 32 的结点的后继结点，进而再对值为 32 的结点执行删除操作，具体过程如图 2-24 所示。

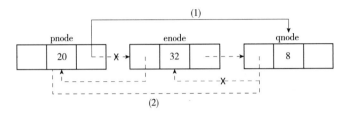

图 2-24 删除元素的步骤分解

其中，在双链表中删除元素的步骤顺序如下所示：

①pnode. next = qnode

②qnode. prev = pnode

得到如图 2-25 所示的双链表。

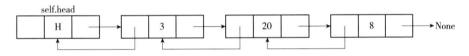

图 2-25 删除元素后的双链表 DLList

2.3.4.7 遍历双链表函数的实现

调用 DLList 类的成员函数 traverse_elem(self)，遍历当前双链表中的元素，其算法思路如下。

【算法思路】

①若双链表为空，则输出相应提示。

②若双链表不为空，则调用 visit_elem_next( ) 方法将当前双链表中元素从前到后按序逐一输出。

【算法实现】

代码段 2-28 为遍历双链表元素函数的实现代码。

代码段 2-28 遍历双链表元素函数

```
1   def   traverse_elem( self) :
2       snode = self. head
3       print( "按 next 域遍历双链表: ")
4       if self. is_empty( ) :
5           print( "当前双链表为空")
6           return
7       while snode. next is not None:
```

（续）

8	snode = snode. next
9	#调用 visit_elem_next( ) 方法将双链表中的元素从前到后按序依次输出
10	self. visit_elem_next(snode)
11	print("None")

代码段 2-29 为 visit_elem_next( ) 方法的具体实现代码。

代码段 2-29　按 next 域输出某一元素函数

1	def　visit_elem_next(self, vnode) :
2	if vnode is not None:
3	print(vnode. data,　" ->", end = "")

2.3.5　循环双链表

将双链表中最后一个结点的后继指针指向双链表的头结点，并将其头结点的前驱指针指向表中的最后一个结点，使得整个双链表形成一个环，这种头尾相接的双链表称为**循环双链表**。与双链表相比，两者的基本操作大致类似。在本小节中，按如下步骤来实现循环双链表的一些典型操作，重点介绍循环双链表的创建、插入及删除操作。

①定义一个 CDLNode 类，该类包含创建结点并对结点进行初始化的操作，如表 2-12 所示。

表 2-12　CDLNode 类中的成员函数

序号	方法名称	功能
1	__init__(self,data)	初始化结点

在实现这一方法时,调用与双链表 DLNode 类中的__init__(self, data) 方法相同的源代码。

②定义一个 CDLList 类,用于创建一个循环双链表,并对其执行相关操作。具体如表 2-13 所示。

表 2-13　CDLList 类中的成员函数

序号	方法名称	功能
1	__init__(self)	初始化头结点
2	create_cdllist(self)	创建循环双链表
3	is_empty(self)	判断循环双链表是否为空
4	visit_elem_next(self,vnode)	按后继指针访问循环双链表中某一元素
5	visit_elem_prev(self,vnode)	按前驱指针访问循环双链表中某一元素
6	get_elem(self)	获取循环双链表中指定位置的元素值
7	find_elem(self)	在循环双链表中查找某一指定元素

（续）

序号	方法名称	功能
8	insert_elem(self)	在循环双链表中指定位置插入某一元素
9	insert_elem_head(self)	在循环双链表首端插入某一元素
10	insert_elem_tail(self)	在循环双链表尾端插入某一元素
11	get_extremum(self)	获取循环双链表中最大值或最小值
12	traverse_elem(self)	遍历循环双链表中所有元素
13	delete_elem(self)	删除循环双链表中某一元素
14	destory_cdllist(self)	销毁循环双链表

在实现 CDLList 类的 __init__(self)时,调用与双链表 SLList 类的 __init__(self)方法类似的源代码。本节将具体实现 CDLList 类中的 create_cdllist(self)、insert_elem_head(self)、insert_elem_tail(self)和 delete_elem(self)4 个方法。

2.3.5.1　创建循环双链表函数的实现

调用 CDLList 类的成员函数 create_cdllist(self)，创建一个双链表，其算法思路如下。

【算法思路】

①获取头结点。

②由用户输入结点值并依次创建这些结点，每创建一个结点就将其链入循环双链表尾部，并将其后继指针指向头结点，最后在头结点前驱指针域中存入该结点的地址。

③当用户的输入为"#"时，则结束输入，完成循环双链表的创建；否则转思路②。

【算法实现】

代码段 2-30 为创建循环双链表函数的实现代码。

代码段 2-30　创建循环双链表函数

```
1   def   create_cdllist( self):
2         snode = self. head     #获取头结点
3         print( "请输入数据后按回车键确认, 若想结束请输入"#"。")
4         data = input( "请输入当前结点的值: ")
5         while data ! = "#":
6             enode = CDLNode ( int( data))
7             snode. next = enode
8             enode. prev = snode
9             enode. next = self. head
10            self. head. prev = enode
11            snode = snode. next
12            data = input( "请输入当前结点的值: ")
```

2.3.5.2 循环双链表首端插入元素函数的实现

调用 CDLList 类的成员函数 insert_elem_head(self)，在循环双链表首端插入元素，其算法思路如下。

【算法思路】

①输入待插入结点的值。

②创建数据域为该值的结点。

③在当前循环双链表首端插入该结点。

【算法实现】

代码段 2-31 为双链表首端插入元素函数的实现代码。

代码段 2-31　双链表首端插入元素函数

```
1   def    insert_elem_head( self ):
2           inelem = input ( "请输入待插入结点的值: ")
3           if inelem == "#":
4               return
5           snode = self. head. next
6           pnode = self. head
7           enode = CDLNode( int( inelem) )
8           enode. prev = pnode
9           pnode. next = enode
10          enode. next = snode
11          snode. prev = enode
```

与双链表首端插入元素方法一样，该算法的执行时间与循环双链表的长度无关，其时间复杂度为 O(1)。

2.3.5.3 循环双链表尾端插入元素函数的实现

调用 CDLList 类的成员函数 insert_elem_tail(self)，在循环双链表尾端插入元素，其算法思路如下。

【算法思路】

①输入待插入结点的值。

②创建数据域为该值的结点。

③在当前循环双链表尾端插入该结点。

【算法实现】

代码段 2-32 为循环双链表尾端插入元素函数的实现代码。

代码段 2-32　循环双链表尾端插入元素函数

```
1    def   insert_elem_tail(self):
2          inelem = input("请输入待插入结点的值: ")
3          if inelem == "#":
4                return
5          snode = self.head
6          enode = CDLNode(int(inelem))
7          while snode.next ! = self.head:
8                snode = snode.next
9          snode.next = enode
10         enode.prev = snode
11         enode.next = self.head
12         self.head.prev = enode
```

在长度为 n 的循环双链表的尾端执行插入操作时，仅需在双链表的基础上修改表中头结点前驱指针与最后一个结点后继指针的值，其算法的时间复杂度为 $O(n)$。

2.3.5.4　删除元素函数的实现

调用 CDLList 类的成员函数 delete_elem(self)，在循环双链表中将指定元素的结点删除，其算法思路如下。

【算法思路】

①输入待删除结点的值。

②在循环双链表中查找是否存在和待删除结点值相等的结点。若查找成功，则执行删除操作；若查找失败，则输出相应提示。

【算法实现】

代码段 2-33 为循环双链表删除元素函数的实现代码。

代码段 2-33　循环双链表删除元素函数

```
1    def   delete_elem(self):
2          deelem = int(input("请输入待插入结点的值: "))
3          snode = self.head
4          pnode = self.head
5          if self.is_empty():
6                print("当前循环双链表为空")
7                return
8          while snode.next ! = self.head and snode.data ! = deelem:
9                pnode = snode
10               snode = snode.next
```

（续）

```
11        if snode. data == deelem:
12            qnode = snode. next
13            pnode. next = qnode
14            qnode. prev = pnode
15            del snode
16            print ("已删除含有元素", deelem, "的结点")
17        else:
18            print ("删除失败！当前循环双链表中不存在元素为", deelem, "的结点")
```

小　结

本章主要介绍了线性表相关的基本知识，线性表是整个数据结构课程的重要基础，下面从两个方面对本章进行小结。

（1）线性表是在逻辑结构上具有线性关系的数据集，在其后介绍的顺序表和链表等结构都是在线性表的基础上衍生而来的。

（2）顺序表是在线性表的基础上采用了顺序存储的结构，在顺序表中存储数据的空间是连续的、元素存储位置也是相邻的，这在一定程度上反映了其结构上的线性关系，因此，表中任一个元素都可被随机访问，通常会使用数组来实现这一数据结构。

而链表是在线性表的基础上采用了链式存储的结构，元素间的逻辑关系也是通过指针来反映的，因此元素不能随机访问。表 2-14 为这两种结构在不同方面的比较。

表 2-14　顺序表与链表的比较

对比类别		顺序表	链表
空间上	存储空间	创建顺序表时需要一段连续的存储空间；顺序空间大小固定	创建链表时，每次只需一个结点的空间；链表空间大小不固定
	存储方式	顺序存储	链式存储
	存储密度	等于 1	小于 1
时间上	访问元素	可随机访问元素，时间复杂度为 $O(1)$	不可随机访问元素，时间复杂度为 $O(n)$
	插入或删除元素	插入或删除前都需要移动元素，时间复杂度为 $O(n)$	插入或删除时不需要移动元素，时间复杂度为 $O(1)$
使用类型		①所需存储空间基本确定的数据 ②插入或删除操作较少的数据 ③需要经常访问元素的数据	①所需存储空间变动较大的数据 ②插入或删除操作较多的数据 ③不需要经常访问元素的数据

习　题

一、选择题

1. 顺序表比链表的存储密度更大，是因为(　　　)。

A. 顺序表的存储空间是预先分配的

B. 顺序表不需要增加指针来表示元素之间的逻辑关系

C. 链表的所有结点是连续的

D. 顺序表的存储空间是不连续的

2. 下面关于线性表的叙述中，哪个是错误的？(　　　)

A. 线性表采用顺序存储，必须占用一片连续的存储单元

B. 线性表采用顺序存储，便于进行插入和删除操作

C. 线性表采用链接存储，不必占用一片连续的存储单元

D. 线性表采用链接存储，便于插入和删除操作

3. 若某线性表最常用的操作是存取任一指定序号的元素和在线性表最后位置进行插入和删除运算，则利用(　　　)存储方式最节省时间。

   A. 顺序表　　　　　　　　　　　B. 双链表

   C. 带头结点的双循环链表　　　　D. 单循环链表

4. 设一个链表最常用的操作是在末尾插入结点和删除尾结点，则选用(　　　)最节省时间。

   A. 单链表　　　　　　　　　　　B. 单循环链表

   C. 带尾指针的单循环链表　　　　D. 带头结点的双循环链表

5. 若将某一数组 A 中的元素，通过头插法插入至单链表 B 中(单链表初始为空)，则插入完毕后，B 中结点的顺序(　　　)。

A. 与数组中元素的顺序相反

B. 与数组中元素的顺序相同

C. 与数组中元素的顺序无关

D. 与数组中元素的顺序部分相同、部分相反

6. 链表不具有的特点是(　　　)。

A. 插入、删除不需要移动元素　　　B. 可随机访问任一元素

C. 不必事先估计存储空间　　　　　D. 所需空间与线性长度成正比

7. 下面的叙述不正确的是(　　　)。

A. 线性表在链式存储时，查找第 i 个元素的时间同 i 的值成正比

B. 线性表在链式存储时，查找第 i 个元素的时间同 i 的值无关

C. 线性表在顺序存储时，查找第 i 个元素的时间同 i 的值成正比

D. 线性表在顺序存储时，查找第 i 个元素的时间同 i 的值无关

8. 与单链表相比，双链表(　　　)。

A. 可随机访问表中结点　　　　　B. 访问前后结点更为便捷

C. 执行插入、删除操作更为简单　　D. 存储密度等于 1

9. 对于顺序存储的线性表，访问结点和增加、删除结点的时间复杂度为（　　　）。

A. O(n)　O(n)
B. O(n)　O(1)

C. O(1)　O(n)
D. O(1)　O(1)

10. 假定顺序表中的第一个数据元素的存储地址为第 200 个存储单元，若每个数据元素占用 6 个存储单元，则第 4 个数据元素的地址是第（　　　）个存储单元。

A. 218　　　　　B. 224　　　　　C. 230　　　　　D. 212

11. 线性表(a_1，a_2，…，a_n)以链接方式存储时，访问第 i 位置元素的时间复杂度为（　　　）。

A. O(i)　　　　B. O(1)　　　　C. O(n)　　　　D. O($i-1$)

二、填空题

1. 当线性表的元素总数基本稳定，且很少进行插入和删除操作，但要求以最快的速度存取线性表中的元素时，应采用_____存储结构。

2. 线性表L=(a_1，a_2，…，a_n)用数组表示，假定删除表中任一元素的概率相同，则删除一个元素平均需要移动元素的个数是_____。

3. 在一个长度为 n 的顺序表中第 i 个元素(1<=i<=n)之前插入一个元素时，需向后移动_____个元素。

4. 在单链表中设置头结点的作用是_____。

5. 根据线性表的链式存储结构中每一个结点包含的指针个数，将线性链表分成_____和_____；而又根据指针的连接方式，链表又可分成_____和_____。

6. 链接存储的特点是利用_____来表示数据元素之间的逻辑关系。

7. 在单链表中，如果想在头结点之前插入一个新结点 Node 可通过执行_____和_____两句语句实现。

三、判断题

1. 链表中的头结点仅起到标识的作用。（　　　）

2. 线性表采用链表存储时，结点和结点内部的存储空间可以是不连续的。（　　　）

3. 顺序存储方式只能用于存储线性结构。（　　　）

4. 所谓静态链表就是一直不发生变化的链表。（　　　）

5. 线性表的特点是每个元素都有一个前驱和一个后继。（　　　）

6. 取线性表的第 i 个元素的时间同 i 的大小有关。（　　　）

7. 循环链表不是线性表。（　　　）

8. 线性表就是顺序存储的表。（　　　）

9. 顺序存储方式的优点是存储密度大，且插入、删除运算效率高。（　　　）

10. 链表是采用链式存储结构的线性表，进行插入、删除操作时，在链表中比在顺序存储结构中效率高。（　　　）

四、综合题

1. 说明在线性表的链式存储结构中，头指针与头结点之间的根本区别。

2. 线性表有两种存储结构：一是顺序表，二是链表。请问：

（1）如果有 n 个线性表同时并存，并且在处理过程中各表的长度会动态变化，线性表的总数也会自动地改变。在此情况下，应选用哪种存储结构？为什么？

（2）若线性表的总数基本稳定，且很少进行插入和删除，但要求以最快的速度存取线性表中的元素，那么应采用哪种存储结构？为什么？

3. 线性表的顺序存储结构具有三个缺点：其一，在做插入或删除操作时，需移动大量元素；其二，由于难以估计，必须预先分配较大的空间，往往使存储空间不能得到充分利用；其三，表的容量难以扩充。线性表的链式存储结构是否一定都能够克服上述三个缺点，试讨论之。

五、算法设计题

1. 设计一个程序来实现顺序表的就地转置。

2. 输入一个链表，从尾到头打印链表每个结点的值。

3. 在一个循环双链表中，删除所有值为偶数的结点。

第3章　栈和队列

　　本章主要介绍两种最简单和最常用的线性数据结构：栈和队列。它们是两种限制存取点的动态数据结构。在栈中，用户只能在指定的一端插入元素，并在同一端删除元素，具有后进先出 LIFO 的特性。在队列中，用户在一端插入元素而在另一端删除元素，具有先进先出 FIFO 特性。

思维导图

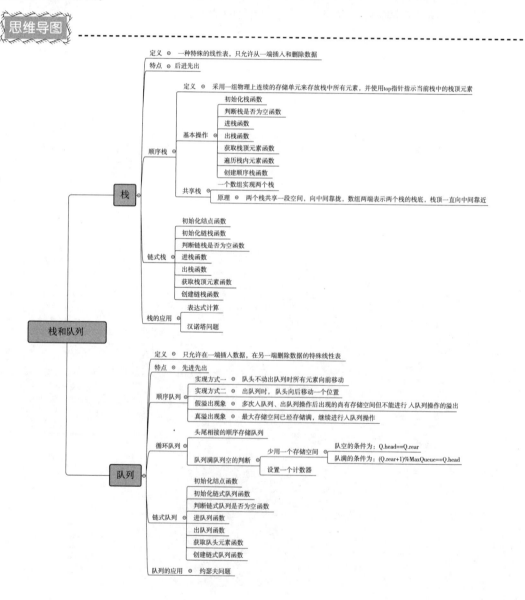

3.1　栈

栈是被限制仅能在表的一端进行插入和删除运算的线性表，具有后进先出 LIFO 的特性。在本节中主要介绍栈的定义，并且根据其存储方式的不同，分别介绍栈的顺序存储和链式存储。

3.1.1　栈的定义

栈(stack)，也称作堆栈，是一种特殊的线性表，这种线性表限定仅在表的一端进行插入和删除运算。把允许插入、删除的一端称为栈顶(top)，另一端称为栈底(bottom)，没有任何数据元素时称为空栈。栈又称为后进先出的线性表，简称 LIFO 结构。

栈的插入操作称为进栈(push)，也称作压栈、入栈。栈的删除操作称为出栈(Pop)，也称弹栈，如图 3-1 所示。根据上述定义，每次删除(出栈)的总是当前栈中"最新"的元素，即最后插入(进栈)的元素，而最先插入的元素被放在栈的底部，要到最后才能删除。

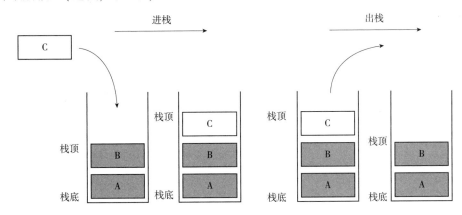

图 3-1　栈的基本操作

栈是一个基本的数据结构，很多应用程序都会用到栈，下面是一些使用到栈的例子：

①浏览器会将用户访问的网址存放在一个栈中。每当用户访问一个新网站时，该网站的网址就被压入栈顶。所以，当用户在按下浏览器的"后退"按钮时，栈中会弹出先前访问的网址，以回到用户先前访问的网页。

②用户使用 office 等文件编辑软件时，这些软件通常会提供"撤销"机制，当用户按下"撤销"按钮时，软件会取消最近的一次编辑返回到先前的文本状态。该"撤销"机制就是通过将文本的变化状态保存在一个栈中得以实现的。

③栈在计算机系统中的应用很多，如记录中断返回地址(断点)的结构就是栈。在中断发生时，为了处理完中断事件后恢复被中断事件的继续执行，需记下断点。在允许多级中断的情况下，中断处理过程又可能被其他中断所中断，因此，系统可能要保存多个断点。由于中断恢复是先恢复最近被打断的过程，于是要求断点的取出次序与保存次序相反，即后保存的先取出，这正是栈的特征。

Tips

● 栈是一种特殊的线性表，故栈元素具有前驱后续的关系。栈限制了线性表的插入及删除的位置，始终只能在栈顶进行插入和删除操作，故栈底是固定的，最先进栈的元素只能待在栈底，而出栈时，后面进栈的元素反而可以先出去。

3.1.2　栈的抽象数据类型

栈是一种特殊的线性表，从理论上来说线性表的操作特性栈都具备，但由于栈的特殊性，所以针对栈的操作会有一些变化，特别是插入和删除操作。现在给出一个栈抽象数据类型的描述，其中定义的操作包括：构造一个空栈、判定一个栈是否为空栈、在一个未满的栈中插入一个新元素、从一个非空的栈中删除栈顶元素等。栈的抽象数据类型定义见表3-1所列。

表 3-1　栈的抽象数据类型的定义

ADT 栈(stack)

数据对象：具有相同特性的数据元素的集合

数据关系：除了栈底和栈顶元素外，其他所有元素都有唯一的前驱元素和后继元素，元素均被限定为仅在一端进行

栈的操作

操作名称	操作说明
init_stack(s)	建立空栈 stack
is_empty(s)	判断栈是否为空
get_length(s,e)	计算当前栈的长度
visit_stack(s)	访问当前栈中的某个元素
push_stack(s,e)	将元素 e 插入到栈顶
pop_stack(s,e)	删除栈顶元素
get_top_stack(s,e)	获取栈顶元素
traverse_stack(s)	遍历当前栈
destroy_stack(s)	销毁当前栈

假定创建一个没有容量限制的空栈，并且可以将任何类型的数据添加进栈。表3-2展示了在一个空栈 s 中进行一系列操作的结果。

表 3-2　栈操作的效果

操作	返回值	栈的内容
s.push_stack(2)	–	[2]
s.push_stack(6)	–	[2,6]
get_length(s)	2	[2,6]
s.get_top_stack()	6	[2,6]

(续)

操作	返回值	栈的内容
s. pop_stack( )	6	[2]
s. is_empty( )	False	[2]
s. pop_stack( )	2	[ ]
s. is_empty( )	True	[ ]
s. push_stack(7)	–	[7]
s. push_stack(3)	–	[7,3]
s. push_stack('candy')	–	[7,3,'candy']
get_length(s)	3	[7,3,'candy']
s. get_top_stack	'candy'	[7,3,'candy']

3.1.3　栈的顺序存储

栈的顺序存储，就是采用一组物理上连续的存储单元来存放栈中所有元素，并使用 top 指针指示当前栈中的栈顶元素。

在本节中将具体实现顺序栈的一些典型操作。首先定义一个用于顺序栈基本操作的 SeqStack 类，见表 3-3 所列。

表 3-3　SeqStack 类中的成员函数

序号	方法名称	功能
1	__init__(self,max)	初始化栈
2	create_seqstack(self)	创建顺序栈
3	is_empty_seqstack(self)	判断栈是否为空
4	visit_seqstack(self)	访问栈中某一元素
5	push_seqstack(self,e)	元素 e 进栈
6	pop_seqstack(self)	元素 e 入栈
7	get_top_seqstack(self)	获取栈顶元素
8	traverse_seqstack(self)	遍历栈中元素
9	destroy_seqstack(self)	销毁栈

3.1.3.1　初始化栈函数的实现

调用 SeqStack 类的成员函数 __init__(self,max)初始化一个顺序栈,其算法思路如下。

【算法思路】

①初始化栈空间。

②初始化栈顶指针。

【算法实现】

代码段 3-1 为初始化栈函数的实现代码。

代码段 3-1　初始化栈函数

```
1   def  __init__(self, max):
2       self.max_stack_size = max
3       self.s = [None for x in range(0, self.max_stack_size)]  #用列表 s 存储进栈元素
4       self.top = -1
```

3.1.3.2　判断栈是否为空函数的实现

调用 SeqStack 类的成员函数 is_empty_seqstack(self)来判断当前顺序栈是否为空，其算法思路如下。

【算法思路】

①将当前栈顶指针与初始化时设置的栈顶指针的值相比较。

②若两者相等，则表示栈空；否则栈不为空。

【算法实现】

代码段 3-2 为判断栈是否为空函数的实现代码。

代码段 3-2　判断栈是否为空函数

```
1   def  is_empty_seqstack(self):
2       if self.top == -1:
3          return True
4       else:
5          return False
```

3.1.3.3　进栈函数的实现

调用 SeqStack 类的成员函数 push_seqstack(self,e)将元素 e 入栈，其算法思路如下。

【算法思路】

①判断当前栈是否有剩余空间。

②若当前栈未满，修改栈顶指针的值，使其指向栈的下一个空闲位置，将要进栈的元素放在上述空闲位置中，完成进栈操作。

③若当前栈已满，则无法完成进栈操作，输出相应提示。

【算法实现】

代码段 3-3 为进栈函数的实现代码。

代码段 3-3　进栈函数

```
1   def  push_seqstack(self, e):
2       if self.top < self.max_stack_size-1:
3          self.top += 1
4          self.s[self.top] = e
5       else:
6          print("栈已满,无法再加入元素")
```

3.1.3.4　出栈函数的实现

调用 SeqStack 类的成员函数 pop_seqstack(self)可将栈顶元素出栈，其算法思路如下。

【算法思路】

①判断当前栈是否为空，若当前栈为空，则无法完成出栈操作，输出相应提示。

②若当前栈不为空，则记下当前栈顶指针的值。

③修改栈顶指针的值，使其指向待出栈元素的下一个元素，并返回思路②中记下的栈顶指针的值对应栈中元素。

【算法实现】

代码段 3-4 为出栈函数的实现代码。

代码段 3-4　出栈函数

```
1  def  pop_seqstack( self) :
2      if self. is_empty_seqstack( ) :
3          print( "栈为空, 无出栈元素")
4          return
5      else:
6          i = self. top
7          self. top = self. top - 1
8          return self. s[ i]
```

3.1.3.5　获取栈顶元素函数的实现

调用 SeqStack 类的成员函数 get_top_seqstack(self)获取当前栈顶元素，其算法思路如下。

【算法思路】

①判断当前栈是否为空，若当前栈为空，则无法获取任何栈顶元素，输出相应提示。

②若当前栈不为空，则返回栈顶元素。

【算法实现】

代码段 3-5 为获取栈顶元素函数的实现代码。

代码段 3-5　获取栈顶元素函数

```
1  def  get_top_seqstack( self) :
2      if self. is_empty_seqstack( ) :
3          print( "栈为空, 无入栈元素")
4          return
5      else:
6          return self. s[ self. top]
```

3.1.3.6　遍历栈内元素函数的实现

调用 SeqStack 类的成员函数 traverse_seqstack(self)遍历当前栈中元素，其算法思路步骤如下。

【算法思路】

①判断当前栈是否为空，若当前栈为空，则表示栈内没有元素可以访问，输出相应提示。

②若栈不为空，则从栈底到栈顶依次访问栈中元素。

【算法实现】

代码段 3-6 为遍历栈内元素函数的实现代码。

代码段 3-6　遍历栈内元素函数

```
1  def  traverse_seqstack( self):
2      if self. is_empty_seqstack( ):
3          print( "栈为空, 无入栈元素")
4          return
5      else:
6          for a in range( 0, self. top+1):
7              print( self. s[ a])
```

3.1.3.7　创建顺序栈函数的实现

调用 SeqStack 类的成员函数 create_seqstack(self) 创建顺序栈，其算法思路如下。

【算法思路】

①接收用户输入。

②若用户输入结束标志"#"，则算法结束；否则将用户输入的数据元素进栈。

【算法实现】

代码段 3-7 为创建顺序栈函数的实现代码。

代码段 3-7　创建顺序栈函数

```
1  def  create_seqstack( self):
2      print( "输入数据后请按回车键确认, 如需结束请输入"#"。")
3      data = input( "请输入进栈元素: ")
4      while data = "#":
5          self. push_seqstack( data)
6          data = input( "请输入进栈元素: ")
```

3.1.4　两栈共享空间

当一个程序中同时使用多个顺序栈时，为了防止上溢，需要为每个栈分配一个较大的空间。但实际上某一个栈发生上溢时，可能其余栈剩余的空间还很多，如果将这多个栈安排在同一个向量里，即让多个栈共享存储空间，就可以相互调节余缺，这样既可节约存储空间，又可降低发生上溢的概率。多个栈共享存储空间需要满足两个条件：一是这些栈的类型要相同；二是要求各个栈不会同时出现最多元素的情况。

以同时使用两个栈为例，将两个栈的栈底分别设在向量空间的两端，使两个栈各自向中间延伸，如图 3-2 所示。这样当一个栈的元素较多，超过向量空间的一半时，只要另一个栈的元素不多，那么前者就可以占用后者的部分存储空间，只有当整个向量空间被两个栈占满（即两个栈顶相遇）时，才发生上溢。因此，两个栈共享一个长度为 m 的向量空间和两个栈分别占用两个长度为 $m/2$ 的向量空间相比，前者发生上溢的概率比后者要小得多。尤其是当已知这两个栈在任何时刻的总长度都不会超过 m，则该方法是非常实用的。但是当两个以上的栈共享向量空间时，若某个栈上溢而其余栈中尚有剩余空间，则必须移动某个或几个栈才能为产生上溢的栈腾出空间，处理较烦琐且效率较低。

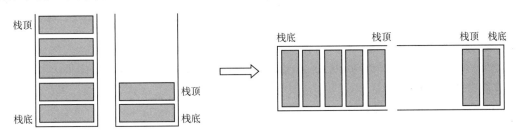

图 3-2   两个栈共享向量空间示意图

3.1.5   栈的链式存储

栈的顺序存储要求系统分配一组连续的存储单元，当栈满时，想要开辟连续的存储空间在某些语言中是无法实现的。在多数情况下系统通常无法事先准确估计某一程序运行时所需要的存储空间，若一次性分配较大的连续空间，很有可能造成存储空间的浪费，假设因这一程序占用过多的存储空间导致其他程序无法获得足够的存储空间而不能运行，将极大地降低系统的整体性能。最理想的栈空间分配策略是程序需要使用多少存储空间就申请多少，因此，可以考虑使用链式存储来实现这一理想的分配策略。由于链式存储可以自动扩大存储区，基于动态顺序表的栈类不会出现的栈满的情况，因此能满足绝大部分的实际需要。但扩大存储需要一次高代价操作且顺序表存储需要完整的大块存储区。本小节主要考虑栈的链式存储。按如下步骤来实现链栈的一些典型操作。

①定义一个 StackNode 类，该类包含创建结点并对结点进行初始化的操作，如表 3-4 所示。

表 3-4   StackNode 类中的构造函数

序号	方法名称	功能
1	__init__(self)	初始化结点

②定义一个 LinkStack 类,用于创建一个链栈,并对其执行相关操作。具体如表 3-5 所示。

表 3-5　LinkStack 类中的成员函数

序号	方法名称	功能
1	__init__(self)	初始化链栈
2	create_linkstack(self)	创建链栈
3	is_empty_linkstack(self)	判断链栈是否为空
4	visit_linkstack(self,e)	访问链栈中某一元素
5	push_linkstack(s,e)	元素 e 进栈
6	pop_linkstack(s,e)	元素 e 入栈
7	get_top_linkstack(s)	获取栈顶元素
8	traverse_linkstack(s)	遍历链栈中元素

3.1.5.1　初始化结点函数的实现

调用 StackNode 类的成员函数__init__(self)初始化一个结点,其算法思路如下。

【算法思路】

①将结点的数据域初始化为空。

②将结点的指针域初始化为空。

【算法实现】

代码段 3-8 为初始化结点函数的实现代码。

代码段 3-8　初始化结点函数

```
1  def   __init__(self):
2      self. data = None   #创建数据域,用于存储每个结点的值
3      self. next = None   #创建后继指针域,用于存储下一个结点的地址
```

3.1.5.2　初始化链栈函数的实现

调用 LinkStack 类的成员函数__init__(self)实现初始化链栈,其算法思路如下。

【算法思路】

①创建一个链栈结点。

②使用该链栈结点对栈顶指针进行初始化。

【算法实现】

代码段 3-9 为初始化链栈函数的实现代码。

代码段 3-9　初始化链栈函数

```
1  def   __init__(self):
2      self. top = StackNode( )
```

3.1.5.3　判断链栈是否为空函数的实现

调用 LinkStack 类的成员函数 is_empty_linkstack(self)来判断当前链栈是否为空，其算

法思路如下。

【算法思路】

①判断指示栈顶的结点的指针域是否为空。

②若为空，则表示当前栈为空；否则表示当前栈不为空。

【算法实现】

代码段 3-10 为判断链栈是否为空函数的实现代码。

代码段 3-10　判断链栈是否为空函数

```
1  def  is_empty_linkstack( self ) :
2      if self. top. next is None:
3          return True
4      else:
5          return False
```

3.1.5.4　进栈函数的实现

调用 LinkStack 类的成员函数 push_linkstack(self,e)将元素 e 入栈，进栈时采用头插法将待进栈元素插入当前链栈中，其过程如图 3-3 所示。其算法思路如下。

【算法思路】

①创建一个新结点，将待进栈的元素存入该结点的数据域中，如图 3-3(a)所示。

②将新结点的指针域指向栈顶结点指针域指向的结点，如图 3-3(b)所示。

③将栈顶结点的指针域指向新结点，如图 3-3(c)所示。

④最终结果，如图 3-3(d)所示。

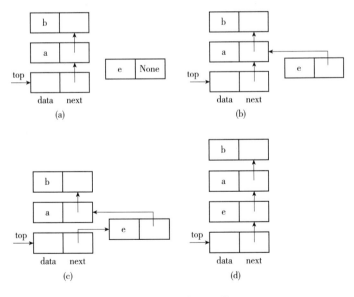

图 3-3　元素 e 进栈

【算法实现】

代码段 3-11 为进栈函数的实现代码。

代码段 3-11　进栈函数

```
1   def    push_linkstack( self, e) :
2          nstacknode = StackNode( )
3          nstacknode. data = e
4          nstacknode. next = self. top. next
5          self. top. next = nstacknode
6          print( "当前进栈元素为: ", e)
```

3.1.5.5　出栈函数的实现

调用 LinkStack 类的成员函数 pop_linkstack(self)可将栈顶元素出栈，其算法思路如下。

【算法思路】

①判断栈是否为空。若当前栈为空，则无法完成出栈操作，输出相应提示。

②若当前栈不为空，则记下当前栈顶结点指针域指向的结点，如图 3-4(a)所示。

③修改栈顶结点的指针域，将步骤②中记下的结点指针域的值存入其中，如图 3-4(b)所示。

④将 data 域值为 e 的结点出栈，如图 3-4(c)所示。

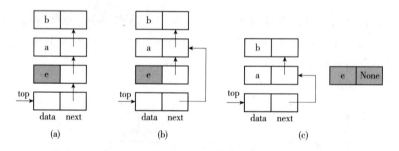

图 3-4　元素 e 出栈

【算法实现】

代码段 3-12 为出栈函数的实现代码。

代码段 3-12　出栈函数

```
1   def    pop_linkstack( self, e) :
2          if self. is_empty_linkstack( ) :
3              print( "栈为空, 无出栈元素")
4              return
5          else:
6              nstacknode = self. top. next
7              self. top. next = nstacknode. next
8              return nstacknode. data
```

3.1.5.6 获取栈顶元素函数的实现

调用 LinkStack 类的成员函数 get_top_linkstack(self) 获取当前栈顶元素, 其算法思路如下。

【算法思路】

①判断当前栈是否为空, 若当前栈为空, 则无法获取任何栈顶元素, 输出相应提示。

②若当前栈不为空, 则返回栈顶元素。

【算法实现】

代码段 3-13 为获取栈顶元素函数的实现代码。

代码段 3-13　获取栈顶元素函数

```
1  def  get_top_linkstack( self):
2      if self. is_empty_linkstack( ):
3          print( "栈为空, 无栈顶元素")
4          return
5      else:
6          return self. top. next. data
```

3.1.5.7 创建链栈函数的实现

调用 LinkStack 类的成员函数 create_linkstack(self) 创建顺序栈, 其算法思路如下。

【算法思路】

①接收用户输入。

②若用户输入结束标志"#", 则算法结束, 否则将用户输入的数据元素进栈。

【算法实现】

代码段 3-14 为创建顺序栈函数的实现代码:

代码段 3-14　创建顺序栈函数

```
1  def  create_linkstack( self):
2      print( "输入数据后请按回车键确认, 如需结束请输入"#"。")
3      data = input( "请输入进栈元素: ")
4      while data ! = "#":
5          self. push_linkstack( data)
6          data = input( "请输入进栈元素: ")
```

3.2　栈的应用

栈的一个重要应用是在程序设计语言中实现了递归。递归是一个数学概念, 它可用于描述事物，也是一种重要的程序设计方法。递归本质上也是一种循环的程序结构，它把"较复杂"的计算逐次归结为"较简单"的情形的计算，一直归结到"最简单"的情形的计算并得到计算结果为止。例如，当两面镜子相互之间近似平行时，镜中嵌套的图像是以无限递归的形式出现的。

3.2.1 斐波那契数列

斐波那契数列是一个经典的递归例子，斐波那契用兔子生长的例子形象的解释了这个数列。

【例 3-1】 假定兔子在出生两个月后具备繁殖能力，一对兔子每月能生一对小兔子，如果不发生死亡，且每次均生下一雌一雄，问一年后共有多少对兔子？

解：第一个月兔子没有繁殖能力，所以还是一对兔子；两个月后生下一对兔子，共有两对兔子；三个月后，大兔子生下一对，小兔子还没有繁殖能力，所以一共是三对兔子，依此类推，见表 3-6 所示。

表 3-6 兔子对数

所经过的月数	1	2	3	4	5	6	7	8	9	10	11	12
兔子对数	1	1	2	3	5	8	13	21	34	55	89	144

表 3-6 中 1，1，2，3，5，8，13，…构成一个数列。这个数列有一个特点：前两项之和等于后一项。使用数学函数来定义：

$$F(n)=\begin{cases} 0, & \text{当 } n=0 \\ 1, & \text{当 } n=1 \\ F(n-1)+F(n-2), & \text{当 } n>1 \end{cases} \tag{3-1}$$

假设需要打印出前 20 位的斐波那契数列。实现这一数列使用常规的迭代方法实现代码如代码段 3-15 所示。

代码段 3-15 斐波那契的迭代函数

```
1  def  fib_loop(n):
2      a, b = 0, 1
3      for i in range(n):
4          a, b = b, a + b
5      return a
6
7  for i in range(20):
8      print(fib_loop(i), end=" ")
```

实现这一数列使用递归函数实现代码如代码段 3-16 所示。

代码段 3-16　斐波那契的递归函数

```
1   def  fib(n):
2       assert n >= 0
3       if n in (0, 1):
4           return n
5       return fib(n-1) + fib(n-2)
6
7   for i in range(20):
8       print(fib(i), end=" ")
```

图 3-5 所示为代码段 3-16 所示中 fib(n) 当 $n=5$ 的执行结果。

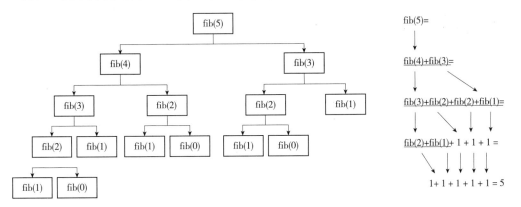

图 3-5　fib(n) 当 $n=5$ 的执行结果

3.2.2　递归

3.2.2.1　递归定义

如果在一个函数或数据结构的定义中直接或间接地应用了其自身，则这个函数被称为**递归函数**。递归函数也称为自调用函数。

每个递归定义必须至少有一个条件，满足时递归不再进行，即不再引用自身而是返回值退出，否则会陷入永不结束的无穷递归。如代码段 3-16，总有一次递归会使得 $n<2$，这样就可以执行 return n 的语句而不用继续递归了。

3.2.2.2　递归和栈的关系

递归过程退回的顺序是它前行顺序的逆序。在退回过程中，可能要执行某些动作，包括恢复在前行过程中存储起来的某些数据。这种存储某些数据，并在后面又以存储的逆序恢复这些数据，以提供之后使用的需求，符合栈这样的数据结构。表 3-7 为斐波那契数列递归过程的使用栈情况($n=4$)。

表 3-7　斐波那契数列递归过程的使用栈情况

序号	步骤描述	示意图
1	调用 fib 函数，传入参数值 4，fib(4) 入栈	fib(4)
2	fib(4)= fib(3)+ fib(2)，需要继续调用 fib(3)，fib(3) 入栈，fib(2) 不进入执行栈	fib(3) fib(4)
3	fib(3)= fib(2)+ fib(1)，需要继续调用 fib(2)，fib(2) 入栈，fib(1) 先不进入执行栈	fib(2) fib(3) fib(4)
4	fib(2)= fib(1)+ fib(0)，需要继续调用 fib(1)，fib(1) 入栈，fib(0) 先不进入执行栈	fib(1) fib(2) fib(3) fib(4)
	fib(1) 返回 1，停止往下调用，fib(0) 进入栈	fib(0) 1 fib(2) fib(3) fib(4)
5	fib(0) 返回 0，则步骤 4 步中的 fib(2)= fib(1) +fib(0)= 1+0= 1	0 1 fib(2) fib(3) fib(4)　⇨　1 fib(3) fib(4)
	栈回到步骤 3 中，因为 fib(3)= fib(2) +fib(1)，所以将 fib(1) 入栈	fib(1) 1 fib(3) fib(4)

（续）

序号	步骤描述	示意图
5	fib(1)返回1，则步骤3中的 fib(3)=fib(2)+fib(1)=1+1=2	1 / 1 / fib(3) / fib(4)　⇒　2 / fib(4)
	栈回到步骤2中，因为 fib(4)=fib(3)+fib(2)，所以将 fib(2)入栈，而 fib(2)=fib(1)+fib(0)，于是将 fib(1)入栈	fib(2) / 2 / fib(4)　⇒　fib(1) / fib(2) / 2 / fib(4)
	此时 fib(1)直接返回1，然后继续将 fib(0)入栈。则 fib(2)=fib(1)+fib(0)=1	fib(0) / 1 / fib(2) / 2 / fib(4)　⇒　0 / 1 / fib(2) / 2 / fib(4)
	fib(4)=fib(3)+fib(2)=3	1 / 2 / fib(4)　⇒　fib(4)=3

*3.2.3　栈的应用——表达式计算

表达式计算是程序设计语言编译中的一个最基本的问题，也是早期计算机语言研究的一项重要成果，它使得高级语言程序员可以使用与数学形式相一致的方式书写表达式，计算一个表达式的难度在于它允许使用括号，并规定了运算符的优先级，这使得表达式的计算不能简单地从左向右进行。下面的方法将表达式的计算过程分成两步：第一步通过自左向右扫描表达式，将表达式转换成另一种形式；第二步是将转换后的表达式自左向右扫描后计算表达式的值。这两步都需要用到栈。

3.2.3.1　表达式

高级程序设计语言中有多种类型的表达式：算术表达式、逻辑表达式等。表达式由操作数、运算符和括号组成。通常将平时所用的标准四则运算表达式，如(a+b)*(c-d)称为**中缀表达式**。

20 世纪 50 年代，波兰数学家 Jan Łukasiewicz 引入了一种数学表达式，称为逆波兰表示法（Reverse Polish Notation，RPN，或称逆波兰记法）。在逆波兰表示法中，所有操作符置于操作数的后面，因此也被称为**后缀表示法**，逆波兰表示法不需要括号来标识操作符的优先级。例如，"8+(3-1)＊4+9/3"用后缀表示法写为"831-4＊+93/+"。尽管中缀表达式是普遍使用的书写形式，但编译程序中通常需要把中缀表达式转换成相应的后缀表达式后求值，因为计算机基于对栈的处理能够更容易地计算后缀表达式得到结果。那么中缀表达式是如何转换为后缀表达式的呢？

3.2.3.2　中缀表达式转后缀表达式

规则：由左至右遍历中缀表达式，遍历到数字则输出，称为后缀表达式的一部分，遍历到符号时，首先判断其与栈顶符号的优先级，当遍历的符号是右括号或优先级不高于栈顶符号(乘除优先加减)时，则将栈顶元素依次入栈并输出，并将当前符号进栈，一直到最后输出后缀表达式为止。

以中缀表达式"8+(3-1)＊4+9/3"为例，表 3-8 演示了中缀表达式转换为后缀表达式的过程。

表 3-8　中缀表达式转换为后缀表达式的全过程

序号	步骤描述	示意图
1	初始化一个空栈，开始遍历中缀表达式；遍历到数字 8，输出数字 8	
2	遍历到符号"+"，将符号"+"进栈	
3	遍历到符号左括号"("，还未配对，故进栈	
4	遍历到数字 3，输出；输出表达式为 8 3	
5	遍历到符号"-"，将符号"-"进栈	
6	遍历到数字 1，输出；输出表达式为 8 3 1	
7	遍历到符号右括号")"，此时需要去匹配第 3 步中的左括号"("，故栈顶依次入栈，并输出，直到左括号"("入栈为止；此时左括号"("上方只有符号"-"，故将"-"输出；输出表达式为 8 3 1 -	
8	遍历到符号"＊"，因为此时栈顶符号为"+"号，其优先级低于"＊"，因此将符号"＊"进栈	
9	遍历到数字 4，输出；输出表达式为 8 3 1 - 4	

(续)

序号	步骤描述	示意图
10	遍历到符号"+"，此时栈顶元素"＊"的优先级高于符号"+"，因此栈中元素入栈，因为栈中没有比"+"的优先级更低的符号，故全部入栈。输出表达式为8 3 1－4＊+；将当前的符号"+"入栈	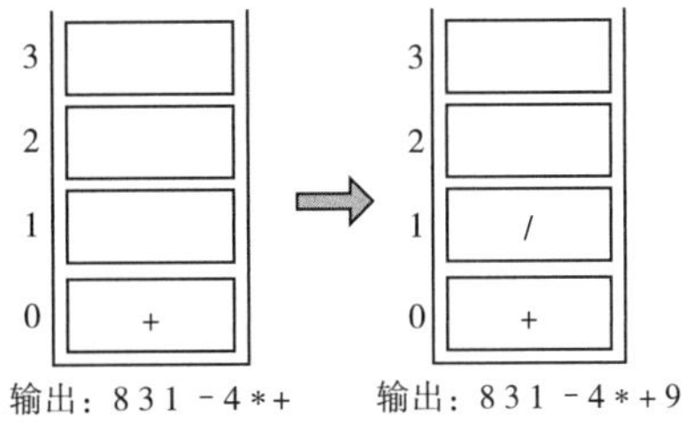
11	遍历到数字9，输出；输出表达式为8 3 1－4＊+9	
12	遍历到符号"/"，因为此时栈顶符号为"+"号，其优先级低于"/"，因此将符号"/"进栈	
13	遍历到数字3，输出；输出表达式为8 3 1－4＊+93	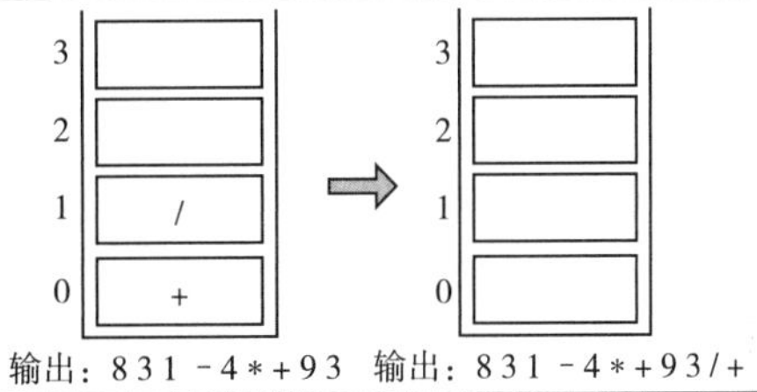
14	因遍历全部结束，故将栈中符号全部入栈并输出；最终的后缀表达式结果为8 3 1－4＊+93／+	

3.2.3.3　后缀表达式计算

在得到由中缀表达式转换的后缀表达式后，在计算机中是如何使用后缀表达式来计算结果的呢？

已知后缀表达式为831－4＊+93／+，按如下规则计算：从左到右遍历表达式的每个数字和符号，遍历到数字则入栈，遍历到符号则将处于栈顶的前2个数字入栈并进行运算，将运算结果入栈，直到最终获得结果。表3-9所示为后缀表达式计算结果全过程。

表3-9　后缀表达式计算结果全过程

序号	步骤描述	示意图
1	初始化一个空栈，遍历后缀表达式，将表达式中的前3个数字8、3、1入栈	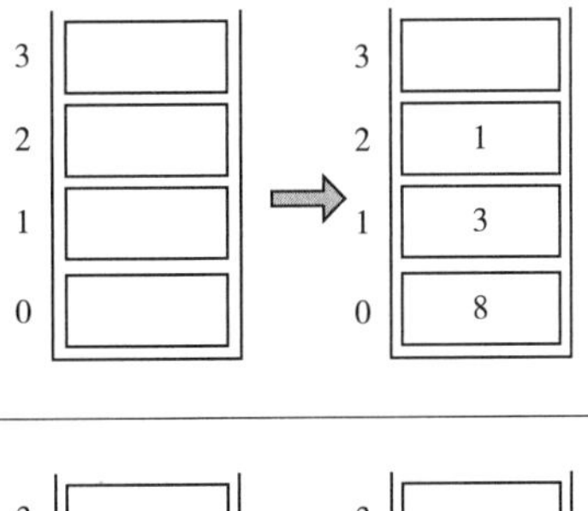
2	遍历到符号"－"，故将栈顶前2个数字入栈，其中数字1入栈作为减数，数字3入栈作为被减数，运算3－1=2，将数字2进栈	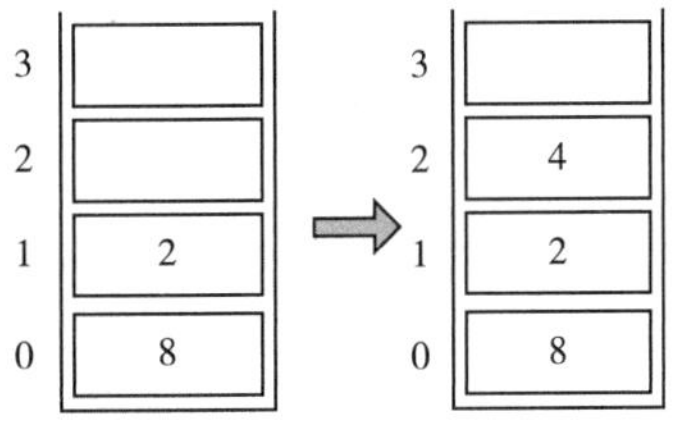
3	遍历到数字4，将数字4进栈	

（续）

序号	步骤描述	示意图
4	遍历到符号"＊"，将栈顶前 2 个数字 4 和 2 入栈，得到 2＊4＝8，将数字 8 进栈	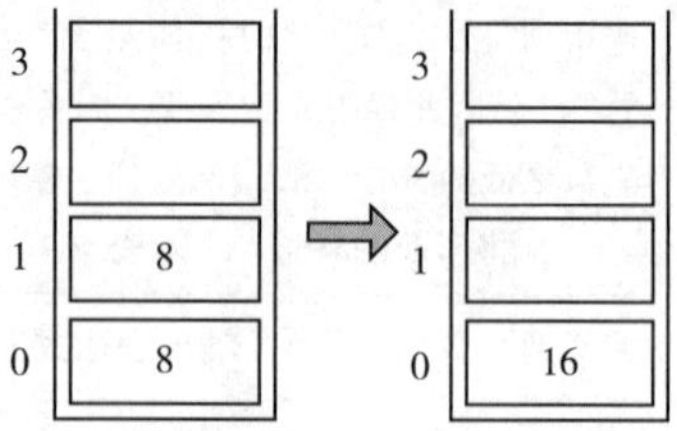
5	遍历到符号"＋"，将栈顶前 2 个数字 8 和 8 入栈，得到 8＋8＝16	
6	遍历到数字 9 和 3，入栈	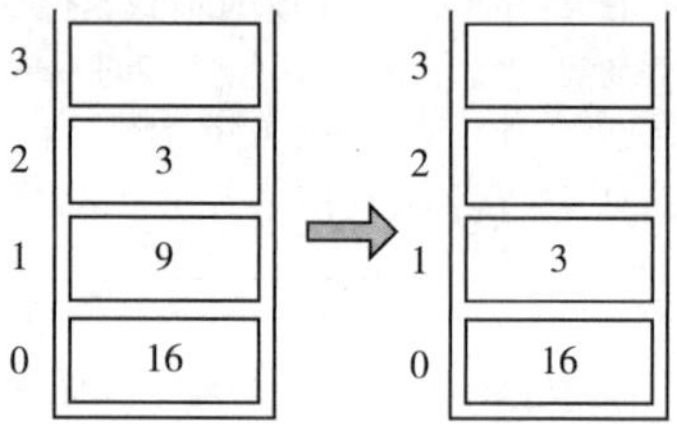
7	遍历到符号"/"，将栈顶前 2 个数字 3 和 9 入栈，得到 9/3＝3，将数字 3 进栈	
8	遍历到符号"＋"，将栈顶前 2 个数字 3 和 16 入栈，得到 16＋3＝19，将数字 19 进栈	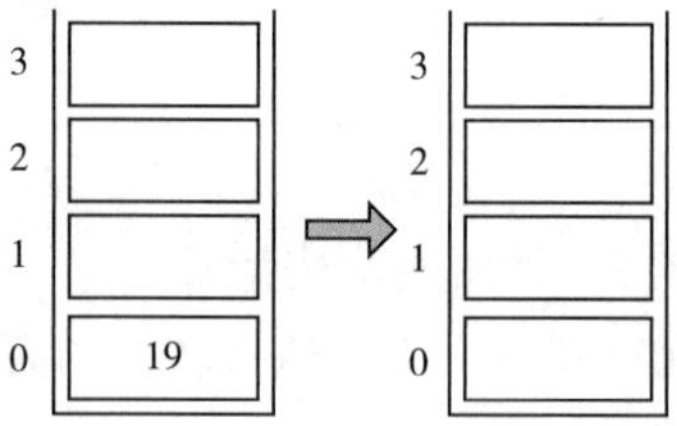
9	数字 19 入栈，栈为空，运算结束	

由此得出计算机处理标准（中缀）表达式的步骤分为两步：第一步通过自左向右扫描中缀表达式，将中缀表达式转换成后缀表达式，其中栈用来进出运算的符号；第二步是将转换后的后缀表达式自左向右扫描后进行运算得出结果，其中栈用来进出运算的数字。

＊3.2.4　栈的应用——汉诺塔问题

法国数学家爱德华·卢卡斯曾编写过一个印度的古老传说：在世界中心贝拿勒斯的圣庙里，一块黄铜板上插着三根宝石针。印度教的主神梵天在创造世界的时候，在其中一根针上从下到上地穿好了由大到小的 64 片金片，这就是所谓的汉诺塔。不论白天黑夜，总有一个僧侣在按照下面的法则移动这些金片：一次只移动一片，不管在哪根针上，小片必须在大片上面。将其抽象为数学问题如例 3-2 所示。

【例 3-2】　如图 3-6 所示，从左到右有 A、B、C 三根柱子，其中 A 柱子上面有从小叠到大的 n 个圆盘，现要求将 A 柱上的圆盘移到 C 柱上，并仍按同样顺序叠排，且遵循下列规则：

①直径较小的圆盘永远只能置于直径较大的圆盘上。

②圆盘可任意地从任何一个木桩移到其他的木桩上。

③每一次只能移动一个圆盘，而且只能从最上面的圆盘开始移动。

解：首先考虑 $n=1$ 和 $n=2$ 的情况。

①当 $n=1$ 时，如图 3-7 所示，将圆盘直接从 A 柱上移至 C 柱。

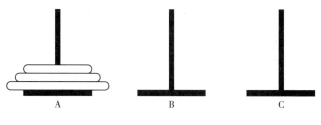

图 3-6　汉诺塔示意图

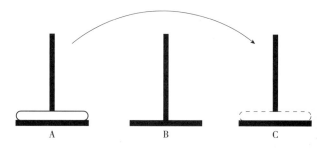

图 3-7　汉诺塔($n=1$)

②当 $n=2$ 时，如图 3-8 所示，分为三个步骤。首先将从 A 柱上第一个圆盘移至 B 柱。然后将从 A 柱上第二个圆盘移至 C 柱。最后将从 B 柱上的圆盘移至 C 柱，结束移动。

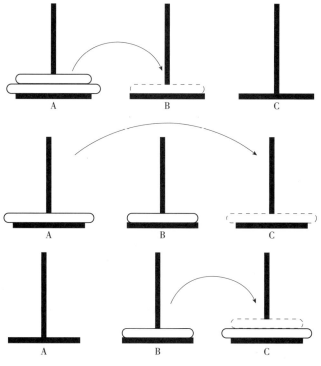

图 3-8　汉诺塔($n=2$)

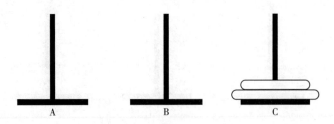

图 3-8 汉诺塔($n=2$)（续）

经过上述分析，可以得到汉诺塔问题的算法思路。

【算法思路】

①当 $n=1$ 时，将圆盘从 A 柱直接移至 C 柱上即可；否则，执行思路②至思路④。

②用 C 柱做过渡，将 A 柱上的 ($n-1$) 个圆盘移到 B 柱上。

③将 A 柱上最后一个圆盘直接移到 C 柱上。

④用 A 柱做过渡，将 B 柱上的 ($n-1$) 个圆盘移到 C 柱上。

根据这种解法，如何将 ($n-1$) 个圆盘从一个柱子移至另一个柱子的问题是一个和原问题具有相同特征属性的问题，只是问题的规模小，因此可以用同样的方法求解。算法实现如下。

【算法实现】

代码段 3-17 为汉诺塔问题的递归算法的实现代码。

代码段 3-17 汉诺塔问题的递归算法

```
1    count = 0
2    def   move( A, n, C):              #将 n 号圆盘从 A 柱移到 C 柱的函数
3        global count
4        count = count + 1
5        print("第", count, "次移动:将", n, "号圆盘从", A, "移到", C)
6
7    def   hanoi( n, A, B, C):
8        if n == 1:                      #递归出口
9            move( A, 1, C)              #将 A 柱上圆盘移至 C 柱
10       else:
11           hanoi( n-1, A, C, B)        #利用 C 柱做辅助, 将 A 柱上的 n-1 个圆盘移到 C 柱上
12           move( A, n, C)             #将编号为 n 的圆盘从 A 柱移动至 C 柱
13           hanoi( n-1, B, A, C)        #利用 A 柱做辅助, 将 B 柱上的 n-1 个圆盘移到 C 柱上
14
15   ht = int( input( '请输入要移动盘子的数量: '))
16   hanoi( ht, "A 柱", "B 柱", "C 柱")
```

【执行结果】

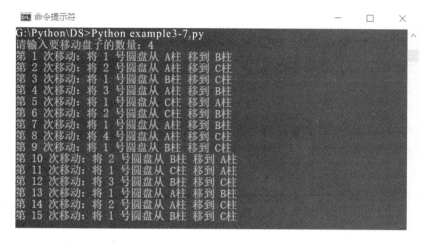

图 3-9 汉诺塔算法执行结果

3.3 队列

队列是被限制仅能在一端插入元素而在另一端删除元素的**线性表**,具有先进先出 FIFO 特性。在本节中主要介绍队列的定义,并且根据其存储方式的不同,分别介绍队列的顺序存储和链式存储。

3.3.1 队列的定义

队列也是一种运算受限的线性表。它只允许在线性表的一端进行插入,而在另一端进行删除。允许删除的一端称为队头,允许插入的一端称为队尾,插入操作与删除操作分别称为入队与出队。

队列的特点同现实生活中排队类似:新来的成员总是加入到队尾(不允许中间插队),每次离开的成员总是队头(不允许中途离队)。换言之,先进入队列的成员总是先离开队列,后进入队列的成员总是后离开队列,因此,队列也称作先进先出或后进后出的线性表。队列中的元素出队列次序与入队列次序相同。当队列中没有任何元素时称为空队列。在空队列中依次加入元素a_1,a_2,a_3…,a_n之后,a_1是队头元素,a_n是队尾元素,退出队列的次序也只能是a_1,a_2,a_3…,a_n。如图 3-10 所示。

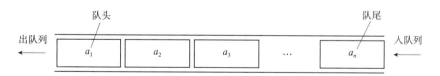

图 3-10 队列的入队列和出队列的过程

计算机中的大部分队列，都涉及调度对共享资源的访问，下面是一些使用到队列的例子：

①磁盘访问　进程排队等待范围共享的辅助存储设备。

②Spooling　外围设备联机并发处理系统的应用，也就是让输入、输出的数据先在高速磁盘驱动器中完成，把磁盘当成一个大型的工作缓冲区（buffer），这样可让输入、输出操作快速完成，从而缩短了系统响应的时间，接下来由系统软件负责将磁盘数据输出到打印机。

③轮询 CPU 调度　现代计算机通常允许多个进程共享单个 CPU，可以通过多种技术来调度这些进程。最常用的轮询调度将新的进程添加到一个队列的队尾，这个队列包含了等待使用 CPU 的进程。等待队列中的每一个进程都一次弹出，并且被给予 CPU 时间的一个分片。当时间分片用完时，该进程就返回到队列的队尾，如图 3-11 所示。

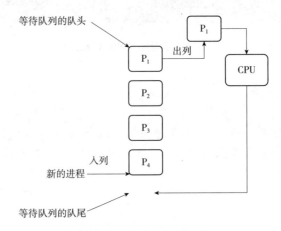

图 3-11　轮询 CPU 调度

④万维网服务器　万维网服务器系统的功能是接收来自因特网的请求，设法找到所需的页面，发送给提出请求的客户。在服务器运行时，会不断接收来自网络上不同地域用户的请求。例如 12306 铁路订票网络、淘宝网等，它们的高峰处理任务可能比平台的处理能力高出若干量级，服务器不可能立即处理这些请求，此时会把未处理的请求放入一个待处理请求队列。一旦服务器的某个处理器完成了当前的任务，它会从队列取走一个未处理的请求，通常采取先来先服务的原则。

3.3.2　队列的抽象数据类型

队列的基本操作通常包括：创建新队列对象（如创建空队列）、判断队列是否为空、将一个元素放入队列（通常称为入队）、从队列中删除元素（通常称为出队）、查看队头元素等。对于队列 q，队列的抽象数据类型定义如表 3-10 所示。

假定一个空队列其容量没有限制，且可以将任何类型的数据添加入队列。表 3-11 展示了在一个空队列 q 中进行一系列操作的结果。

表 3-10　队列的抽象数据类型定义

ADT 队列(queue)
数据对象：具有相同特性的数据元素的集合
数据关系：除了队头和队尾元素外，其他所有元素都有唯一的前驱元素和后继元素，元素均被限定为仅在队列的特定段进行特定操作

操作名称	操作说明
init_queue(q)	建立空队列 queue
is_empty_queue(q)	判断队列是否为空
get_length(q, e)	计算当前队列的长度
visit_queue(q)	访问当前队列中的某个元素
en_queue(q, e)	将元素 e 插入到队列尾
de_queue(q, e)	删除当前队列的队头元素
get_queue_head(q, e)	获取队头元素
traverse_sequeue(q)	遍历当前队列

表 3-11　队列操作的效果

操作	返回值	队列内容
q. en_queue(2)	–	[2]
q. en_queue(6)	–	[2,6]
get_length(q)	2	[2,6]
q. get_queue_head( )	2	[2,6]
q. de_queue( )	2	[6]
q. is_empty_queue( )	False	[6]
q. de_queue( )	6	[ ]
q. is_empty_queue( )	True	[ ]
q. en_queue(7)	–	[7]
q. en_queue(3)	–	[7,3]
q. en_queue("candy")	–	[7,3,"candy"]
get_length(q)	3	[7,3,"candy"]
q. get_queue_head( )	7	[7,3,"candy"]

3.3.3　队列的顺序存储

在本节中，将具体实现顺序队列的一些典型操作。首先定义一个用于顺序队列基本操作的 SeqQueue 类，见表 3-12 所列。

表 3-12　SeqQueue 类的成员函数

序号	方法名称	功能
1	__init__(self,max)	初始化顺序队列
2	create_seqqueue(self)	创建顺序队列
3	is_empty_seqqueue(self)	判断队列是否为空
4	visit_seqqueue(self)	访问队列中每一元素
5	en_queue(self,e)	元素 e 入队列
6	de_queue(self)	元素出队列
7	get_queue_head(self)	获取队头元素
8	get_queue_length(self)	获取顺序队列的长度
9	traverse_seqqueue(self)	遍历队列中元素

3.3.3.1　初始化队列函数的实现

调用 SeqQueue 类的成员函数 __init__(self,max) 初始化一个顺序队列，其算法思路如下。

【算法思路】

①初始化队列空间。

②初始化队头指针。

③初始化队尾指针。

【算法实现】

代码段 3-18 为初始化队列函数的实现代码。

代码段 3-18　初始化队列函数

```
1   def  __init__(self, max):
2       self. max_queue_size = max
3       self. s = [ None for e in range(0, self. max_queue_size)]    #用列表 s 存储入队列元素
4       self. front = 0
5       self. rear = 0
```

3.3.3.2　判断队列是否为空函数的实现

调用 SeqQueue 类的成员函数 is_empty_seqqueue(self) 来判断当前顺序队列是否为空，其算法思路如下。

【算法思路】

①将队头指针的值与队尾指针的值相比较。

②若两者相等，则表示队列为空，否则队列不为空。

【算法实现】

代码段 3-19 为判断队列是否为空函数的实现代码。

代码段 3-19　判断队列是否为空函数

```
1  def   is_empty_seqqueue( self) :
2        if self. front == self. rear:
3            return True
4        else:
5            return False
```

3.3.3.3　入队列函数的实现

调用 SeqQueue 类的成员函数 en_queue(self,e)将元素 e 入队列，其算法思路如下。

【算法思路】

①判断当前队列是否有剩余空间。

②若当前队列未满，则修改队尾指针的值，使其指向队列的下一个空闲位置，将要入队列的元素放在上述空闲位置中，完成入队列操作。

③若当前队列已满，则无法完成入队列操作，输出相应提示并结束操作。

【算法实现】

代码段 3-20 为入队列函数的实现代码。

代码段 3-20　入队列函数

```
1  def   en_queue( self, e) :
2        if self. rear <( self. max_queue_size-1) :
3            self. rear+= 1
4            self. s[ self. rear] = e
5            print( "当前入队列元素为: "+e)
6        else:
7            print( "队列已满, 无法再加入元素")
8            return
```

3.3.3.4　出队列函数的实现

调用 SeqQueue 类的成员函数 de_queue(self)可将队头元素出队列，其算法思路如下。

【算法思路】

①判断当前队列是否为空，若当前队列为空，则无法完成出队列操作，输出相应提示并结束操作。

②若当前队列不为空，则修改队头指针的值，使其指向待出队列元素。

③返回待出队列元素。

【算法实现】

代码段 3-21 为出队列函数的实现代码。

代码段 3-21   出队列函数

```
1    def   de_queue(self):
2        if self. is_empty_seqqueue():
3            print("队列为空,无出队列元素")
4            return
5        else:
6            self. front += 1
7            return self. s[ self. front]
```

3.3.3.5 获取队头元素函数的实现

调用 SeqQueue 类的成员函数 get_queue_head(self) 获取当前队头元素，其算法思路如下。

【算法思路】

①判断当前队列是否为空，若当前队列为空，则无法获取队头元素，输出相应提示并结束操作。

②若当前队列不为空，则返回当前队头元素。

【算法实现】

代码段 3-22 为获取队头元素函数的实现代码。

代码段 3-22   获取队头元素函数

```
1    def   get_queue_head(self):
2        if self. is_empty_seqqueue():
3            print("队列为空,无出队列元素")
4            return
5        else:
6            return self. s[ self. front+1]
```

3.3.3.6 创建顺序队列函数的实现

调用 SeqQueue 类的成员函数 create_seqqueue(self) 创建顺序队列，其算法思路如下。

【算法思路】

①接收用户输入。

②若用户输入结束标志"#"，则算法结束，否则将用户输入的数据元素入队列。

【算法实现】

代码段 3-23 为创建顺序队列函数的实现代码。

代码段 **3-23** 创建顺序队列函数

```
1  def  create_seqqueue( self) :
2      print( "输入数据后请按回车键确认, 如需结束请输入"#"。")
3      data = input ( "请输入入队列元素: ")
4      while data ! = "#":
5          self. en_queue( data)
6          data = input( "请输入入队列元素: ")
```

3.3.4 循环顺序队列的实现

假设一个队列 Q 中有 n 个元素, 当使用顺序表存储队列时, 需建立一个大于 n 的数组, 并将队列的所有元素存储在数组的前 n 个单元中, 数组下标为 0 的一端为队头。当执行入队列操作时, 即在队尾追加一个元素, 不需要移动任何元素, 时间复杂度为 O(1)。图 3-12 所示为元素 a_4 入队列示意图。

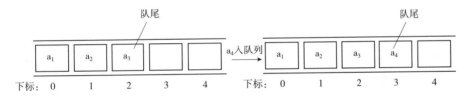

图 3-12 元素 a_4 入队列示意图

当队列元素从队头出列时, 即下标为 0 的位置, 队列中剩余的元素需全部前移, 确保队列的队头不为空, 时间复杂度为 O(n)。图 3-13 所示为元素 a_1 出队列示意图。

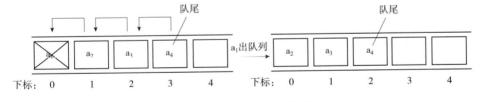

图 3-13 元素 a_1 出队列示意图

假设不限制队列元素必须存储在数组的前 n 个单元这一条件, 在队头的元素出列后, 队列剩余元素不前移, 而是记住新队头的位置, 时间复杂度为 O(1), 如图 3-14 所示。

从操作效率看, 每个操作的时间复杂度都为 O(1)。但元素存储区大小是固定的, 经过多次入队和出队操作, 表中元素向表尾方向"移动", 一定会在某次入队时出现队尾溢出表尾(表满)的情况, 而在出现这种溢出时, 表的前部通常会存在部分空位, 这是一种"假溢出"。假如元素存储区能自动增长, 随着多次入队和出队操作后, 表前段会留下越来越大的空区, 而这片空区永远也不会用到, 造成了空间的浪费, 显然不应该允许程序运行中

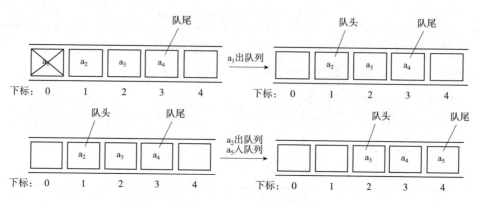

图 3-14 "假溢出"现象

出现这种情况。

为了解决"假溢出"，提出一种合理的基于顺序表实现队列的设计：把(一定大小)顺序表(存储区)看作一种环形结构，称为**循环队列**。当元素入队时，若队尾已经到达存储区的末尾，转到存储区开始的位置入队新元素。队列元素保存在循环队列这种结构中，相关管理及操作都能比较简单的实现。如图 3-15(a)所示是一个包括 8 个单位的顺序表，队头变量 Q. head 记录当前队列中第一个元素的位置(图中为位置 4)，队尾变量 Q. rear 记录当前队列里最后一个元素之后的第一个空位(图中为位置 1)，队头变量和队尾变量始终以顺时针方向移动。

初始状态下，将队头变量 Q. head 和队尾变量 Q. rear 均置为 0。为了循环使用数组，利用取余运算符%计算新元素的插入位置(即新队尾元素的位置)，和删除队头元素后的新队头元素的位置。更新操作如下：

$$Q. head = (Q. head+1)\%max\_queue \tag{3-2}$$

$$Q. rear = (Q. rear+1)\%max\_queue \tag{3-3}$$

这里 max_queue 表示顺序表的长度，在图 3-15(a)中 max_queue 为 8。

在循环列表结构下，当 Q. head == Q. rear 时表示队列为空。

如图 3-15(b)所示，在图 3-15(a)所示的队列状态插入元素X_5、X_6，当前队列中一共有 7 个元素，再加入一个元素队列满，此时又出现 Q. head == Q. rear。由此可见，对于循环队列不能以头、尾指针的值是否相同来判别队列空间是"满"还是"空"。在这种情况下，如何区别队满还是队空呢？通常有以下两种处理方法：

①提出的一种解决办法是将图 3-15(b)的状态"当做"队列满，将在表里留下一个不用的元素空间。此时在循环队列中队列空和队列满的条件是：

队空的条件为 $\qquad$ Q. head == Q. rear $\qquad$ (3-4)

队满的条件为 $\qquad$ (Q. rear+1)%max_queue == Q. head $\qquad$ (3-5)

②还有一种区分方法时设立计数器，记录队列中元素的个数，当计数器的值达到 max_queue 时，表示满队列；当计数器为 0 时，表示空队列。但这种方法需要计数器空间，且耗费时间。

在本节中将具体实现循环顺序队列的一些典型操作。首先定义一个用于循环顺序队列基本操作的 CirSeqQueue 类，见表 3-13 所列。

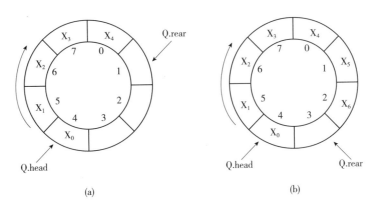

(a)　　　　　　　　　　　　　　　(b)

图 3-15　循环队列

表 3-13　CirSeqQueue 类中的成员函数

序号	方法名称	功能
1	__init__(self, max)	初始化循环顺序队列
2	create_seqqueue(self)	创建循环顺序队列
3	is_empty_seqqueue(self)	判断循环顺序队列是否为空
4	visit_seqqueue(self)	访问循环顺序队列中某一元素
5	en_queue(q, e)	元素 e 入队列
6	de_queue(q)	元素出队列
7	get_queue_head(q, e)	获取队头元素
8	get_queue_length(q, e)	获取顺序队列的长度
9	traverse_seqqueue(q)	遍历队列中元素

3.3.4.1　进循环队列函数的实现

调用 CirSeqQueue 类的成员函数 en_queue(self, e)将元素 e 进循环队列,其算法思路如下。

【算法思路】

①判断当前循环队列是否有剩余空间。

②若当前循环队列未满,则修改队尾指针的值,使其指向循环队列的下一个空闲位置,将要进循环队列的元素放在上述空闲位置中,完成入队列操作;若当前循环队列已满,则无法完成入队列操作,输出相应提示并结束操作。

【算法实现】

代码段 3-24 为进循环队列函数的实现代码。

代码段 3-24　进循环队列函数

```
1  def  en_queue(self, e):
2    if  (self.rear+1) % self.max_queue_size! = self.front:
3      self.rear=(self.rear+1) % self.max_queue_size
4      self.s[self.rear] = e
5      print("当前进循环队列元素为: "+e)
6    else:
7      print("循环队列已满,无法再加入元素")
8    return
```

3.3.4.2　出循环队列函数的实现

调用 CirSeqQueue 类的成员函数 de_queue(self)可将队头元素出循环队列，其算法思路如下。

【算法思路】

①判断当前循环队列是否为空，若当前循环队列为空，则无法完成出队列操作，输出相应提示，并结束操作。

②若当前循环队列不为空，则修改队头指针的值，使其指向待出队列元素。

③返回待出队列元素。

【算法实现】

代码段 3-25 为出队列函数的实现代码。

代码段 3-25　出队列函数

```
1  def  de_queue(self):
2    if self.is_empty_seqqueue():
3      print("队列为空,无出队列元素")
4      return
5    else:
6      self.front=(self.front + 1) % self.max_queue_size
7      return self.s[self.front]
```

代码段 3-25 第 2 行中使用的 is_empty_seqqueue()方法与顺序队列一致，在此不再赘述。

3.3.4.3　创建循环顺序队列函数的实现

调用 CirSeqQueue 类的成员函数 create_seqqueue(self)创建循环顺序队列，其算法思路如下。

【算法思路】

①接收用户输入。

②若用户输入结束标志"#"，则算法结束；否则将用户输入的数据元素入队列。

【算法实现】

代码段 3-26 为创建循环顺序队列函数的实现代码。

代码段 3-26 创建循环顺序队列函数

```
1  def  create_seqqueue( self ) :
2      print( "输入数据后请按回车键确认, 如需结束请输入"#"。")
3      data = input( "请输入入队列元素: ")
4      while data ! = "#":
5          self. en_queue( data)
6          data = input( "请输入入队列元素: ")
```

3.3.5 队列的链式存储

与链栈一样, 队列中的插入和删除操作不需要移动元素。采用链式存储结构主要是避免顺序存储中存储区的预申请, 动态利用存储空间。队列的链式存储结构称为链队列, 它是限制仅在表头删除和表尾插入的单链表。

按如下步骤来实现链式队列的一些典型操作。

①定义一个 QueueNode 类, 该类包含创建结点并对结点进行初始化的操作, 见表 3-14 所列。

表 3-14 QueueNode 类中构造函数

序号	方法名称	功能
1	__init__(self)	初始化结点

②定义一个 LinkQueue 类, 用于创建一个链式队列, 并对其执行相关操作。具体见表 3-15 所列。

表 3-15 LinkQueue 类中的成员函数

序号	方法名称	功能
1	__init__(self)	初始化链式队列
2	create_linkqueue(self)	创建链式队列
3	is_empty_linkqueue(self)	判断链式队列是否为空
4	visit_linkqueue(self,e)	访问链式队列中某一元素
5	en_linkqueue(self,e)	元素 e 入队列
6	de_linkqueue(self)	元素出队列
7	get_linkqueue_head(self)	获取链式队列的队头元素
8	traverse_linkqueue(self)	遍历链式队列中的元素

3.3.5.1　初始化结点函数的实现

调用 QueueNode 类的成员函数__init__(self)初始化一个结点,其算法思路如下。

【算法思路】

①将结点的数据域初始化为空。

②将结点的指针域初始化为空。

【算法实现】

代码段 3-27 为初始化结点函数的实现代码。

代码段 3-27　初始化结点函数

```
1  def  __init__(self):
2      self.data=None
3      self.next=None
```

3.3.5.2　初始化链式队列函数的实现

调用 LinkQueue 类的成员函数__init__(self)实现初始化链式队列,其算法思路如下。

【算法思路】

①创建一个新的结点。

②初始化队头指针并指向新结点。

③初始化队尾指针并指向新结点。

【算法实现】

代码段 3-28 为初始化链式队列函数的实现代码。

代码段 3-28　初始化链式队列函数

```
1  def  __init__(self):
2      queue_node=QueueNode()
3      self.front=queue_node
4      self.rear=queue_node
```

3.3.5.3　判断链式队列是否为空函数的实现

调用 LinkQueue 类的成员函数 is_empty_linkqueue(self)来判断当前链式队列是否为空,其算法思路如下。

【算法思路】

①将队头指针的值与队尾指针的值相比较。

②若两者相等,则表示队列为空,否则表示队列不为空。

【算法实现】

代码段 3-29 为判断链式队列是否为空函数的实现代码。

代码段 3-29　判断链式队列是否为空函数

```
1   def   is_empty_linkqueue( self) :
2       if self. front == self. rear:
3           return True
4       else:
5           return False
```

3.3.5.4　入队列函数的实现

调用 LinkQueue 类的成员函数 en_linkqueue(self, e) 将元素 e 入队列, 其算法思路如下。

【算法思路】

①在链式队列中, 创建一个新结点, 并将待入队列的元素存入该结点的数据域中, 如图 3-16(a)所示。

②将新结点的地址存入队尾指针指向的结点的指针域中, 如图 3-16(b)所示。

③将队尾指针指向新结点, 如图 3-16(c)所示。

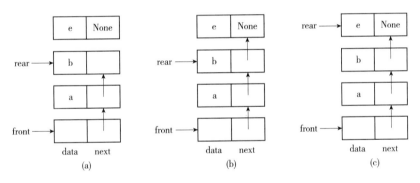

图 3-16　元素 e 入队列

【算法实现】

代码段 3-30 为入队列函数的实现代码。

代码段 3-30　入队列函数

```
1   def   en_linkqueue( self, e) :
2       queue_node = QueueNode( )
3       queue_node. data = e
4       self. rear. next = queue_node
5       self. rear = queue_node
6       print( "当前入队列的元素为: ", e)
```

3.3.5.5 出队列函数的实现

调用 LinkQueue 类的成员函数 de_linkqueue(self) 可将队头元素出队列。在进行出队列操作时，若队列不为空则修改队头指针并取出队头元素，不论队列中有多少元素，其操作过程都是一致的。但如果队列中只有一个元素时，进行出队列操作后队列为空，此时需要加一步对队尾指针的处理。本小节以链式队列中只有一个元素的特殊情况为例，对出队操作的过程加以说明。其算法思路如下。

【算法思路】

①判断当前队列是否为空。若当前队列为空，则无法完成出队列操作，输出相应提示，如图 3-17(a) 所示。

②若当前队列不为空，则记下队头指针指向结点的下一个结点，如图 3-17(b) 所示。

③修改队头指针指向的结点的指针域，将思路②中记下的结点指针域的值存入其中，如图 3-17(c) 所示。

④判断队尾指针所在的结点是否等于思路②中记下的结点。

⑤若思路④为真，则修改队尾指针，将其指向队头指针指向的结点，如图 3-17(d) 所示。

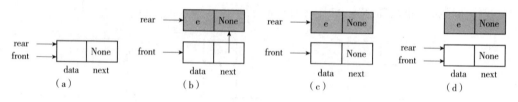

图 3-17 元素 e 出队列

【算法实现】

代码段 3-31 为出队列函数的实现代码。

代码段 3-31 出队列函数

```
1  def  de_linkqueue( self, e) :
2      if self. is_empty_linkqueue( ) :
3          print( "队列为空，无出队列元素")
4          return
5      else:
6          queue_node = self. front. next
7          self. front. next = queue_node. next
8          if self. rear == queue_node
9              self. rear = self. front
10         return queue_node. data
```

3.3.5.6 获取队头元素函数的实现

调用 LinkQueue 类的成员函数 get_linkqueue_head(self) 获取当前队头元素，其算法思路如下。

【算法思路】

①判断当前队列是否为空，若当前队列为空，则无法获取任何队头元素，输出相应提示。

②若当前队列不为空，则返回队头元素。

【算法实现】

代码段 3-32 为获取队头元素函数的实现代码。

代码段 3-32　获取队头元素函数

```
1  def   get_linkqueue_head( self):
2      if self. is_empty_linkqueue( ):
3          print( "队列为空, 无出队列元素")
4          return
5      else:
6          return   self. front. next. data
```

3.3.5.7　创建链式队列函数的实现

调用 LinkQueue 类的成员函数 create_linkqueue(self) 创建队列，其算法思路如下。

【算法思路】

①接收用户输入。

②若用户输入结束标志"#"，则算法结束，否则将用户输入的数据元素入队列。

【算法实现】

代码段 3-33 为创建顺序队列函数的实现代码。

代码段 3-33　创建顺序队列函数

```
1  def   create_linkqueue( self):
2      print( "输入数据后请按回车键确认, 如需结束请输入"#"。")
3      data = input( "请输入入队列元素: ")
4      while data ! = "#":
5          self. en_linkqueue( data)
6          data = input( "请输入入队列元素: ")
```

3.4　队列的应用

在本节中主要介绍队列的典型应用。

3.4.1　队列的应用概述

队列与栈一样，是比较简单、应用又十分广泛的一种基本数据结构，其应用主要体现在以下两个方面：一是解决计算机的主机与外部设备之间速度不匹配的问题；二是解决由于多用户引起的系统资源竞争的问题。

对于第一个方面，以主机与打印机之间速度不匹配的问题为例做简要说明。主机输出数据给打印机进行打印，输出数据的速度比打印数据的速度要快得多，若直接把数据送给打印机打印，由于速度不匹配，显然行不通。为此，解决的方法是设置一个打印数据缓冲区，主机把要打印输出的数据依次写入到这个缓冲区（输出），写满后就暂停输出，转去做其他的事情，而打印机则从缓冲区中按照先进先出的原则依次取出数据并且打印。这样做既保证了打印数据的正确，又使主机提高了效率。由此可见，打印机数据缓冲区是一个队列结构。

对于第二个方面，在一个带有多个终端的计算机系统中，当多个用户需要各自运行自己的程序时，就分别通过终端向操作系统提出占用 CPU 的请求。操作系统通常按照每个请求在时间上的先后顺序将它们排成一个队列，每次把 CPU 分配给队头请求的用户使用，当相应的程序运行结束或者用完规定的时间间隔以后，则令其退出队列，再把 CPU 分配给新的队头请求的用户使用。这样，既能够满足每个用户的请求，又能够使 CPU 正常运行。

3.4.2　约瑟夫问题

据说著名犹太历史学家 Josephus 有过以下的故事：在罗马人占领乔塔帕特后，39 个犹太人与 Josephus 及他的朋友躲到一个洞中，39 个犹太人决定宁愿死也不要被敌人发现，于是决定了一个自杀方式，41 个人排成一个圆圈，由第 1 个人开始报数，每报数到第 3 人，该人就必须自杀，然后再由下一个重新报数，直到所有人都死亡为止。但是 Josephus 和他的朋友并不想遵从游戏规则，Josephus 让他的朋友先假装遵从，他将朋友与自己安排在第 16 个与第 31 个位置，于是逃过了这场死亡游戏。

将约瑟夫问题转化为数学问题即为例 3-3 所得结果。

【例 3-3】　n 个人围成一圈，第一个人从 1 开始报数，报 m 的人出局，下一个人接着从 1 开始报数。如此反复，最后剩下一个，谁是最后的胜利者？

解：约瑟夫问题算法思路是循环报数的过程可以看作是一个先报数先出局的过程，用队列这一数据结构来实现时，将当前报数的人弹出，如果报的不是 m 时，再插入到队尾，从而得以循环，如果报的是 m，则抛弃。直至剩下最后一个人。算法实现如代码段 3-34 所示。

代码段 3-34　约瑟夫算法实现

```
1   def   josephus( self, name_list, num) :
2         queue = LinkQueue( )
3         for name in name_list:
4             queue. en_link queue( name)
5         while queue. get_length ( ) > 1:
```

（续）

6	for i in range(1, num) :
7	queue. en_linkqueue(queue. de_linkqueue( ))
8	queue. de_linkqueue( )
9	return queue. de_linkqueue( )
10	
11	#测试验证
12	print (jose phus(["Bill", "David", "Kent", "Jane", "Susan", "Brad"] , 3))

小　结

本章主要介绍了栈和队列两种特殊的线性表，并分别介绍了栈和队列的顺序和链式存储表示，讨论了在这两种表示下栈和队列运算的算法实现，介绍了栈的应用——递归以及队列在实际生产中的应用。栈和队列的逻辑结构和线性表相同，只是其运算规则较线性表有一些限制，故又称为运算受限的线性表。栈是限定仅在表尾进行插入和删除操作的线性表，在进行数据操作的时候必须遵循"后进先出"的特性，各种运算的时间复杂度为 O(1)。队列是只允许在一端进行插入操作，而在另一端进行删除操作的线性表，在进行数据操作的时候必须遵循"先进先出"的特性，各种运算的时间复杂度为 O(1)。循环队列是将顺序队列的首尾相连，解决"假溢出"现象的发生。

栈和队列的比较见表 3-16 所列。

表 3-16　栈和队列的比较

相同点	(1)都是线性结构 (2)操作受限，插入操作都是限定在表尾进行(优先级队列除外) (3)都可以通过顺序结构和链式结构实现 (4)插入与删除的时间复杂度都是 O(1)，在空间复杂度上两者也一样
不同点	(1)删除数据元素的位置不同，栈的删除操作在表尾进行，队列的删除操作在表头进行 (2)顺序栈能够实现多栈空间共享，而顺序队列则不能 (3)应用场景不同，常见栈的应用场景包括括号问题的求解，表达式的转换和求值，函数调用和递归实现，深度优先搜索遍历等；常见的队列的应用场景包括计算机系统中各种资源的管理，消息缓冲器的管理和广度优先搜索遍历等

习　题

一、选择题

1. 一个栈的输入序列为：a，b，c，d，e，则栈的不可能输出的序列是(　　)。

A. a，b，c，d，e　　　　　　B. d，e，c，b，a

C. d，c，e，a，b　　　　　　D. e，d，c，b，a

2. 五节车厢以编号 1，2，3，4，5 顺序进入铁路调度站（栈），可以得到（　　）的编组。

A. 3，4，5，1，2

B. 2，4，1，3，5

C. 3，5，4，2，1

D. 1，3，5，2，4

3. 判定一个顺序栈 S（栈空间大小为 n）为空的条件是（　　）。

A. $S\text{->}top == 0$

B. $S\text{->}top\,! = 0$

C. $S\text{->}top == n$

D. $S\text{->}top\,! = n$

4. 栈的插入和删除操作在（　　）。

A. 栈底

B. 栈顶

C. 任意位置

D. 指定位置

5. 将递归算法转换成对应的非递归算法时，通常需要使用（　　）来保存中间结果。

A. 队列

B. 栈

C. 链表

D. 树

6. 队和栈的主要区别是（　　）。

A. 逻辑结构不同

B. 存储结构不同

C. 所包含的运算个数不同

D. 限定插入和删除的位置不同

7. 在解决计算机主机和打印机之间速度不匹配问题时，通常设置一个打印数据缓冲区，主机将要输出的数据依次写入该缓冲区，而打印机则从该缓冲区中取走数据打印。该缓冲区应该是一个（　　）结构。

A. 堆栈

B. 队列

C. 数组

D. 线性表

8. 判断一个循环队列 Q（最多 n 个元素）为满的条件是（　　）。

A. $Q\text{->}rear == Q\text{->}front$

B. $Q\text{->}rear == Q\text{->}front+1$

C. $Q\text{->}front == (Q\text{->}rear+1)\%n$

D. $Q\text{->}front == (Q\text{->}rear-1)\%n$

9. 若用一个大小为 6 的数组来实现循环队列，且 rear 和 front 的值分别为 0，3。当从队列中删除一个元素，再加入两个元素后，rear 和 front 的值分别为（　　）。

A. 1 和 5

B. 2 和 4

C. 4 和 2

D. 5 和 1

10. 队列的插入操作是在（　　）。

A. 队尾

B. 队头

C. 队列任意位置

D. 队头元素后

11. 循环队列的队头和队尾指针分别为 front 和 rear，则判断循环队列为空的条件是（　　）。

A. front == rear

B. front == 0

C. rear == 0

D. front = rear+1

12. 用不带头结点的单链表存储队列时，其队头指针指向队头结点，其队尾指针指向队尾结点，则在进行删除操作时（　　）。

A. 仅修改队头指针

B. 仅修改队尾指针

C. 队头、队尾指针都要修改

D. 队头，队尾指针都可能要修改

13. 一个递归算法必须包括（　　）。

A. 递归部分

B. 终止条件和递归部分

C. 迭代部分

D. 终止条件和迭代部分

14. 表达式 a * (b+c)-d 的后缀表达式是（　　）。

A．abcd＊+-　　　　B．abc+＊d-　　　　C．abc＊+d-　　　　D．-+＊abcd

15. 设计一个判别表达式中左，右括号是否配对出现的算法，采用（　　）数据结构最佳。

A．线性表的顺序存储结构　　　　　　B．队列

C．线性表的链式存储结构　　　　　　D．栈

二、填空题

1. 设栈 S 和队列 Q 的初始状态为空，元素 e1，e2，e3，e4，e5，e6 依次通过栈 S，一个元素出栈后即进入队列 Q，若 6 个元素出队的序列是 e2，e4，e3，e6，e5，e1，则栈的容量至少应该是_____。

2. 一个循环队列 Q 的存储空间大小为 M，其队头和队尾指针分别为 front 和 rear，则循环队列中元素的个数为_____。

3. 在具有 n 个元素的循环队列中，队满时具有_____个元素。

4. 当两个栈共享一存储区时，栈利用一维数组 stack（1，n）表示，两栈顶指针为 top［1］与 top［2］，则当栈 1 空时，top［1］为_____，栈 2 空时，top［2］为_____，栈满时为_____。

三、判断题

1. 队列是一种插入与删除操作分别在表的两端进行的线性表，是一种先进后出型结构。（　　）

2. 栈和队列的存储方式既可是顺序方式，也可是链式方式。（　　）

3. 两个栈共享一片连续内存空间时，为提高内存利用率，减少溢出机会，应把两个栈的栈底分别设在这片内存空间的两端。（　　）

4. 若输入序列为 1，2，3，4，5，6，则通过一个栈可以输出序列 1，5，4，6，2，3。（　　）

5. 任何一个递归过程都可以转换成非递归过程。（　　）

四、综合题

1. 设有 4 个元素 A、B、C 和 D 进栈，给出它们所有可能的出栈顺序。

2. 小森很喜欢玩射击游戏。他从射击娱乐场老板那里租了一把步枪和装有 5 发了弹的弹夹。在射击的过程中，小森每次都有两种选择：从弹夹中取出一颗子弹上膛，或者打一发子弹出去。注意：所有的子弹都从枪口上膛。小森感觉这有点像"数据结构"课程中的"栈"的特点。因此，在打完了这 5 发子弹之后，他想验证一下这些子弹打出来的顺序是不是真的满足"栈"的特性。假设 n 颗子弹的编号为 1，2，…，5。子弹从弹夹中取出的顺序也是从 1 到 5。给定一个子弹被打出的顺序，你可以帮小森验证它满不满足"栈"的打出顺序吗？

第4章 字符串、数组和广义表

计算机最早主要应用于科学计算，随着非数值型数据越来越多，大量的计算机应用系统都需要进行人机交互，因此，需要频繁地处理文字信息，计算机开始引入对字符的处理，于是有了字符串的概念。在本章中主要介绍字符串的几种存储结构以及一些基本操作。

数组可以看成是线性表的一种扩充，即线性表的数据元素自身又是一个数据结构。在本章中主要介绍数组的基本概念、数组的顺序存储以及对于一些特殊的数组如何实现压缩存储。

广义表是一种特殊的数据结构，它兼有线性表、树、图等结构的特点。从各层元素各自具有的线性特征方面看，它是线性表的一种扩充；从元素的分层方面看，它有树结构的特点；但从元素的递归性和共享性等方面看，它属于图结构。广义表是一种非常复杂的非线性结构。在本章中主要介绍广义表的基本概念和存储结构等。

思维导图

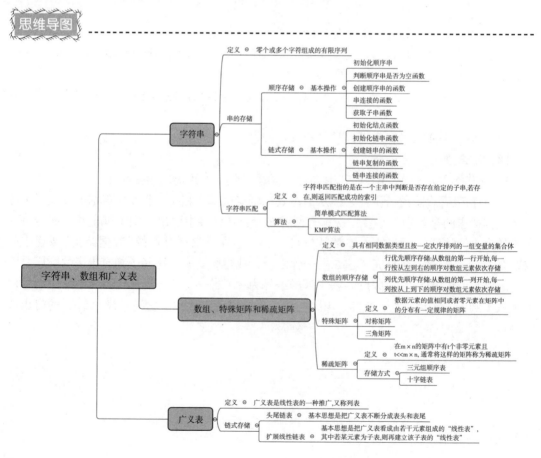

4.1　字符串

世界上的大量信息都是以字符串的形式存储在计算机内的，字符串是非数值计算中处理的主要对象。本节主要介绍字符串的抽象数据类型及存储表示，着重讨论字符串上的模式匹配算法。

4.1.1　字符简介

（1）字符

字符是计算机处理文本信息的最小信息单位。大多数字符对应着各种语言文字中的表意符号（如拉丁字母、希腊字母、汉字、阿拉伯数字及各种标点符号）；这些字符是有形的，可以被打印在纸上或者显示在屏幕上，所以将它们统称为可打印字符；也有一些字符是不可打印的，它们控制着文本的换行、缩进和换页等操作，通常统称为控制字符或不可打印字符。需要注意的是，" "（空格）是一个特殊的可打印字符，尽管它不打印出任何东西，但它在诸如英语的语言中起着分词的重要作用。

（2）字符编码

计算机内部并不能直接处理任何文本信息，所有的字符都需要转换为数字后才能被计算机存储和处理。而为了实现信息交换，字符的数字表示方法也必须有一定的标准，我们将这样的标准称作字符编码或字符集。

ASCII（American Standard Code for Information Interchange，美国信息交换标准代码）是最早的通用字符编码，制定于 1967 年。它使用了一个字节中的后 7 个二进制位进行字符表示，包含了 $2^7 = 128$ 种符号，其中包含了 26 个大、小写拉丁字母、10 个阿拉伯数字、一些标点符号以及 33 个控制字符。ASCII 码表见表 4-1 所列。

表 4-1　ASCII 码表

二进制	十进制	十六进制	图形	二进制	十进制	十六进制	图形	二进制	十进制	十六进制	图形
0010 0000	32	20	(spcae)	0010 1011	43	2B	+	0011 0110	54	36	6
0010 0001	33	21	!	0010 1100	44	2C	,	0011 0111	55	37	7
0010 0010	34	22	"	0010 1101	45	2D	–	0011 1000	56	38	8
0010 0011	35	23	#	0010 1110	46	2E	.	0011 1001	57	39	9
0010 0100	36	24	$	0010 1111	47	2F	/	0011 1010	58	3A	:
0010 0101	37	25	%	0011 0000	48	30	0	0011 1011	59	3B	;
0010 0110	38	26	&	0011 0001	49	31	1	0011 1100	60	3C	<
0010 0111	39	27	'	0011 0010	50	32	2	0011 1101	61	3D	=
0010 1000	40	28	(	0011 0011	51	33	3	0011 1110	62	3E	>
0010 1001	41	29	)	0011 0100	52	34	4	0011 1111	63	3F	?
0010 1010	42	2A	*	0011 0101	53	35	5	0100 0000	64	40	@

（续）

二进制	十进制	十六进制	图形	二进制	十进制	十六进制	图形	二进制	十进制	十六进制	图形
0100 0001	65	41	A	0101 0110	86	56	V	0110 1011	107	6B	k
0100 0010	66	42	B	0101 0111	87	57	W	0110 1100	108	6C	l
0100 0011	67	43	C	0101 1000	88	58	X	0110 1101	109	6D	m
0100 0100	68	44	D	0101 1001	89	59	Y	0110 1110	110	6E	n
0100 0101	69	45	E	0101 1010	90	5A	Z	0110 1111	111	6F	o
0100 0110	70	46	F	0101 1011	91	5B	[	0111 0000	112	70	p
0100 0111	71	47	G	0101 1100	92	5C	\	0111 0001	113	71	q
0100 1000	72	48	H	0101 1101	93	5D	]	0111 0010	114	72	r
0100 1001	73	49	I	0101 1110	94	5E	^	0111 0011	115	73	s
0100 1010	74	4A	J	0101 1111	95	5F	_	0111 0100	116	74	t
0100 1011	75	4B	K	0110 0000	96	60	`	0111 0101	117	75	u
0100 1100	76	4C	L	0110 0001	97	61	a	0111 0110	118	76	v
0100 1101	77	4D	M	0110 0010	98	62	b	0111 0111	119	77	w
0100 1110	78	4E	N	0110 0011	99	63	c	0111 1000	120	78	x
0100 1111	79	4F	O	0110 0100	100	64	d	0111 1001	121	79	y
0101 0000	80	50	P	0110 0101	101	65	e	0111 1010	122	7A	z
0101 0001	81	51	Q	0110 0110	102	66	f	0111 1011	123	7B	{
0101 0010	82	52	R	0110 0111	103	67	g	0111 1100	124	7C		
0101 0011	83	53	S	0110 1000	104	68	h	0111 1101	125	7D	}
0101 0100	84	54	T	0110 1001	105	69	i	0111 1110	126	7E	~
0101 0101	85	55	U	0110 1010	106	6A	j				

由于 ASCII 包含的字符数实在过少，难以表示除英语外的大多数语言，故而各国纷纷制定本国的计算机字符编码规范，代表性的有：

①EASCII(Extended ASCII，扩展 ASCII 码)。使用一个完整字节(8 个二进制位)进行编码，添加了带重音符号的拉丁字母、希腊字母和一些其他标点符号，使 ASCII 可以表示大多数西欧语言。

②GB 2312 是我国的国家标准总局于 1981 年制定发布的一套国家标准，使用两个字节进行编码，共计收录了 6763 个常用汉字以及 682 个其他字母、符号等。后继标准有 GBK、GB 18030 等；Big5(大五码)是由中国台湾地区企业制定的一套用于编码繁体汉字的标准，广泛流行于我国香港、澳门、台湾和东南亚等使用繁体汉字的地区。同样使用 2 个字节进行字符编码，包含了 13053 个汉字及 441 个常用符号。

表 4-2 所列为"数据结构"的不同编码表示。

表 4-2 "数据结构"的不同编码表示

汉字	GB 2312(大陆)	Big5(港澳台)	Shift-JIS(日本)	UTF-8	UTF-16
数	CAFD	BCC6(數)	9094	E695B0	FEFF6570
据	BEDD	BEDA(據)	8B92(拠)	E68DAE	FEFF636E
结	BDE1	B5B2(結)	8C8B(結)	E7BB93	FEFF7ED3
构	B9B9	BA63(構)	8D5C(構)	E69E84	FEFF6784

虽然这些编码的制定解决了非英语国家使用计算机的问题，但由于各国各行其是，编码不统一，为信息的国际间交流造成了很大困难。为了解决这一困境，20 世纪 80 年代末成立的统一码组织提出了 Unicode 标准，又称万国码、统一码、国际码等。Unicode 收录了超过 13 万个字符，包含了全世界几乎所有语言所使用的字母、字符和符号，并仍在继续扩展。由于解决了长期困扰各国的编码统一问题，Unicode 广受认可，并被广泛应用在包括 Python 在内的各种软件当中。

需要注意的是，作为一项标准，Unicode 有多种字符编码实现，较常用的有 UTF-8 和 UTF-16 等。我国的新一代字符集标准 GB 18030 也是一种 Unicode 实现。

4.1.2 字符串概述

(1)字符串定义

字符串是零个或多个字符组成的有限序列。一般记为：

$$S = "a_0 a_1 a_2 \cdots a_i \cdots a_{n-1}" \quad (n \geq 0,\ 0 \leq i \leq n-1) \tag{4-1}$$

其中，S 是字符串名，双引号括起来的字符序列是字符串值，$a_i (0 \leq i \leq n-1)$ 可以是字母、数字或其他字符。字符串可以看作是一种特殊的线性表，但字符串操作具有其特殊性，因此，字符串中的很多操作并不同于普通的线性表操作。对于普通的线性表，通常考虑的是元素与表之间的关系以及元素的插入和删除。但是在对字符串进行操作时，更多的是将字符串作为一个整体去使用，考虑的是以字符串为对象的操作。

(2)字符串的相关概念

①字符串的长度 一个字符串中字符的个数称为该字符串的长度。长度为零的字符串称为**空串**，它不包含任何字符，可以用两个双引号("")来表示，在任何字符集中只有唯一的一个空串。由一个或多个空格组成的串称为**空格串**。注意空格串和空串的区别，空格串是有内容有长度的。例如，字符串"ab12c345"长度为 8，空串""长度为 0，空格串" "长度为 1。

②字符在字符串中的位置 与线性表类似，字符串中的字符按顺序排序，每个字符都有其确定的位置(又称下标)，本章节使用从 0 开始的自然数表示字符在字符串里的位置，字符串里首字符的下标为 0。例如，字符串"structure"中，字符 s 的下标为 0，字符 c 的下标为 4。

③子串与主串 串中任意个连续的字符组成的子序列称为该串的子串，该串相应地称

为主串。子串在主串中第一次出现时，子串的第一个字符在主串中的位置，称为该子串在主串中的位置；特别地，空串是任何串的子串，任何串是其自身的子串。若串长度为 n，则其子串个数为 $n(n+1)/2+1$。例如，有两个串 A = "structure" 和 B = "ture"，显然 B 是 A 的子串，B 在 A 中的序号是 5。

④字符串拼接　将两个字符串进行拼接将得到一个新字符串。首先顺序出现第一个字符串里的所有字符，之后是第二个字符串里的所有字符。Python 语言里用加号"+"表示字符串拼接。例如，字符串"abc"和"ABC"拼接后得到新字符串"abcABC"。

（3）字符串的抽象数据类型

在对字符串进行操作时，更多的是将字符串作为一个整体去使用，考虑的是以字符串为对象的操作。表 4-3 是字符串的抽象数据类型的定义，主要定义了字符串的一些常用操作。

表 4-3　字符串的抽象数据类型的定义

ADT 字符串（string）

数据对象：具有相同特性的数据元素的集合

数据关系：串中除表头和表尾元素外，其他所有元素都有唯一的前驱元素和后继元素

操作名称	操作说明
init_string(string)	构造串 string
is_empty_string(string)	判断串 string 是否为空
get_string_length(string)	计算当前串 string 的长度
copy_string(s1,s2)	由串 s2 复制得到串 s1
compare_string(s1,s2)	将串 s1 和串 s2 的内容进行比较
concat_string(s1,s2)	将串 s2 连接到串 s1 后
sub_string(string,ipos,length)	从串 string 的指定位置 ipos 处开始获取指定长度为 length 的子串
index_string(s1,s2,ipos)	若串 s1 中存在和串 s2 相同的子串，则返回它在串 s1 中第 ipos 个字符后第一次出现的位置
insert_string(s1,ipos,s2)	在串 s1 的第 ipos 个位置后插入串 s2
replace_string(s1,s2,stemp)	在串 s1 中使用串 stemp 替换串 s2 的所有内容
delete_string(string,ipos,length)	从串 string 的指定位置 ipos 处开始删除指定长度为 length 的子串

4.1.3　字符串的顺序存储

在本小节中将具体实现顺序串的一些典型操作。首先定义一个用于实现顺序串基本操作的 SeqString 类，见表 4-4 所示。

表 4-4　SeqString 类的成员函数

序号	方法名称	功能
1	_ _init_ _(self)	初始化顺序串
2	create_seqstring(self)	创建顺序串
3	is_empty_seqstring(self)	判断顺序串是否为空
4	get_length_seqstring(self)	获取顺序串长度
5	copy_seqstring(s1,s2)	由顺序串 s2 复制得到顺序串 s1
6	compare_seqstring(s1,s2)	顺序串 s1 和顺序串 s2 进行比较
7	concat_seqstring(s1,s2)	将顺序串 s2 连接到顺序串 s1 的尾部
8	sub_seqstring(self,ipos,length)	从当前顺序串的指定位置 ipos 获取长度为 length 的子顺序串
9	insert_seqstring(s1,ipos,s2)	在顺序串 s1 的第 ipos 个位置后插入顺序串 s2
10	delete_seqstring(self,ipos,length)	从当前顺序串指定位置 ipos 处开始删除长度为 length 的子串

4.1.3.1　初始化顺序串函数的实现

调用 SeqString 类的成员函数_ _init_ _(self,max)初始化一个顺序串,其算法思路如下。

【算法思路】

①初始化顺序串的存储空间。

②初始化顺序串。

【算法实现】

代码段 4-1 为初始化串函数的实现代码。

代码段 4-1　初始化串函数

```
1   def  _ _init_ _( self,max):
2       self. max_string_size = max
3       self. chars = "  "
4       self. length = 0
```

4.1.3.2　判断顺序串是否为空函数的实现

调用 SeqString 类的成员函数 is_empty_seqstring(self)来判断当前顺序串是否为空,其算法思路如下。

【算法思路】

①判断当前顺序串的长度是否为 0。

②若长度为 0,则表示当前顺序串为空;否则表示当前顺序串不为空。

【算法实现】

代码段 4-2 为判断串是否为空函数的实现代码。

代码段 4-2　判断串是否为空函数

```
1    def  is_empty_seqstring( self) :
2        if self. length == 0:
3            return True
4        else:
5            return False
```

4.1.3.3　创建顺序串的函数的实现

调用 SeqString 类的成员函数 create_seqstring(self) 来创建一个顺序串，其算法思路如下。

【算法思路】

①接收用户输入的字符序列并判断用户输入的字符序列长度是否大于顺序串的最大存储空间。

②若思路①为真，则将用户输入的字符序列超过最大存储空间的那一部分截断后赋值给当前顺序串；若思路①为假，则将输入的字符序列赋值给当前顺序串。

【算法实现】

代码段 4-3 为创建顺序串函数的实现代码。

代码段 4-3　创建顺序串的函数

```
1    def  create_seqstring( self) :
2        str = input( "输入字符串后按回车键结束输入 \n")
3        if len( str) >self. max_string_size:
4            print( "输入的字符串长度超出分配的存储空间,超出部分无法存入当前串中! ")
5            self. chars =str[ : self. max_string_size]
6        else:
7            self. chars  = str
8        self. length =len( self. chars)
```

4.1.3.4　串连接的函数的实现

调用 SeqString 类的成员函数 concat_seqstring(self, strcs) 将两个串连接，其算法思路如下。

【算法思路】

①计算当前顺序串的长度与待连接顺序串的长度之和并判断其是否小于或等于顺序串的最大存储空间。

②若思路①为真，则将待连接的顺序串置于当前顺序串的末尾，使其成为当前顺序串的一部分；若思路①为假，则将当前顺序串与待连接顺序串组成的新串超过当前顺序串最大存储空间的那一部分截去，此时当前顺序串后为待连接顺序串剩下的部分。

【算法实现】

代码段 4-4 为串连接函数的实现代码。

代码段 4-4　串连接的函数

```
1    def   concat_seqstring( self, strcs) :
2          lengthcs = strcs. length
3          stringcs = strcs. chars
4          if lengthcs+len( self. chars) < = self. max_string_size:
5              self. chars+ = stringcs
6          else:
7              print( "字符串连接后的长度超出分配的存储空间, 超出部分无法显示")
8              size = self. max_string_size-len( self. chars)
9              self. chars+ = stringcs[ 0: size]
10         print( "两个字符串连接后得到的字符串为: ", self. chars)
```

4.1.3.5　获取子串函数的实现

调用 SeqString 类的成员函数 sub_seqstring(self, ipos, length) 从当前串的指定位置 ipos 获取长度为 length 的子串, 其算法思路如下。

【算法思路】

①判断指定位置及指定长度是否可以进行子串的获取。

②若思路①为真, 则从指定位置开始获取指定长度的子串并将其输出; 若思路①为假, 则输出相应提示并结束操作。

【算法实现】

代码段 4-5 为获取子串函数的实现代码。

代码段 4-5　获取子串的函数

```
1    def   sub_seqstring( self, ipos, length) :
2          if ipos>len( self. chars) -1 or ipos<0 or length<1 or( length+ipos) >len( self. chars) :
3              print( "无法获得子串! ")
4          else:
5              substr = self. chars[ ipos: ipos+length]
6              print( "获取的子串为: ", substr)
```

4.1.4　字符串的链式存储

串的链式存储结构与线性表相似, 但由于串结构的特殊性, 结构中的每个元素数据是一个字符, 如果简单地应用链表存储串值, 一个结点对应一个字符, 会存在很大的空间浪费。因此, 一个结点可以存放一个字符, 如图 4-1(a) 所示; 也可以考虑存放多个字符, 如图 4-1(b) 所示, 最后一个结点若是未被占满时, 可以用"#"或其他非串值字符补全。

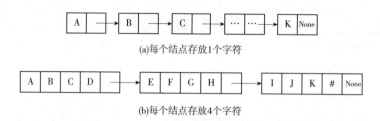

(a)每个结点存放1个字符

(b)每个结点存放4个字符

图 4-1　串的链式存储结点结构示意图

在链式存储方式中，通常以整个串为对象对其进行相关操作，结点大小的选择直接影响着串处理的效率。在各种串的处理系统中，所处理的串往往很长且很多，如一本书的几十万个字符，因此需要合理选择结点长度。这要求考虑串值的存储密度，存储密度定义如下：

$$串的存储密度 = \frac{串值所占的存储位}{实际分配的存储位} \tag{4-2}$$

从上述定义可以看出，存储密度越大，实际分配的存储位即所占存储空间越小，但在实现串的基本操作(如插入、删除和替换等)时可能会导致大量字符的移动；存储密度小，运算处理方便，但是所占存储空间大，在实现串的基本操作(如插入、删除和替换等)时不会导致大量字符的移动。

一个结点存多少个字符会直接影响串处理的效率，因此需要根据实际情况做出选择。串的链式存储结构除了在连接串与串操作时有一定方便之外，总体来说不如顺序存储灵活，性能也不如顺序存储结构好。在本章介绍串的基本操作时，规定每个结点只存放一个字符，并使用带头结点的链表实现链式存储且在链串中增加一个尾指针，以便于链串的某些基本操作(如串连接等)的进行，同时使用一个变量记录当前串的长度。

如图 4-2(a)所示，在初始化一个链串时，头指针 head 和尾指针 tail 均指向同一结点，该结的数据域和指针域为空。在创建一个链串时，将串中的每一个字符存入一个新结点的 data 域中，并将点的地址存入尾指针 tail 所指结点的 next 域(即修改尾指针 tail 所指结点的 next)，然后将尾指针向后移动，使其始终指向当前串的最后一个字符，效果如图 4-2(b)所示。

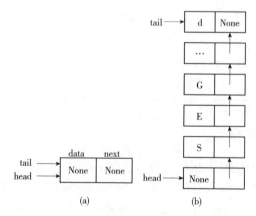

图 4-2　串的链式存储示意图

按如下步骤来实现链串的一些典型操作。

①定义一个 LinkStringNode 类，该类包含了初始化结点的构造函数，见表 4-5 所列。

表 4-5　LinkStringNode 类中的构造函数

序号	方法名称	功能
1	_ _init_ _(self)	初始化结点

②定义一个用于链串基本操作的 LinkString 类，见表 4-6 所列。

表 4-6　LinkString 类的成员函数

序号	方法名称	功能
1	_ _init_ _(self)	初始化链串
2	create_linkstring(self)	创建链串
3	is_empty_linkstring(self)	判断链串是否为空
4	get_length_linkstring(self)	获取链串长度
5	copy_linkstring(s1,s2)	由链串 s2 复制得到链串 s1
6	compare_linkstring(s1,s2)	链串 s1 和链串 s2 进行比较
7	concat_linkstring(s1,s2)	将链串 s2 连接到链串 s1 的尾部
8	sub_linkstring(self,ipos,length)	从当前链串的指定位置 ipos 获取长度为 length 的子链串
9	insert_linkstring(s1,ipos,s2)	在链串 s1 的第 ipos 个位置后插入链串 s2
10	delete_linkstring(self,ipos,len)	从当前链串的指定为 ipos 处开始删除长度为 len 的子串

4.1.4.1　初始化结点函数的实现

调用 LinkStringNode 类的成员函数_ _init_ _(self)初始化一个结点，其算法思路如下。

【算法思路】

①将结点的数据域初始化为空。

②将结点的指针域初始化为空。

【算法实现】

代码段 4-6 为初始化结点函数的实现代码。

代码段 4-6　初始化结点函数

```
1    def  _ _init_ _(self):
2        self. data＝None    #创建数据域,用于存储每个结点的值
3        self. next＝None    #创建后继指针域,用于存储下一个结点的地址
```

4.1.4.2　初始化链串函数的实现

调用 LinkString 类的成员函数_ _init_ _(self)初始化一个链串，其算法思路如下。

【算法思路】

①初始化链串的长度。

②初始化链串的头指针。

③初始化链串的尾指针。

【算法实现】

代码段 4-7 为初始化链串函数的实现代码。

代码段 4-7　初始化链串函数

```
1    def  __init__(self):
2         self.length = 0
3         self.head = LinkStringNode()
4         self.tail = self.head
```

4.1.4.3　创建链串的函数实现

调用 LinkString 类的成员函数 create_linkstring(self)创建一个链串，其算法思路如下。

【算法思路】

①接收用户输入的字符序列。

②判断当前串的长度是否小于思路①中链串的长度。

③若思路②为真，则创建一个新结点，将链串中的字符放入新结点的数据域并将新结点链入当前链串中。

④将链串的长度加 1，并转思路②。

⑤若思路②为假，则输出相应提示并结束操作。

【算法实现】

代码段 4-8 为创建链串函数的实现代码。

代码段 4-8　创建链串函数的实现

```
1    def create_linkstring(self):
2         stringcr = input("请输入字符串，请按回车结束输入: \n")
3         while self.length<len(stringcr):
4              nls = LinkStringNode()
5              nls.data = stringcr[self.length]
6              self.tail.next = nls
7              self.tail = nls
8              self.length = self.length+1
```

4.1.4.4　链串复制的函数实现

调用 LinkString 类的成员函数 copy_linkstring(s1,s2)方法将链串 s2 复制到当前链串 s1，如图 4-3 所示为将链串 s2 复制到链串 s1 的示意图，其中，图 4-3(a)和图 4-3(b)分别为链串 s1 和 s2；在执行复制操作时，先将链串 s1 的头指针指向链串 s2 的头指针指向的结点，如图 4-3(c)所示；再将链串 s1 的尾指针指向链串 s2 的尾指针指向的结点，如图 4-3(d)所示。其算法思路如下。

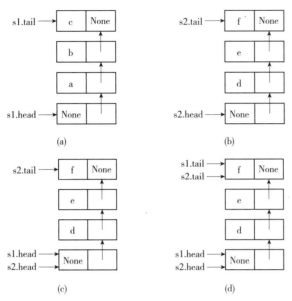

图 4-3 链串复制示意图

【算法思路】

①修改当前链串 s1 的头指针，使其指向待复制链串 s2 的头指针指向的结点。

②修改当前链串 s1 的尾指针，使其指向待复制链串 s2 的尾指针指向的结点。

③修改当前链串 s1 的长度，使其等于待复制链串 s2 的长度。

【算法实现】

代码段 4-9 为链串复制函数的实现代码。

代码段 4-9 链串复制的函数实现

```
1    def copy_linkstring( self, s1, s2):
2        s1. head = s2. head
3        s1. tail = s2. tail
4        s1. length = s2. length
```

4.1.4.5 链串连接的函数实现

调用 LinkString 类的成员函数 concat_linkstring(s1, s2) 方法将链串 s2 连接到链串 s1 的尾部。如图 4-4 所示为将链串 s2 连接到链串 s1 的示意图，其中，图 4-4(a) 和图 4-4(b) 分别为链串 s1 和 s2，在连接复制操作时，先将链串 s1 的尾指针指向链串 s2 的头指针指向的结点的直接后继结点，如图 4-4(c) 所示，再将链串 s1 的尾指针指向链串 s2 的尾指针指向的结点，如图 4-4(d) 所示，其算法思路如下。

【算法思路】

①借助于当前链串 s1 的尾指针来修改其所指结点的 next，即将待连接链串 s2 头指针所指结点的直接后继结点存入 next 中。

②修改当前链串 s1 的尾指针，使其指向待连接链串 s2 尾指针指向的结点。

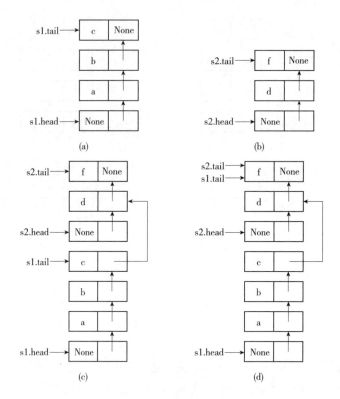

图 4-4　链串的连接示意图

③修改当前链串 s1 的长度，使其等于当前链串 s1 的长度与待连接链串 s2 的长度之和。

【算法实现】

代码段 4-10 为函数的实现代码。

代码段 4-10　链串连接的函数实现

```
1    def concat_linkstring( self, s1, s2) :
2        s1. tail. next = s2. head. next
3        s1. tail = s2. tail
4        s1. length = s1. length+s2. length
```

4.1.5　字符串匹配

字符串匹配也称子串匹配，是最重要字符串操作之一，对其效率的改进和提高有很重要的实际意义。**子串匹配**指的是在一个主串中判断是否存在给定的子串，若存在，则返回匹配成功的索引。在字符串匹配算法中，主串也称为目标串，目标串是指被匹配的、长度较长的、作为素材的字符串。子串也称为模式串，模式串是指去匹配的、长度较短的、作为工具的串。字符串匹配在生活中也有很多应用：

①在使用文本编辑器时，通常都会有查找功能，方便用户在文本中查找所需的字符。

②使用邮箱服务时，通过查找邮件标题、发件人或内容中是否包含特定字符序列，判断其是否属于垃圾邮件。

③Google 等网络搜索引擎的技术基础就是在互联网数以亿万计的网页中查找与用户需求（通过在搜索栏输入较短的字符）匹配的网页。

由于字符串匹配在计算机等很多领域有重要的应用，在实际生活中有较高的使用频率，因此，高效的串匹配算法也变得越来越重要。本小节主要介绍两种字符串匹配算法，一种是基本的、通俗的简单模式匹配算法（BF 算法）；另一种是改进后的模式匹配算法（KMP 算法）。

4.1.5.1　简单模式匹配算法

简单模式匹配算法的算法思路如下。

【算法思路】

①使用模式串与主串从左到右逐个字符匹配。

②发现不匹配时，转去考虑主串的下一个位置是否与模式串匹配。

③匹配成功则结束算法。

【例 4-1】　已知主串 S="abcabcaabc"，模式串 T="abcaab"，请使用简单模式匹配算法进行匹配。

解：①从主串 S 第一位开始匹配，S 与 T 前 4 个字母都匹配成功，但 S 的第 5 个字母是 b，而 T 的第 5 个字母是 a。第一位匹配失败。如图 4-5（a）所示。

②从主串 S 第二位开始匹配，主串 S 首字母是 b，模式串首字母是 a。第二位匹配失败。如图 4-5（b）所示。

③从主串 S 第三位开始匹配，主串 S 首字母是 c，模式串首字母是 a。第三位匹配失败。如图 4-5（c）所示。

④主串 S 第四位开始匹配，6 个字母全部匹配，匹配成功。如图 4-5（d）所示。

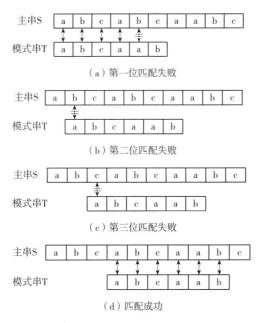

（a）第一位匹配失败

（b）第二位匹配失败

（c）第三位匹配失败

（d）匹配成功

图 4-5　简单模式匹配

【算法实现】

代码段 4-11 为简单模式匹配算法的实现代码。

代码段 4-11　简单模式匹配算法的实现

```
1    def naive_matching( self, s, t) :
2        m, n = len( t. chars) , len( s. chars)
3        i, j = 0, 0
4        while i<m and j<n:                     #i==m 说明找到匹配
5            if t. chars[ i] == s. chars[ j] :    #字符相同则考虑下一对字符
6                i, j = i+1, j+1
7            else:                               #字符不同则考虑 t 中的下一位置
8                i, j = 0, j-i+1
9        if i == m:                              #找到匹配, 返回位置
10           return j-i
11       return-1                                #无匹配值, 返回-1
```

简单模式匹配算法简单易懂，但其效率较低。简单模式匹配算法低效率的主要原因是执行过程中会发生回溯。即不匹配的时候模式串只会移动一个字符，到主串的下一个字符开始又从下标 0 开始匹配。

简单模式匹配算法最好的情况是一开始就区配成功，如"abcabcaabc"中去找"abcabc"，时间复杂度为 O(1)，稍差一些，在例 4-1 的图 4-5(b)、(c)中，每次都是首字母就不匹配，那么对 T 串的循环就不必进行了，时间复杂度为 O($n+m$)，其中，n 为主串长度，m 为要匹配的模式串长度。根据等概率原则，平均是($n+m$)/2 次查找，时间复杂度为 O($n+m$)。

简单模式匹配算法最坏的情况是每次不成功的匹配都发生在串 T 的最后一个字符。举一个很极端的例子，主串 S = "000 000 000 000 000 000 000 000 000 001"，要匹配的模式串 T = "00 001"，在匹配时，每次都需要将 T 中字符循环到最后一位才发现不匹配。对于长 m 的模式串和长 n 的主串，这种最坏情况需要做 $n-m+1$ 轮比较，每次比较又需要进行 m 次操作，则串的简单模式匹配算法在最坏的情况下需要比较字符的总次数为 $m*(n-m+1)$，最坏时间复杂度为 O($m*n$)。

*4.1.5.2　KMP 算法

（1）KMP 算法分析

Knuth-Morris-Pratt 字符串查找算法(简称 KMP 算法)，可在一个文本字符串 S 内查找一个词 W 的出现位置。KMP 算法通过运用对这个词在不匹配时本身就包含足够的信息来确定下一个匹配将在哪里开始的发现，从而避免产生不必要的回溯，实现字符串的高效匹配。这个算法是由高德纳和沃恩·普拉特在 1974 年构思，同年詹姆斯·H·莫里斯也独立

地设计出该算法，最终由三人于 1977 年联合发表。KMP 算法较为复杂，本小节通过例
4-2 和例 4-3 来说明 KMP 算法是如何运行的。

【例 4-2】　主串 S = "abcdefab…"，模式串 T = "abcdeh"，图 4-6 为简单模式匹配
算法。

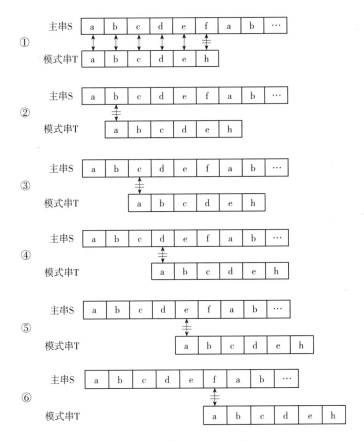

图 4-6　简单模式匹配算法全过程

步骤①中前 5 个字符均匹配，直到匹配到第 6 个字符，匹配失败。按照简单模式匹配
算法，接着执行步骤②～⑥。对于要匹配的模式串 T 来说，"abcdeh"首字母"a"与后面的
串"bcdh"中任意一个字符都不相等。也就是说，"a"不与自己后面的模式串中任何一字符
相等，那么对于图 4-6 的①来说，前五位字符分别相等，意味着模式串 T 的首字符"a"不
可能与 S 串的第 2 位到第 5 位的字符相等。因此，在图 4-6 中，步骤②～⑤的判断都是多
余的。

如果已知 T 串中首字符"a"与 T 中后面的字符均不相等，而 T 串的第二位的"b"与 S
串中第二位的"b"在图 4-6 的步骤①中已经判断是相等的，那么也就意味着，T 串中首字
符"a"与 S 串中的第二位"b"不需要判断也知道它们是不可能相等的，这样图 4-6 步骤②
这一步判断是可以省略的，如图 4-7 所示。同理可以判定 T 串中的"a"与 S 串后面的"c"
"d""e"不可能相等，所以步骤③④⑤都是可以省略的，只需保留步骤①⑥即可，如图4-8
所示。

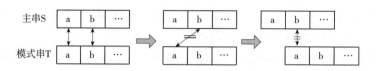

图 4-7　a、b 不等，此步骤可省略

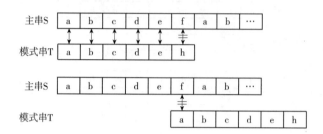

图 4-8　改进后的匹配过程

如果模式串 T 后也含有首字符"a"的时候应该如何处理呢?

【例 4-3】　主串 S = "ababcabcacba"，模式串 T = "abcacb"。图 4-9(a)列出了简单模式匹配算法匹配过程中的一系列情况。步骤①的匹配进行到模式串中第 3 个字符"c"时失败，从中可知主串中前两个字符与模式串中前两个字符相同。由于模式串的前两个字符不同，与"b"匹配的主串字符不可能与"a"匹配，所以步骤②的匹配一定失败。简单模式匹配算法未利用这种信息，做了无用功。步骤③中匹配进行到模式串中第 5 个字符"c"时失败。同理，由于模式串中第一个"a"与其后的两个字符"b""c"不同，用"a"去匹配主串里的"b""c"也一定失败，步骤④⑤的匹配一定失败。另一方面，模式串中下标为 3 的字符也是"a"，它在步骤③匹配成功，首字符"a"不必重做这一匹配。简单模式匹配算法中没有考虑这些问题，总是一步步移位并从头比较。

从例 4-3 的分析可知，由于模式串在匹配之前已知，而且通常在匹配中反复使用，通过分析模式串，记录得到的有用信息(如其中哪些位置的字符相同或不同)，就有可能避免一些不必要的匹配，提高匹配效率。这种做法是实际匹配前的静态预处理，只需要做一次。记录下来的信息可以在匹配中反复使用。

KMP 算法的核心是找到前一次匹配中匹配失败的那个字符所在位置，从模式串中分析出一些信息，综合两者将模式串进行"大跨步"的移动，加速匹配。用 KMP 算法的匹配过程如图 4-9(b)所示。在步骤①匹配到第一个"c"失败时，由于已知前两个字符不同，KMP 算法直接将模式串移两个位置，模式串开头的"a"移到"c"匹配失败的位置，达到状态②。这次匹配直到模式串"c"处失败，由于已知模式串"c"之前是"a"，首字符也是"a"，而且两个字符之间的字符与它们不同，不可能匹配。KMP 算法直接将模式串的"b"移动到步骤②中匹配"c"失败的位置(前面字符"a"一定匹配)，达到状态③。接下去从模式串的"b"继续匹配，找到了一个成功匹配。在这个过程中未出现重新检查主串前面字符的情况。

(2)KMP 算法实现

现在讨论一般情况。假设主串 S = "$s_0 s_1 \cdots s_{n-1}$"，模式串 T = "$t_0 t_1 \cdots t_{m-1}$"，从上例的分

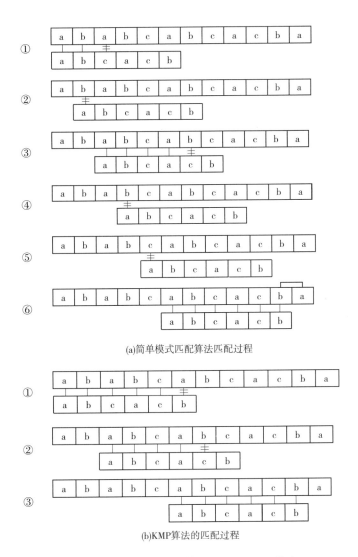

(a)简单模式匹配算法匹配过程

(b)KMP算法的匹配过程

图 4-9　简单模式匹配算法和 KMP 匹配算法

析可知，为了实现改进算法，需要解决下述问题：当主串中第 i 个字符与模式串中第 j 个字符"失配"（即比较不等）时，主串中第 i 个字符（i 指针不回溯）应与模式串中哪个字符进行比较？

假设下一次匹配前主串 S 应与模式串中第 $k(k<j)$ 个字符继续比较，则模式串中前 k 个字符的模式串必须满足下列关系式：

$$\text{"}t_0t_1\cdots t_{k-1}\text{"}=\text{"}s_{i-k}s_{i-k+1}\cdots s_{i-1}\text{"} \tag{4-3}$$

此时不存在比 k 更长的字符串满足式（4-3），否则就会从更长的字符串开始匹配。

而已经得到的"部分匹配"结果是：

$$\text{"}t_{j-k}t_{j-k+1}\cdots t_{j-1}\text{"}=\text{"}s_{i-k}s_{i-k+1}\cdots s_{i-1}\text{"} \tag{4-4}$$

由式（4-3）和式（4-4）推得下列等式：

$$\text{"}t_0t_1\cdots t_{k-1}\text{"}=\text{"}t_{j-k}t_{j-k+1}\cdots t_{j-1}\text{"} \tag{4-5}$$

113

反之，若模式串中存在满足式(4-5)的两个模式串，则当匹配过程中，主串中第 i 个字符与模式中第 j 个字符匹配失败后，可以从模式串的 k 位置开始继续与主串 S 中 i 指示的字符进行比较。

若令 next$[j]$ = k，则 next$[j]$ 表明当模式中第 j 个字符与主串中相应字符"失配"时，在模式串中需重新和主串中该字符进行比较的字符的位置。由此引出模式串的 next 函数的定义：

$$next[j] = \begin{cases} -1 & \text{当 } j=0 \text{ 时} \\ \max\{k \mid 0<k<j \text{ 且 } "t_0t_1\cdots t_{k-1}" = "t_{j-k}t_{j-k+1}\cdots t_{j-1}"\} & \text{当此集合不为空时} \\ 0 & \text{其他情况} \end{cases}$$

$$(4-6)$$

当 j=0 时，若匹配失败，则以-1 表示，此时从模式串的第一个位置开始匹配。

给定模式串 T = "abaabcac"，其 next 函数值见表 4-7 所示。

表 4-7　模式串 T 的 next 函数值

j	0	1	2	3	4	5	6	7
模式串 T	a	b	a	a	b	c	a	c
next$[j]$	-1	0	0	1	1	2	0	1

在计算出 next 函数值后，就可以基于 next 函数值并使用 KMP 算法进行字符串的模式匹配，其基本思路如下：用 i 和 j 分别指示主串和模式串当前待比较的字符，令 i 和 j 的初值分别为 pos 和 0。若在匹配的过程中 i 和 j 指示的字符相等，则将 i 和 j 的值都加 1；否则 i 的值不变，令 j=next$[j]$ 后，并将当前 j 指示的字符与 i 指示的字符再次进行比较，重复以上过程进行比较。在重复比较时，若 j 值为-1，则需将主串的 i 值加 1，并将 j 回溯到模式串起始位置，重新与主串进行匹配。

通过以上分析，我们可以基于主串 S、主串 S 的指定位置 ipos 和模式串 T，并借助 next 函数给出 KMP 算法的实现，具体算法思路如下。

【算法思路】

①分别用 i 和 j 指示主串和模式串当前待比较的字符，初始时，i 等于主串 S 的指定位置 pos，j 指示模式串的第一个字符。

②若模式串和主串均未比较结束，则执行思路③至思路⑤；否则执行思路⑥。

③判断 j 的值是否为-1 或两个字符串当前位置对应的字符是否相等。

④若思路③为真，则将 i 和 j 分别加 1；否则执行思路⑤。

⑤修改 j 的值为在当前位置匹配失败后应移到的位置，并转思路②。

⑥判断 j 是否等于模式串的长度。

⑦若思路⑥为真，则输出匹配成功的提示；否则输出匹配失败的提示。

【算法实现】

代码段 4-12 为 KMP 算法的实现代码。

代码段 4-12　KMP 算法实现

```
1      def kmp( self, pos, T, next_value) :
2              i = pos
3              j = 0
4              count = 0        #用于统计匹配次数
5              length = T. length
6              string = T. chars
7              while i<len( self. chars) and j<length:
8                      if j == -1 or self. chars[ i] == string[ j] :
9                              i = i+1
10                             j = j+1
11                     else:
12                             j = next_value[ j]
13                             count = count+1
14             if j == length:
15                     print( "匹配成功! 模式串在主串中首次出现的位置为", i-length)
16             else:
17                     print( "匹配失败! ")
18             print( "共进行了", count+1, "次匹配")
```

KMP 算法比较在模式串 next 函数值已知的前提下进行，因此，必须实现对 next 函数值的求解，计算 next 函数值对应算法思路如下。

由于模式串的第一个字符与主串中的某一字符匹配失败后，下一次匹配时需从模式串的第一个位置(即为 next[0] 的值，我们将其设为-1) 开始，也就是说 next[0] =-1。

现考虑一般情况，假设当前位置为 j 时，next[j] =k，这表示在模式串中有"$t_0t_1\cdots t_{k-1}$" = "$t_{j-k}t_{j-k+1}\cdots t_{j-1}$"，那么对于 next[$j$+1] 的求解应分为以下两种情况：

①若 $t_k = t_j$，则表示在模式串中有"$t_0t_1\cdots t_k$" = "$t_{j-k}t_{j-k+1}\cdots t_j$"，那么 next[$j$+1] =k+1，即 next[$j$+1] =next[$j$] +1。

②若 $t_k \neq t_j$，可以将模式串既看作主串又看作模式串，参照 KMP 算法的匹配思路，根据已经匹配成功的部分"$t_0t_1\cdots t_{k-1}$" = "$t_{j-k}t_{j-k+1}\cdots t_{j-1}$"，将模式串向右移动到 next[k] 指示的位置再与 j 指示的字符进行比较。

假设 next[k] =k'。若 $t_j = t_{k'}$，则说明"$t_0t_1\cdots t_{k'}$" = "$t_{j-k'}t_{j-k'+1}\cdots t_j$"，此时 next[$j$+1] =k'+1，又因为 next[k] =k'，所以 next[j+1] =next[k] +1；若 $t_j \neq t_{k'}$，此时需将模式串向右移动到 next[k'] 指示的位置，再与 j 指示的字符进行比较。若不存在任何 k' 满足"$t_0t_1\cdots t_{k'}$" = "$t_{j-k'}t_{j-k'+1}\cdots t_j$"，此时则令 next[$j$+1] =-1，即从模式串的第一个字符开始重新进行匹配。

【算法实现】

代码段 4-13 为获取模式串 next 函数值的函数的实现代码。

代码段 4-13　获取模式串 next 函数值的函数

```
1    def get_next( self) :

2        next =[ None for x in range( 0, 100) ]

3        next[ 0] =-1

4        k =-1

5        j =0

6        while j<len( self. chars) :

7            if k ==-1 or self. chars[ j] ==self. chars[ k] :

8                k =k+1

9                j =j+1

10               next[ j] =k

11           else:

12               k =next[ k]

13       return next
```

KMP 算法仅当模式串与主串之间存在许多"部分匹配"的情况下，才显得比简单模式匹配算法快得多。KMP 算法的最大特点是指示主串的指针不需回溯，整个匹配过程中，对主串仅需从头至尾扫描一遍，这对处理从外设输入的庞大文件很有效，可以边读入边匹配，而无需回头重读。

在某些情况下，next 函数值的求解方法存在缺陷。例如模式串 T ="aaaab"在和主串 S ="aabaaaab"匹配时，模式串 T 对应的 next 函数值见表 4-8 所列。

表 4-8　模式串 T 对应的 next 函数值

j	0	1	2	3	4
模式串 T	a	a	a	a	b
next[j]	1	0	1	2	3

当第一次匹配失败后，根据 next 的值，在第二次匹配时将 $j=0$、1、2、3 指向的字符分别和 $i=3$ 所指向的字符进行比较，其实 $j=0$ 与 $i=3$ 指示的字符比较后，$j=1$、2、3 分别与 $i=3$ 这 3 步的比较是不需要的，因为 t_1、T_2 和 T_3 都与 t_0 相等（即都为"a"），因此，可以跳过第二次匹配直接进行第三次匹配。

对于上述特殊实例的一般情况有如下结论：当 next[j]=k，而 $t_k=t_j$，若有 $s_i \neq t_j$，则不需要进行 s_i 与 t_k 的比较，而是直接得出当前位置匹配失败的结论、继续获取下一个 next 函数的值，并与 t_j 进行比较。

因此，我们可以对模式串 T = "aaaab" 的 next 函数值进行修正，我们将修正后的 next 值称为 next_value，具体结果见表 4-9 所列。

表 4-9　模式串 T 对应的 next_value 函数值

j	0	1	2	3	4
模式串 T	a	a	a	a	b
next_value [j]	−1	−1	−1	−1	3

【算法实现】

代码段 4-14 为获取模式串 next_value 函数值的函数的实现代码。

代码段 4-14　获取模式串 next_ value 函数值的函数

```
1    def   get_next_value( self) :
2            next_value = [ None for x in range( 0, 100) ]
3            next_value[ 0] = −1
4            k = −1
5            j = 0
6            while j < len( self. chars) − 1:
7                 if k == −1 or self. chars[ j] == self. chars[ k] :
8                      k = k + 1
9                      j = j + 1
10                     if self. chars[ j] ! = self. chars[ k] :
11                          next_value[ j] = k
12                     clsc:
13                          next_value[ j] = next_value[ k]
14                else:
15                     k = next_value[ k]
16           return next_value
```

4.2　数组、特殊矩阵和稀疏矩阵

数组和矩阵是算法设计中常见的数据结构。本节主要介绍数组的基本概念、数组的存储方式以及特殊矩阵和稀疏矩阵。

4.2.1 数组的基本概念

数组是具有相同数据类型且按一定次序排列的一组变量的集合体。构成一个数组的所有变量称为数组元素，数组的名字称为数组名，每一个数组元素由数组名及其在数组中的位置（下标）确定。数组按下标个数分为：一维数组，二维数组和三维数组等，二维及以上数组统称为**多维数组**。

一维数组是最为常见的结构类型，它的逻辑形式为：

$$A[n]=(a[0],\ a[1],\ a[2],\ \cdots,\ a[i],\ \cdots,\ a[n-1])(n\geqslant 0,\ 0\leqslant i\leqslant n-1)$$

$$(4-7)$$

二维数组可以看作由一组一维数组作为数据元素组成的有限序列。如图 4-10 所示是一个 m 行 n 列的二维数组 $A[m][n](m\geqslant 0,\ n\geqslant 0)$。

$$A[m][n]=\begin{bmatrix} a[0][0] & a[0][1] & a[0][2] & \cdots & a[0][n-1] \\ a[1][0] & a[1][1] & a[1][2] & \cdots & a[1][n-1] \\ \cdots & \cdots & \cdots & \cdots & \cdots \\ a[m-1][0] & a[m-1][1] & a[m-1][2] & \cdots & a[m-1][n-1] \end{bmatrix}$$

图 4-10　二维数组 A[m][n]

类似地，一个三维数组可看成每个元素为二维数组的线性表。一般地，一个 n 维数组可看成每个元素为 $n-1$ 维数组的线性表。

数组的抽象数据类型的定义见表 4-10 所示。

表 4-10　数组的抽象数据类型的定义

ADT 数组（Array）	
数据对象：具有相同特性的数据元素的集合	
数据关系：数组中除了第一个和最后一个元素以外，其他所有元素都有唯一的前驱元素和后继元素	
操作名称	**操作说明**
init_array（array）	初始化数组
assigny_ array（array, e, index1, index2, ⋯, indexN）	若下标没有越界，将 e 的值赋给上述下标在 array 中对应元素
array_value（array, e, index1, index2, ⋯, indexN）	若下标没有越界，将上述下标在 array 中对应的元素赋值给 e
destory_array（array）	销毁数组 array

4.2.2 数组的顺序存储

从对数组抽象数据类型的定义可以看出，数组中的常用操作（除初始化和销毁）为存储、修改和读取指定位置的元素，数组一般不做插入或删除等复杂的操作，意味着一旦建立了数组，则结构的数据元素个数和元素之间的关系就不再发生变动。因此，通常采用顺序存储方式存储数组中的数据元素。

一维数组的每个元素只含一个下标，其实质就是线性表，采用顺序存储时与线性表的顺序存储结构(顺序表)基本相同，即将数组各元素按它们的逻辑次序依次存储到一片连续的存储单元中，但这里元素的个数是固定的，不能改变。

设一维数组 A[n] = (a[0]，a[1]，a[2]，…，a[i]，…，a[$n-1$])($n \geqslant 0$，$0 \leqslant i \leqslant n-1$)，元素 a[0] 的地址为 LOC(a[0])，每个元素占用的存储单元数为 c，则元素 a[i] 的地址 LOC(a[i]) 为：

$$\text{LOC}(a[i]) = \text{LOC}(a[0]) + i \times c \tag{4-8}$$

二维数组 A[m][n] 的每个元素含有行、列两个下标，在进行顺序存储时，需要将多维关系映射为一维的线性关系，常用的方法有行优先顺序和列优先顺序。

(1) 行优先顺序

在行优先存储这种方法中，从数组的第一行开始，每一行按从左到右的顺序对数组元素依次存储。即先存储第一行的数据元素，再存储第二行的数据元素，依此类推，最后存储第 m 行的数据元素，如图 4-11(a) 所示。

根据 LOC(a[0][0]) 和 c，元素 a[i][j]($0 \leqslant i \leqslant m-1$，$0 \leqslant j \leqslant n-1$) 的物理地址 LOC($a$[$i$][$j$]) 为：

$$\text{LOC}(a[i][j]) = \text{LOC}(a[0][0]) + (i \times n + j) \times c \tag{4-9}$$

其中，LOC(a[0][0]) 被称为**基地址**，是存储数组的存储块的起始地址。

(2) 列优先顺序

在列优先存储这种方法中，从数组的第一列开始，每一列按从上到下的顺序对数组元素依次存储。即先存储第一列的数据元素，再存储第二列的数据元素，依此类推，最后存储第 n 列的数据元素，如图 4-11(b) 所示。

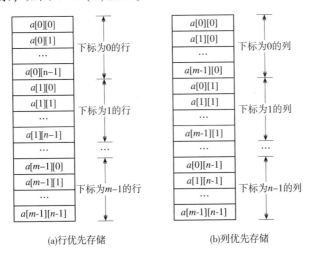

(a)行优先存储　　　　　(b)列优先存储

图 4-11　行优先存储和列优先存储示意图

根据 LOC(a[0][0]) 和 c，元素 a[i][j]($0 \leqslant i \leqslant m-1$，$0 \leqslant j \leqslant n-1$) 的物理地址 LOC($a$[$i$][$j$]) 为：

$$\text{LOC}(a[i][j]) = \text{LOC}(a[0][0]) + (j \times m + i) \times c \tag{4-10}$$

其中，LOC($a[0][0]$)是存储数组的存储块的起始地址。

对于数组，一旦规定了它的维数和各维的长度，便可为它分配存储空间，并且只要给出数组元素下标，就可根据相应的地址计算公式求得数组元素的存储位置来存取元素。这种方式下，存取数组中任何一个元素所需的时间是相同的，故数组是一种随机存取结构。

4.2.3 特殊矩阵和稀疏矩阵

特殊矩阵是数据元素的值相同或者零元素在矩阵中的分布有一定规律的矩阵，如对称矩阵和三角矩阵。为了节省空间，没有必要多次重复存储相同的非零元素或零元素，因此，可以对这类矩阵进行压缩存储。压缩时，对于多个相同的元素只需分配一个存储空间，对零元素不分配空间，按常规存储剩余元素。非零元素个数很少(远远少于矩阵元素总数)的矩阵称为**稀疏矩阵**。

4.2.3.1 对称矩阵

如图 4-12 所示，在 $n×n$ 的矩阵 A 中。

$$A[n][n] = \begin{bmatrix} a[0][0] & a[0][1] & a[0][2] & \cdots & a[0][n-1] \\ a[1][0] & a[1][1] & a[1][2] & \cdots & a[1][n-1] \\ \cdots & \cdots & \cdots & \cdots & \cdots \\ a[n-1][0] & a[n-1][1] & a[n-1][2] & \cdots & a[n-1][n-1] \end{bmatrix}$$

图 4-12　二维数组 A$[n][n]$

若 $a[i][j]=a[j][i]$($0≤i, j≤n-1$)，则称 A 为 n 阶对称矩阵。在对称矩阵中，数据元素关于主对角线对称，故可只存储上三角或下三角中的元素，即让每两个对称的元素共享一个存储空间。为了便于理解，可以以行优先方式存储对称矩阵中下三角(阴影部分)的数据元素，如图 4-13 所示。

$a[0][0]$	$a[0][1]$	$a[0][2]$	$\cdots$	$a[0][n-1]$
$a[1][0]$	$a[1][1]$	$a[1][2]$	$\cdots$	$a[1][n-1]$
$a[2][0]$	$a[2][1]$	$a[2][2]$	$\cdots$	$a[2][n-1]$
$\cdots$	$\cdots$	$\cdots$	$\cdots$	$\cdots$
$a[n-1][0]$	$a[n-1][1]$	$a[n-1][2]$	$\cdots$	$a[n-1][n-1]$

图 4-13　对称矩阵下三角的数据元素

在压缩存储对称矩阵时，可将 n^2 个元素压缩存储到 $n(n+1)/2$ 个元素的空间中，如图 4-14 所示。

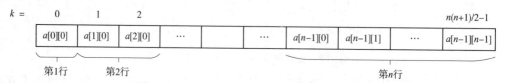

图 4-14　对称矩阵的压缩存储

对于下三角中的任意一个数据元素 $a[i][j]$ ($i \geqslant j$) 的下标 i 和 j，与 $a[i][j]$ 在一维数组中的下标 k 的关系为 $k=i(i+1)/2+j$，对于上三角中的任意一个数据元素 $a[i][j]$ ($i \leqslant j$) 的下标 i 和 j，与 $a[i][j]$ 在一维数组中的下标 k 的关系为 $k=j(j+1)/2+i$。

4.2.3.2　三角矩阵

以主对角线划分，将 n 阶矩阵分为上三角矩阵和下三角矩阵两种。上三角矩阵是指矩阵下三角(不包括对角线)中的数据元素均为常数 c 或零的 n 阶矩阵，下三角矩阵则与之相反。对三角矩阵进行压缩存储时，除了和对称矩阵一样，存储其上(下)三角矩阵中的数据元素之外，只需再加一个存储常数 c 的存储空间，如图 4-15 所示。

$a[0][0]$	$a[0][1]$	$a[0][2]$	...	$a[0][n-1]$
c	$a[1][1]$	$a[1][2]$	...	$a[1][n-1]$
c	$a[2][1]$	$a[2][2]$	...	$a[2][n-1]$
...	...	...	...	...
c	c	c	...	$a[n-1][n-1]$

图 4-15　上三角矩阵

以行优先方式存储图 4-15 矩阵中的上三角(阴影部分)数据元素时，使用大小为 $n(n+1)/2+1$ 的一维数组的最后一个存储单元存储常数 c，$n(n+1)/2$ 个元素采用和对称矩阵一样的存储方式来存储，如图 4-16 所示。

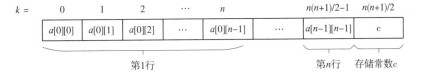

图 4-16　三角矩阵的压缩存储

上三角矩阵中 $a[i][j]$ 的下标 i 和 j，与 $a[i][j]$ 在一维数组中的下标 k 的关系为：

$$k = \begin{cases} \dfrac{i(2n-i+1)}{2}+(j-i) & i \leqslant j\ \text{时} \\[2mm] \dfrac{n(n+1)}{2} & i > j\ \text{时} \end{cases} \tag{4-11}$$

同理，以行优先方式存储三角矩阵中的下三角数据元素时，其任意元素 $a[i][j]$ 的下标 i 和 j 与其在一维数组中的下标 k 的关系为：

$$k = \begin{cases} \dfrac{i(i+1)}{2}+j & i \geqslant j\ \text{时} \\[2mm] \dfrac{n(n+1)}{2} & i < j\ \text{时} \end{cases} \tag{4-12}$$

4.2.3.3　稀疏矩阵

在 $m \times n$ 的矩阵中有 t 个非零元素且 $t \ll m \times n$，通常将这样的矩阵称为稀疏矩阵，如图 4-17 所示。在很多科学管理及工程计算中，经常会遇到阶数较高的大型稀疏矩阵，如果使用常规存储方法将数据元素顺序存储在计算机内，会造成内存空间的极大浪费。因此，为了节省存储空间，在存储稀疏矩阵时很自然的想法是只存储非零元素。但由于非零数据元素的个数较少且分布一般是杂乱无章的，数据元素的存储次序无法反映它们之间的逻辑关系，因此在压缩存储时不仅要存储对应的非零元素 $a[i][j]$，还需要存储非零元素的位置信息 (i, j)。

稀疏矩阵中的某一非零元素可由一个三元组 $(i, j, a[i][j])$ 唯一确定，所有非零元素对应的三元组构成的集合就是稀疏矩阵的逻辑表示。它有两种常用的存储方式：三元组顺序表与十字链表。

图 4-17　稀疏矩阵 A　　　　　　图 4-18　矩阵 A 的三元组顺序表

（1）三元组顺序表

将稀疏矩阵非零元素的三元组按行序（或列序）的顺序排列，则得到一个结点均是三元组的线性表。该线性表的顺序存储结构称为稀疏矩阵的**三元组顺序表**。在该表中，每一行对应一个非零元素在稀疏矩阵中的行号、列号和非零元素的值 $a[i][j]$。在三元组顺序表中还可以加入该矩阵的行数、列数及非零元素的总数目等更多关于该稀疏矩阵的信息。图 4-17 所示的稀疏矩阵 A，对其进行压缩存储后所得的三元顺序表如图 4-18 所示。

三元组顺序表默认是以行优先方式进行存储的，因此，有利于稀疏矩阵的某些运算，如稀疏矩阵的转置。矩阵的转置是指将它的行列互换，如一个 $m \times n$ 的矩阵 A，转置后得到一个 $n \times m$ 的矩阵 B，则 $A[i][j] = B[j][i]$（$0 \le i \le m$，$0 \le j \le n$）。在对稀疏矩阵进行转置时，需要进行两步操作：

①将三元组顺序表中的行号和列号进行交换。

②以行优先方式重新对三元组之间的次序进行排序。

如图 4-19 所示为对上述矩阵 A 进行转置后对应的三元组顺序表。

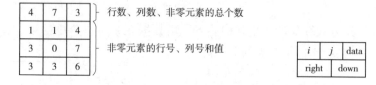

图 4-19　矩阵 A 转置后对应的三元组顺序表　　图 4-20　结点结构

（2）十字链表

稀疏矩阵非零元素的位置和个数可能会经常发生变化，如矩阵相加 A = A+B，在 A 中就可能出现新的非零元素，或原来的非零元素变成了零元素，这就涉及结点的插入和删除运算。三元组顺序表是一种顺序存储方法，不适合频繁地插入和删除运算，因为会引起大量结点的移动，因此，这种情况下比较适合采用链式存储结构。

稀疏矩阵常用的链式存储结构是十字链表。在十字链表中，每个结点除了存放非零元素的三元组外，还增加了行、列两个指针：行指针用来指向本行中的下一个非零元素；列指针用来指向本列中的下一个非零元素。十字链表的结点结构见图 4-20，其中各字段的含义为：

①i、j、data——非零元素的行号、列号和元素值。

②right——行指针，指向同行中下一个非零元素结点。

③down——列指针，指向同列中下一个非零元素结点。

通过行指针将同一行上的非零元素链接在一起，通过列指针将同一列上的非零元素链接在一起。因此，每一个非零元素 $a[i][j]$ 既是第 i 行链表上的一个结点，又是第 j 列链表上的一个结点，因此整个矩阵的非零元素就形成了一个十字交叉链表。为了能够访问整个十字链表，还需要用两个一维数组存储每一行链表的头指针和每一列链表的头指针。

图 4-18 所示的矩阵 A 的十字链表如图 4-21 所示。

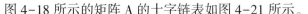
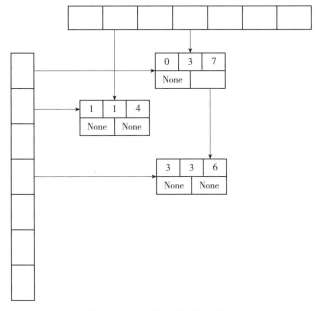

图 4-21　矩阵 A 的十字链表

4.3　广义表

广义表是线性表的一种推广，又称列表。在第 2 章中，我们将线性表定义为 $n(n>=0)$ 个元素 a_1，a_2，a_3，$\cdots$，a_n 的有限序列。线性表的元素仅限于原子项，原子是作为结构上不可分割的成分，它可以是一个数或一个结构，若放松对表元素的这种限制，容许它们具有其自身结构，这样就产生了广义表的概念。广义表被广泛的应用于人工智能等领域的表处理语言 LISP 语言中。本节主要介绍广义表的基本概念、广义表的存储及其操作。

4.3.1 广义表的基本概念

广义表一般记作 LS=($a[0]$, $a[1]$, $a[2]$, …, $a[i]$, …, $a[n-1]$)，其中，LS 为广义表的名称。$a[i]$ 为广义表 LS 的数据元素，若 $a[i]$ 是广义表，则称它为 LS 的**子表**；若 $a[i]$ 是基本数据类型的元素，则称它为广义表 LS 的**原子**。通常用圆括号将广义表括起来，用逗号分隔其中的元素。为了区别原子和广义表，书写时用大写字母表示广义表，用小写字母表示原子。

广义表 LS 中括号最大嵌套层数称为其**深度**，表中元素个数 n 为广义表 LS 的**长度**。

若广义表 LS($n>0$) 非空，则 $a[0]$ 为 LS 的**表头**，其余元素组成的表($a[1]$, $a[2]$, …, $a[i]$, …, $a[n-1]$) 称为 LS 的**表尾**。当 $n=0$ 时，称 LS 为空表，此时 LS 的表头为空，表尾为空表。

- 将($a[0]$, $a[1]$, $a[2]$, …, $a[i]$, …, $a[n-1]$)称为 LS 的**书写形式串**
- 表尾是广义表中除去第一个元素以外剩余元素组成的表，因此，广义表的表尾一定是一个广义表

4.3.1.1 相关术语

在本小节中以广义表 A=()、B=(e)、C=(a,(b,c))、D=(A,B,C)、E=(d,E) 为例给出广义表的相关说明：

①A=()　表 A 是一个空表，其长度为 0，深度为 1，表头为空，剩余元素为空。

②B=(e)　表 B 中只有一个原子 e，表 B 的长度为 1，表头元素为 e。

③C=(a,(b,c))　表 C 的长度为 2，两个元素分别为原子 a 和子表(b, c)。

④D=(A,B,C)　表 D 的长度为 3，三个元素都是广义表。将子表的值代入后，则有 D=((),(e),(a,(b,c)))，其深度为 3。

⑤E=(d,E)　表 E 中有 2 个元素，分别为原子 d 和广义表 E 本身，因此这是一个递归定义的广义表，它的长度为 2，深度不确定。E 的表头元素为 d，剩余元素为 E。

从上述定义和例子可推出广义表的三个重要结论：

①广义表的元素可以是原子或者子表，而子表的元素还可以是原子或者子表。由此可知广义表是一个多层次的结构，可以用图形象地表示。通常使用圆圈表示广义表，使用方框表示原子，则上述广义表的图形表示如图 4-22 所示。

②广义表可为其他表所共享。如在上述例④中，广义表 A、B、C 为 D 的子表，则在 D 中可以不必列出子表的值，而是通过子表的名称来引用。

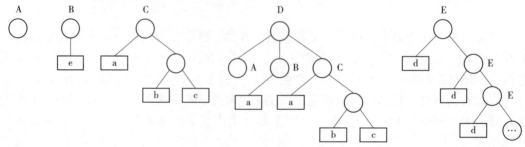

图 4-22　广义表的图形表示

③广义表可以是一个递归的表，即广义表本身也可以作为其子表，如上述例⑤中的
E = (d, E)。

4.3.1.2　广义表的运算

广义表的抽象数据类型见表 4-11 所列。

表 4-11　广义表的抽象数据类型

ADT 广义表(glist)

数据对象：具有相同特性的数据元素的集合

数据关系：除表头和表尾元素外，其他所有元素都有唯一的前驱元素和后继元素

操作名称	操作说明
init_glist(glist)	构造广义表 glist
create_glist(glist,s)	创建广义表 glist
is_empty_glist(glist)	判断广义表 glist 是否为空
copy_glist(g1,g2)	由广义表 g2 复制得到广义表 g1
get_glist_length(glist)	计算当前广义表 glist 的长度
get_glist_depth(glist)	计算当前广义表 glist 的深度
get_glist_head(glist)	获取广义表的表头
get_glist_tail(glist)	获取广义表的表尾
insert_first_glist(glist,e)	将元素 e 插入广义表 glist 的第一个位置
delete_first_glist(glist,e)	删除广义表 glist 的表头，并将其复制给 e
traverse_glist(glist)	遍历广义表 glist
destroy_glist(glist)	销毁当前广义表 glist

广义表的基本运算，除了包括线性表的基本运算外，还有求深度、求表头、求表尾、
求成员、遍历等。这些运算中大部分与对应的线性表、树或图的运算类似，只有求表头和
表尾是广义表特有的运算。著名的人工智能语言 LISP 就是以广义表为数据结构的，其中，
程序也表示为一系列的广义表，通过求表头和表尾来实现有关运算。

【例 4-4】　试通过取表头 get_glist_head(A)和取表尾 get_glist_tail(A)运算，从广义表
A = (a, (b, c, d), e)中取出原子 d。

解：在广义表中取某个元素，需要将该元素所在的子表逐步分离出来，直到所求的元
素成为某个子表的表头，再用取表头运算取出。注意：最终取出某个元素时，不能是取表
尾，因为它得到的是该元素组成的子表，而不是元素本身。本例的运算过程为：

①取表尾 get_glist_tail(A)　得到 B = ((b, c, d), e)。
②取表头 get_glist_head(B)　得到 C = (b, c, d)。
③取表尾 get_glist_tail(C)　得到 D = (c, d)。
④取表尾 get_glist_tail(D)　得到 E = (d)。
⑤取表头 get_glist_head(E)　得到 d。

4.3.2　广义表的存储

广义表的数据元素可以是原子，也可以是子表，它们结构不同，因此，难以用顺序存储结

构表示。广义表通常采用链式存储结构，其中，有两种结构的结点：表结点和原子结点，它们一般通过设置标志域来区分。下面介绍广义表的两种链式存储结构：头尾链表和扩展线性链表。

4.3.2.1 头尾链表

头尾链表存储的基本思想是把广义表不断分成表头和表尾。从上节得知，若广义表不为空，则可以分解成表头和表尾。因此，一对确定的表头和表尾可唯一确定广义表。一个表结点包含三个域：标志域 tag、表头指针域 head 和表尾指针域 tail。一个原子结点包含两个域：标志域 tag 和值域 data。结点结构如图 4-23 所示，其中，tag 是标志域，当 tag=1 时表示结点是子表，tag=0 时表示结点是原子。

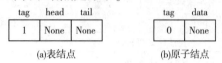

(a)表结点　　　　　(b)原子结点

图 4-23　广义表的链表结点结构

采用头尾链表结构存储广义表 D=(()，(e)，(a，(b，c)))中的数据元素时，其结构如图 4-24 所示。

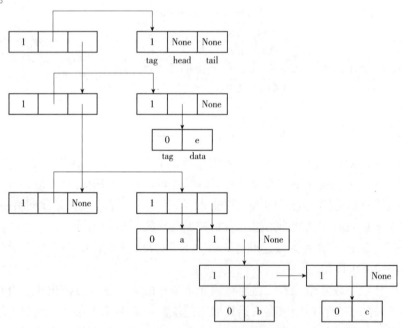

图 4-24　广义表 D 的头尾链表存储结构

从图 4-24 中可以看出，使用头尾链表存储结构很能够很容易分清列表中原子和子表所在的层次，在广义表 D 中，原子 e 和 a 在同一层上，原子 b 和 c 在同一层上且比 e 和 a 低一层。

4.3.2.2 扩展线性链表

扩展线性链表存储的基本思想是把广义表看成由若干元素组成的"线性表"，其中若某元素为子表，则再建立该子表的"线性表"。所有结点都包含三个域：标志域、值域或表头指针域、后继指针域，结点结构如图 4-25 所示。

采用扩展线性链表结构存储广义表 D=((),(e),(a,(b,c))) 中的数据元素时，其结构如图 4-26 所示。

图 4-25 广义表的链表结点结构

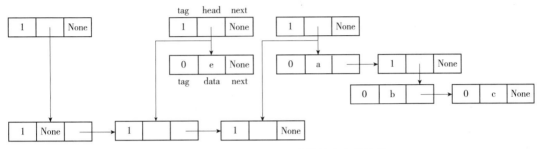

图 4-26 广义表 D 的扩展线性链表存储结构

小 结

本章主要介绍了字符串、数组和广义表这三种数据结构，现总结如下。

(1)字符串是数据元素类型为字符的线性表，是一种特殊的线性表，具有插入、删除、链接、查找、比较等基本操作。字符串常用的模式匹配算法主要有简单模式匹配(BF)算法和 KMP 算法。BF 算法思路简单，但实现时需回溯，导致 BF 算法在执行时的效率十分低下，考虑到串在实际应用中的庞大性和复杂性，KMP 算法对 BF 算法进行了相应的改进，从而提高了匹配效率。

(2)数组是具有相同数据类型且按一定次序排列的一组变量的集合体。多维数组通常采用顺序存储结构，通过深入地了解数组在内存中的存储形式能够按行优先或列优先方式将多维数组转换为一维结构。特殊矩阵是具有许多相同数据元素或者零元素且数据元素的分布具有一定规律的矩阵，如对称矩阵、三角矩阵和对角矩阵。为了节省存储空间，需要对矩阵进行压缩存储。特殊矩阵的压缩存储方法是将呈现规律性分布的、值相同的多个矩阵元素压缩存储到一个存储空间中。稀疏矩阵是具有较多零元素，并且非零元素的分布无规律的矩阵。稀疏矩阵的压缩存储是只给非零数据元素分配存储空间。

(3)由于广义表中的元素既可以是子表，也可以是原子，因此，在存储广义表中的元素时结合其自身的特性(可以分为表头和表尾两部分)来选择两种链式存储结构中的任意一种。

习 题

一、选择题

1. 下面关于串的叙述中，哪一个是不正确的？（   ）

A. 串是字符的有限序列　　　　　B. 空串是由空格构成的串

C. 模式匹配是串的一种重要运算　D. 串既可以采用顺序存储，也可以采用链式存储

2. 设有两个串 S1 和 S2，求串 S2 在 S1 中首次出现位置的运算称作(　　)。

A. 连接　　　　　B. 求子串　　　　　C. 模式匹配　　　　　D. 判断子串

3. 串与普通的线性表相比较，它的特殊性体现在(　　)。

A. 顺序的存储结构　　　　　　　B. 链式存储结构

C. 数据元素是一个字符　　　　　D. 数据元素任意

4. 与线性表相比，串的插入和删除操作的特点是(　　)。

A. 通常以串整体作为操作对象　　B. 需要更多的辅助空间

C. 算法的时间复杂度较高　　　　D. 涉及移动的元素更多

5. 设 substr(S, i, k) 是求 S 中从第 i 个字符开始的连续 k 个字符组成的子串的操作，则对于 S = "Beijing&Nanjing"，substr(S, 4, 5) = (　　)。

A. "ijing"　　　　B. "jing&"　　　　C. "ingNa"　　　　D. "ing&N"

6. 已知串 S1 = "ABCDEFG"，S2 = "9898"，S3 = "###"，S4 = "012345"，执行 concat (replace(S1, substr(S1, length(S2), length(S3)), S3), substr(S4, index(S2, '8'), length(S2)))，其结果为(　　)。

A. ABC###G0123　　　　　　　　B. ABCD###2345

C. ABC###g2345　　　　　　　　D. ABC###g1234

7. 设 S 为一个长度为 n 的字符串，其中的字符各不相同，则 S 中的互异的非平凡子串(非空且不同于 S 本身)的个数为(　　)。

A. $2n-1$　　　　　　　　　　　B. n^2

C. $(n^2/2)+n/2$　　　　　　　　D. $(n^2/2)+n/2-1$

8. 设有一个 10 阶的对称矩阵 A，采用压缩存储方式，以行序为主存储，a_{11} 为第一元素，其存储地址为 1，每个元素占一个地址空间，则 a_{85} 的地址为(　　)。

A. 13　　　　　B. 33　　　　　C. 18　　　　　D. 40

二、填空题

1. 设字符串 S = "I~AM~A~STUDENT"，其长度是_____。

2. 字符串是一种特殊的线性表，其特殊性表现在_____；字符串的两种最基本的存储方式是_____、_____；两个字符串相等的充分必要条件是两个字符串的长度相等且_____。

3. 设广义表 L = ((), ())，则 head(L) 是_____；tail(L) 是_____；L 的长度是_____；深度是_____。

4. 设广义表 A = ((()), (a, (b), c)))，则 head(tail(head(tail(head(A))))) 等于_____。

三、判断题

1. 串中的元素只能是字符。(　　)

2. KMP 算法的最大特点是指示主串的指针不需要回溯。(　　)

3. 数组可看成线性结构的一种推广，因此与线性表一样，可以对它进行插入，删除等操作。(　　)

4. 稀疏矩阵压缩存储后，必会失去随机存取功能。(　　)

5. 广义表的取表尾运算，其结果通常是个表，但有时也可是个单元素值。(　　)

四、编程题

1. 编写算法计算某一模式串在某一主串中出现的次数，如没有出现则返回零。

2. 对于两个给定的整型 $m \times n$ 矩阵 A 和 B，实现将两个矩阵相加，并将相加的结果存入矩阵 A 中，最后输出矩阵 A。

3. 编写算法计算广义表$(a, (b, c), d, e)$的长度。

第5章 树、二叉树和森林

在之前的章节中介绍了线性结构，线性结构是一个有序数据元素的集合，其中，数据元素之间的关系是一对一的关系，即除了第一个和最后一个数据元素之外，其他数据元素都是首尾相接的，如线性表、栈、队列等。从本章开始介绍非线性结构，非线性结构中各个数据元素不再保持在一个线性序列中，每个数据元素可能与零个或者多个其他数据元素发生联系，树结构是一种十分重要的非线性结构，描述数据元素之间一对多的逻辑关系。本章主要介绍树结构中树、森林、二叉树等基本内容及树结构的常见应用。

思维导图

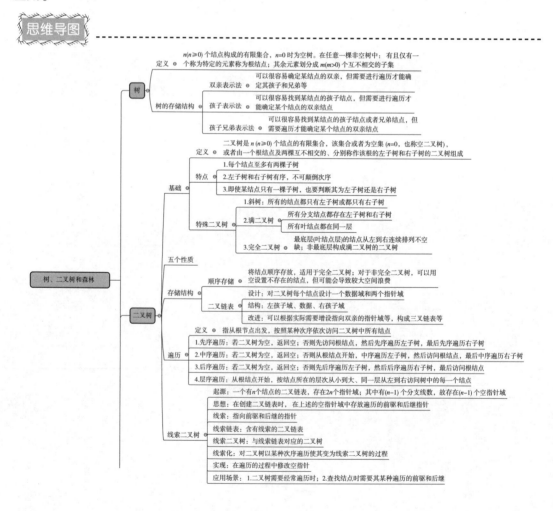

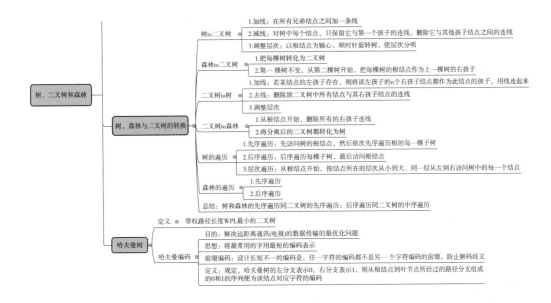

5.1　树

在本节中，主要从树的定义、树的表示、树的基本术语、树的抽象数据类型以及树的存储结构这几个方面对树进行介绍。

5.1.1　树的基本概念

5.1.1.1　树的定义

在现实世界中，有许多事物本身就呈现树结构，如按照家族关系所绘制的族谱、单位部门机构设置等，用树结构来表示既简单又形象，如图 5-1 所示。

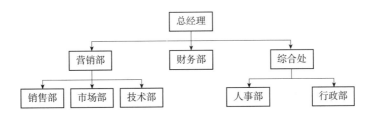

图 5-1　公司部门设置

在计算机科学的各个领域中树结构也被广泛应用，包括计算机网络、操作系统、数据库系统，文件系统等。如图 5-2 所示的 Unix 文件系统树（部分）和自然界的树类似，可以从根结点出发沿着一条路径到任意分支。

树是 $n(n \geq 0)$ 个结点的有限集合 T，当 $n=0$ 时称为空树。在任意一棵非空树中：

①有且仅有一个称为特定的元素称为根结点。

②其余元素划分成 $m(m>0)$ 个互不相交的子集 T_1，T_2，T_3，…，T_m，其中，每个子集又是一棵树，称其为根的子树。

上述定义是递归的，即用子树来定义树，在树的定义中引用了树的概念本身，这种定

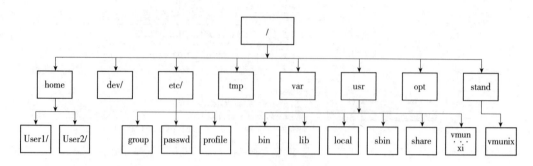

图 5-2　Unix 文件系统(部分)

义方式被称为**递归定义**。在图 5-4 中，子树 T_1、子树 T_2 和子树 T_3 都是图 5-3 所示树 T 子树。想一想，树 T 还有其他子树吗？

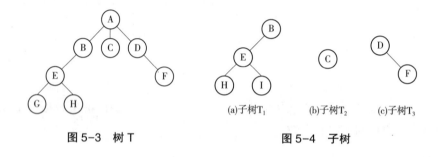

图 5-3　树 T　　　　　　　　　　　　　图 5-4　子树

- 在非空树中时根结点是唯一的，不可能存在多个根结点，数据结构中的树一定只有一个根结点。
- 当 $m>0$ 时，子树的个数无限制，但它们一定是互不相交的。图 5-5 是树吗？为什么？

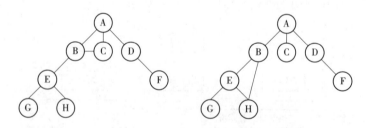

图 5-5　示例

5.1.1.2　树的表示

树的表示有很多种方法，除了最常见的树形表示法外，在不同的应用场合，树还可有其他表示法，例如，凹入表示法(凹入法)、嵌套集合表示法(又称文氏图表示法)、广义表表示法(又称圆括号表示法或括号表示法)，它们都能正确表达出树中结点间的关系。

①在树形表示法中，结点一般使用圆圈表示，圆圈之间的连线代表结点间的关系。如图 5-6(a)所示。

②在凹入表示法中，使用条形来代表结点，孩子结点比双亲结点的条形长度更短，同

一层的结点的条形长度相同。该方法类似于书的目录，适合文本模式下树的屏幕显示和打印输出。如图 5-6(b)所示。

③在嵌套集合表示法中，使用圆圈来代表树中的结点，圆圈间的隶属关系代表树中结点之间的关系，它们可以是包含关系，也可以是不包含关系。该方法主要利用集合的包含关系来描述，树根所在的集合最大。如图 5-6(c)所示。

④在广义表表示法中，使用括号中的元素来代表结点，括号间的包含关系来代表树中结点间的关系。如图 5-6(d)所示。

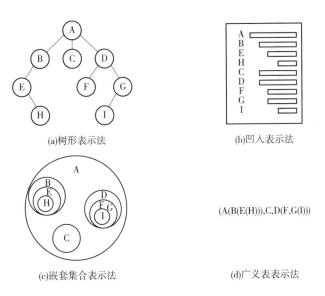

(a)树形表示法　　　　　　　　　　(b)凹入表示法

(c)嵌套集合表示法　　　　　　　　(d)广义表表示法

$$A(B(E(H))),C,D(F,G(I))$$

图 5-6　树的表示方法

5.1.1.3　基本术语

在讨论树结构时通常使用家族谱系的惯用语。以图 5-7 中的树 T 为例：

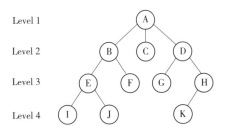

图 5-7　树 T

(1)结点分类

①树的结点　树的结点包含一个数据元素及若干指向其子树的分支。

②结点的度　一个结点的子树个数称为该结点的度。在树 T 中，结点 B 有 2 棵子树，因此，结点 B 的度为 2。

③叶子结点　度为零的结点称为叶子结点，又称叶结点或终端结点。在树 T 中，结点 I、J、F 等为叶子结点。

④分支结点 度不为零的结点称为分支结点，又称非终端结点。在树 T 中，结点 E、B、D 等结点均为分支结点。

⑤树的度 是指该树中结点的最大度数。度为 k 的树也称为 k 叉树，它的每个结点最多有 k 个子树。在树 T 中，结点的度的最大值是结点 A 的度，结点 A 有 3 棵子树，因此，树 T 的度为 3。

（2）结点间的关系

①孩子结点 树中某个结点的子树的根结点称为该结点的孩子结点。在树 T 中，结点 E 为结点 B 的孩子结点。

②双亲结点 对于树中的任何一个结点而言，若其具有孩子结点，那么该结点称为其孩子结点的双亲结点。在树 T 中，结点 B 为结点 E 的双亲。

③兄弟结点 同双亲的孩子结点互称为兄弟结点。在树 T 中，结点 E 和结点 F 为兄弟。

④堂兄弟结点 双亲是兄弟关系的结点称为堂兄弟结点。在树 T 中，结点 F 和结点 G 为堂兄弟。

⑤祖先结点 从根结点到该结点所经分支上的所有的结点称为该结点的祖先结点。树 T 中，结点 E、B、A 都是结点 J 的祖先。

（3）其他概念

①结点层数 结点层数从根开始算起，根结点的层次为 1，其余结点的层次等于该结点的双亲结点的层次加 1。

②树的深度 树中结点的最大层数，称为树的深度或高度。在树 T 中，树的深度为 4。

③森林 森林是 $m(m \geqslant 0)$ 棵互不相交的树的集合。在数据结构中，森林和树只有微小差别：删去树根，树变成森林，对森林加上一个结点作树根，森林即成为树。

④有序树 若树中每个结点的各子树从左到右是有次序的，这些子树的位置不能改变，则称该树为有序树。

⑤无序树 若树中每个结点的各子树看成无次序的，这些子树的位置可以被改变，则称该树为无序树。

如图 5-8 所示，将结点 B 和结点 C 的位置互换，对于有序树而言，图 5-8（a）和图 5-8（b）中表示的是两棵不同的树；对于无序树而言，这两棵树为同一棵树。

(a)   (b)

图 5-8 有序数和无序树

5.1.1.4 树的抽象数据类型

树的抽象数据类型定义见表 5-1 所列。

表 5-1 树的抽象数据类型定义

ADT 树(tree)

数据对象：具有相同特性的数据元素的集合

数据关系：树中除根结点外，剩余元素可被划分为若干个互不相交的集合，每个子集均是根结点的子树，这些子树仍满足上述关系

操作名称	操作说明
init_tree(tree)	建立空树 tree
is_empty_tree(tree)	判断树是否为空
get_root(tree)	获得树 tree 的根结点
get_tree_depth(tree)	计算当前树 tree 的深度
get_tree_node(tree, e)	获得树 tree 中结点 e
set_tree_node(tree, e, value)	令 value 为结点 e 的值
get_parent(tree, e)	查找树 tree 中结点 e，若结点 e 不为根结点，获得该结点的双亲结点
get_leftchild(tree, e)	在当前树 tree 中查找结点 e 的左孩子
get_rightchild(tree, e)	在当前树 tree 中查找结点 e 的右孩子
get_leftsibling(tree, e)	在当前树 tree 中查找结点 e 的左兄弟
get_rightsibling(tree, e)	在当前树 tree 中查找结点 e 的右兄弟
insert_child(tree, e, i, ntree)	在当前树 tree 中插入 ntree 为 e 所指结点的第 i 棵子树
delete_child(tree, e, i)	在当前树 tree 中删除结点 e 的第 i 棵子树
visit_tree(tree_node)	访问 tree_node 结点
traverse_tree(tree)	访问树 tree 中的每一个结点
destroy_tree(tree)	销毁当前树

5.1.2 树的存储结构

对于树结构这种一对多的非线性结构，其结点间关系与线性结构不同，树中某个结点可能有多个孩子，因此，无论按何种顺序将树中所有结点存储到数组中，结点的存储位置无法直接反映其逻辑关系。因此，简单的顺序存储结构已经不能满足树的实际要求，但充分利用顺序存储和链式存储的特点，同样可以实现对数的存储结构的表示。本小节主要介绍树最为常用的 3 种存储方式：双亲表示法、孩子表示法和孩子兄弟表示法。

5.1.2.1 双亲表示法

双亲表示法在存储结点时，通常包括两个部分：结点值 data 和该结点的双亲 parent。双亲表示法在实现时使用一组连续的存储单元存储树的结点及结点间的关系。以数组为例，对每个结点(除根结点外)的双亲 parent 并不直接存储其值，而是存储该值对应的数组下标，由于根结点无双亲，故将其双亲 parent 设为-1，如图 5-9 所示。

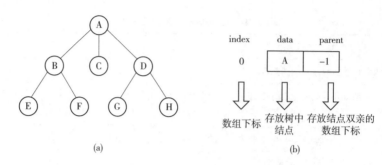

图 5-9　树的双亲表示法示意图

表 5-2 所列是图 5-9(a) 的树的双亲表示法的顺序存储方式，值为 A 的结点存储位置为 0，所以其孩子结点 B、C、D 的 parent 值为 0，同理，结点 E、F 的 parent 值为 1，结点 G、H 的 parent 值为 3。其中，结点是按自上而下、自左至右的次序存储的。

表 5-2　双亲表示法的顺序存储方式

下标	data	parent
0	A	-1
1	B	0
2	C	0
3	D	0
4	E	1
5	F	1
6	G	3
7	H	3

【算法实现】

代码段 5-1 为双亲表示法中定义树的一个结点的实现代码。

代码段 5-1　双亲表示法中定义树的一个结点

```
1    class TreeNode( object) :
2        def  __init__( self) :
3            self. data = "#"
4            self. parent = "-1"
```

由于双亲表示法是以树中每个结点(除根结点外)均只有唯一双亲结点为前提的，因此使用双亲表示法可以非常容易地找到每个结点的双亲结点，但使用双亲表示法求某个结点的孩子结点时，最坏情况下需要访问整个数组。

5.1.2.2　孩子表示法

通常来说，树中的结点会有多个孩子结点，在使用孩子表示法时，需要为每个结点设置多个指针域，其中，每个指针指向一棵子树的根结点，但由于树的每个结点的孩子个数是不相同的，故通常将指针域的个数设为树的度，树的度即树各个结点度的最大值。如图 5-10 所示，对于度为 n 的树，data 为结点的数据域，child1，child2，…，child$n$ 为指针域，指向该结点的孩子结点。

data	child1	child2	child3	...	child*n*

图 5-10　度为 *n* 的树的结点表示

在实际存储时大多数结点的度均小于 *n*，因此，会存在很多值为空的指针域，造成大量空间上的浪费。图 5-11(a)所示度为 3，因此，指针域的个数为 3，存储实现如图 5-11(b)所示。

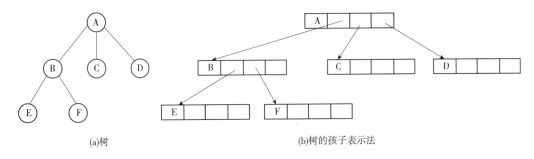

(a)树　　　　　　　　　　　　　　　(b)树的孩子表示法

图 5-11　度为 3 的树的孩子表示法

由于空的指针域会造成空间上的浪费，因此，需要对上述存储方式进行改进。为每个结点增加一个 degree 域，用来存储该结点的度，该结点指针域的个数等于该结点的度。其结构如图 5-12 所示，对于度为 *n* 的树，data 为结点的数据域，degree 为度域，child1，child2，…，child*n* 为指针域，指向该结点的孩子结点。

data	degree	child1	child2	child3	...	child*n*

图 5-12　改进的度为 *n* 的树的结点表示

图 5-13(a)所示的度为 3，存储实现如图 5-13(b)所示。

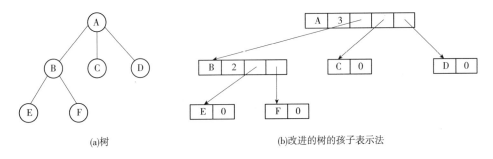

(a)树　　　　　　　　　　　　　　　(b)改进的树的孩子表示法

图 5-13　改进的度为 3 的树的孩子表示法

这种存储方法和第一种方法相比，无任何空指针，空间利用率较高，但是由于每个结点的结构不尽相同，导致算法实现较为困难，同时这种存储方法需要维护 degree 域的值，在运算时会带来时间损耗，因此需要对这种存储方法做进一步的改进。能否找到一种存储方法使得其既能减少空指针的浪费又能保持结点结构的一致性呢？

孩子表示法将结点及结点间的关系分为两部分表示：第一部分包括 data 域及 firstchild 域，其结构如图 5-14(a)所示，其中，data 域存储结点的值，firstchild 域存储该结点的第一个孩子结点的地址，通常使用数组来存储这一部分；第二部分包括该结点所有的孩子结点，通过指针链接起来形成链表，其结构如图 5-14(b)所示，child 域的值为该孩子结点在数组中的下标，next 域的值为 firstchild 域中的值所指结点的某一个兄弟结点，通常使用单链表来存储这一部分。

图 5-14　再次改进的度为 *n* 的树的结点表示

图 5-15(a)所示的树，其孩子表示法如图 5-15(b)所示，结点 A 有 3 个孩子，分别是结点 B、结点 C 和结点 D。结点 B 在数组中的下标为 1，因此，它在孩子链表的 child 域值为 1；结点 C 在数组中的下标为 2，因此，它在孩子链表的 child 域值为 2；结点 D 在数组中的下标为 3，因此，它在孩子链表的 child 域值为 3。

孩子表示法的优点是查找某结点的孩子结点很容易，但是在查找某个结点的双亲结点时，最坏情况下需要遍历整棵树。

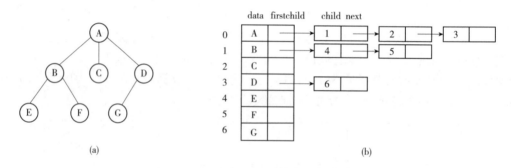

图 5-15　再次改进的树的孩子表示法

实现孩子表示法时定义了两个类，其中，使用 TreeNode 类定义树的一个结点，分别有数据 data 和该结点的第一个孩子结点 firstchild；使用 ChildNode 类定义树的孩子结点，包括了该孩子结点在数组中的下标 child 和该结点的某个兄弟结点 next。

【算法实现】

代码段 5-2 为孩子表示法的结点结构定义的实现代码。

代码段 5-2　孩子表示法的结点结构定义

```
1    class TreeNode( object) :               #定义树的一个结点
2        def __init__( self) :
3            self. data = "#"
4            self. firstchild = None
5    class ChildNode( object) :             #定义树的孩子结点
6        def __init__( self) :
7            self. child = -1
8            self. next = None
```

5.1.2.3　孩子兄弟表示法

孩子兄弟表示法将每个结点分成 3 个部分，如图 5-16 所示。其中，firstchild 存储指向该结点的第一个孩子结点的存储地址，data 存储该结点值，nextsibling 存储该结点的下一个兄弟结点的存储地址。

| firstchild | data | nextsibling |

图 5-16 树的孩子兄弟表示法结点的定义

图 5-17(a)所示的树，其孩子兄弟表示法如图 5-17(b)所示，结点 A 的第一个孩子结点为结点 B，因此，结点 A 的 firstchild 指向结点 B，由于结点 A 为根结点，无兄弟结点，故结点 A 的 nextsibling 域为空。

孩子兄弟表示法和孩子表示法类似，其优点在于可以很容易地找到某结点的孩子结点或者兄弟结点，但是在查找某个结点的双亲结点时，最坏情况下需要遍历整棵树。

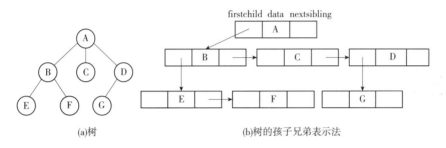

(a)树　　　　　　　　　　　(b)树的孩子兄弟表示法

图 5-17 树及树对应的孩子兄弟表示法

实现孩子兄弟表示法时定义 TreeNode 类，使用该类来定义树的一个结点，结点包括结点值 data、该结点的第一个孩子结点 firstchild 及该结点的兄弟结点 nextsibling。

【算法实现】

代码段 5-3 为孩子兄弟表示法的结点结构定义的实现代码。

代码段 5-3 孩子兄弟表示法的结点结构定义

```
1    class TreeNode( object):
2        def __init__( self):
3            self. data = " #"
4            self. firstchild = None
5            self. nextsibling = None
```

5.2 二叉树

二叉树是非常重要的树形数据结构，它的存储结构和算法都比较简便，非常适合用计算机进行处理。即使一般形式的树和森林也可通过简单的转换得到与之对应的二叉树，再进行相应的处理。

例如，在有序表(20，22，25，37，51，54，57)中查找元素 51，通常是从表中第一个元素开始，将待查元素与表中元素逐一比较进行查找，直到找到 51 为止。如果表中每个元素的查找概率是相等的，则平均起来，成功查找一个元素需要将该元素与表中一半元

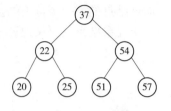

素做比较。将表中元素组成图 5-18 所示的树结构，从根结点起，自顶向下将树中结点与待查元素比较，在查找成功的情况下，所需的最多的比较次数是从根到待查元素的路径上遇到的结点数目。当表的长度很大时，使用图 5-18 所示的树结构组织表中数据，可以显著减少查找所需的时间。为了查找 51，首先将 51 与根结点元素 37 比较，51 比 37 大，接着查右子

图 5-18　二叉树示意图

树，将 51 与右子树的根结点 54 比较，51 比 54 小，接着查左子树，查找成功，共查找了 3 次。如果使用传统的方法从表中第一个元素开始查找，需要经过 6 次查找。从本例中可以看出，通过将数据组织成适当的数据结构，可以明显地提高算法的效率。

5.2.1　二叉树的基本概念

5.2.1.1　二叉树的定义

二叉树是 $n(n \geq 0)$ 个结点的有限集合，该集合或者为空集（$n=0$，也称空二叉树），或者由一个根结点及两棵互不相交的、分别称作该根的左子树和右子树的二叉树组成。如图 5-18 所示就是一棵二叉树。

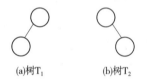

根据该递归定义可知，在任意一棵非空二叉树中：

①每个结点最多只能有两棵子树，因此，二叉树中不存在度>2的结点。

(a)树T₁　　(b)树T₂

图 5-19　二叉树

②二叉树中结点的左子树和右子树是有顺序的，次序不能颠倒。即使是在只有一棵子树的情况下也要说明是左子树还是右子树。如图 5-19 所示，树 T_1 和树 T_2 是不同的二叉树。

根据二叉树的定义及特点，由于二叉树本身及子二叉树都可为空，故二叉树有五种基本形态，如图 5-20 所示。

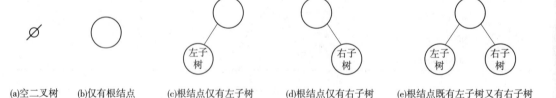

(a)空二叉树　(b)仅有根结点　(c)根结点仅有左子树　(d)根结点仅有右子树　(e)根结点既有左子树又有右子树

图 5-20　二叉树五种基本形态

5.2.1.2　特殊二叉树

（1）斜树

所有的结点都只有左子树的二叉树叫左斜树，所有结点都是只有右子树的二叉树叫右斜树，这两者统称为斜树。例如，图 5-20（c）是左斜树，（d）是右斜树。斜树每一层只有一个结点，结点的个数与二叉树的深度相同。线性表结构可以理解为斜树，是树的一种极其特殊的表现形式。

（2）满二叉树

在一棵二叉树中，如果所有分支结点都存在左子树和右子树，并且所有叶子都在同一层上，这样的二叉树称为满二叉树。如图5-21(a)所示为一棵满二叉树，图5-21(b)所示为一棵非满二叉树。满二叉树具有如下特点：

①叶子只能出现在最下一层。

②非叶子结点的度一定是2。

③同样深度的二叉树中，满二叉树的结点个数最多，叶子数最多。

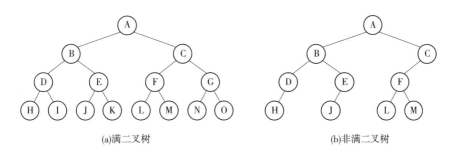

(a)满二叉树　　　　　　　　　　　　(b)非满二叉树

图5-21　满二叉树和非满二叉树示意图

（3）完全二叉树

完全二叉树的概念是由满二叉树引出的。对于深度为k、有n个结点的二叉树，从其根结点开始，按照结点所在的层次从小到大、同一层从左到右的次序进行编号，当且仅当其每一个结点都与深度为k的满二叉树中编号从$1\sim n$的结点一一对应时称之为**完全二叉树**。

如图5-22所示，满二叉树一定是完全二叉树，但完全二叉树不一定是满二叉树。完全二叉树具有如下特点：

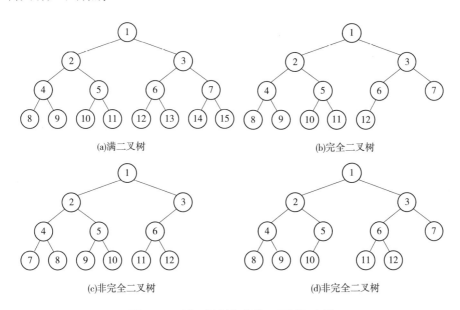

(a)满二叉树　　　　　　　　　　　　(b)完全二叉树

(c)非完全二叉树　　　　　　　　　　(d)非完全二叉树

图5-22　满二叉树和非满二叉树示意图

①叶子结点只能出现在最下面两层。

②对任一结点，若其左子树的深度为 h，则其右子树的深度为 h 或者 $h-1$。

③同样结点数的二叉树，完全二叉树的深度最小。

5.2.1.3 二叉树的性质

性质 1 在二叉树的第 i 层至多有 2^{i-1} 个结点$(i \geq 1)$。

证明：用数学归纳法证明，步骤如下：

①当 $i=1$ 时，二叉树中只有根结点，$2^{i-1}=2^0=1$，该命题成立。

②设当 $i=k-1$ 时结论成立，即二叉树上至多有 2^{k-2} 个结点。则当 $i=k$ 时，因为二叉树的度最大为 2，故第 k 层上至多有 $2 \times 2^{k-2}=2^{k-1}$ 个结点。

综合①和②，命题成立。

性质 2 深度为 k 的二叉树至多有 2^k-1 个结点$(k \geq 1)$。

证明：在深度相同的二叉树中，仅当每一层的结点数都达到最多时，树中结点总数才最多，由性质 1 可知，第 k 层至多有 2^{k-1} 个结点。故深度为 k 的二叉树的最大结点数为：

$$\sum_{i=1}^{k} 2^{i-1} = 2^0 + 2^1 + \cdots + 2^{k-1} = 2^k - 1 \tag{5-1}$$

性质 3 任意一棵二叉树中，若叶子结点的个数为 n_0，度为 2 的结点的个数为 n_2，则必有 $n_0 = n_2 + 1$。

证明：

①设二叉树的度为 1 的结点数为 n_1，树中结点总数为 n，则 $n=n_0+n_1+n_2$。

②除根结点没有双亲外，每个结点都有且仅有一个双亲，所以有 $n-1=n_1+2n_2$ 作为孩子的结点。

结合①和②得出 $n_0=n_2+1$，结论成立。

性质 4 具有 n 个结点的完全二叉树的深度为 $\lfloor \log_2 n \rfloor + 1$。

证明：设完全二叉树的深度为 k。

①由完全二叉树的定义得出，它的前 $k-1$ 层是深度为 $k-1$ 的满二叉树，结点数为 $2^{k-1}-1$。第 k 层上还有若干个结点，则总结点数 $n>2^{k-1}-1$。

②由性质 2 得出 $n \leq 2^k-1$。

③由①和②得出 $2^{k-1}-1<n \leq 2^k-1$。已知 n 是整数，由 $2^{k-1}-1<n$ 可推出 $2^{k-1} \leq n$，由 $n \leq 2^k-1$ 可推出 $n<2^k$，即 $2^{k-1} \leq n<2^k$，取对数后有 $k-1 \leq \log_2 n<k$，即 $\log_2 n<k \leq \log_2 n+1$，由于 k 为整数，又可得 $k=\lfloor \log_2 n \rfloor + 1$。

性质 5 如果对一棵有 n 个结点的完全二叉树（其深度为 $\lfloor \log_2 n \rfloor + 1$）的结点按层序编号（从第 1 层到第 $\lfloor \log_2 n \rfloor + 1$ 层，每层从左到右），对任一结点 $i(1 \leq i \leq n)$ 有：

①当 $i=1$ 时，则该结点为二叉树的根结点，无双亲；当 $i>1$ 时，则该结点的双亲编号为 $\lfloor i/2 \rfloor$。

②当 $2i>n$ 时，则该结点无左孩子；否则其左孩子的编号为 $2i$。完全二叉树中的结点若无左孩子则肯定也无右孩子，即为叶子，故编号 $i>\lfloor n/2 \rfloor$ 的结点必定是叶子。

③当 $2i+1>n$ 时，则该结点无右孩子；否则其右孩子的编号为 $2i+1$。

5.2.1.4 二叉树的抽象数据类型

二叉树的抽象数据类型定义见表 5-3 所示。

表 5-3 二叉树的抽象数据类型定义

ADT 二叉树（btree）

数据对象：具有相同特性的数据元素的集合

数据关系：二叉树中除根结点外，剩余元素可被划分为两个互不相交的集合，每个子集均是根结点的子树，这些子树仍满足上述关系

操作名称	操作说明
init_btree(btree)	建立空二叉树 btree
is_empty_btree(btree)	判断二叉树是否为空
get_root(btree)	获得二叉树 btree 的根结点
get_btree_depth(btree)	计算当前二叉树 btree 的深度
get_btree_node(btree,e)	获得二叉树 btree 中结点 e
set_btree_node(btree,e,value)	令 value 为结点 e 的值
get_parent(btree,e)	查找二叉树 btree 中结点 e，若结点 e 不为根结点，获得该结点的双亲结点
get_leftchild(btree,e)	在当前二叉树 btree 中查找结点 e 的左孩子
get_rightchild(btree,e)	在当前二叉树 btree 中查找结点 e 的右孩子
get_leftsibling(btree,e)	在当前二叉树 btree 中查找结点 e 的左兄弟
get_rightsibling(btree,e)	在当前二叉树 btree 中查找结点 e 的右兄弟
pre_order(btree)	访问二叉树 btree 中的每个结点
in_order(btree)	访问二叉树 btree 中的每个结点
post_order(btree)	访问二叉树 btree 中的每个结点
level_order(btree)	访问二叉树 btree 中的每个结点
visit_btree(btree_node)	访问 btree_node 结点
create_btree(btree)	创建二叉树 btree
destroy_btree(btree)	销毁当前二叉树

5.2.2 二叉树的存储结构

二叉树的存储结构应能体现二叉树的逻辑关系，即能反映结点的双亲和孩子关系。二叉树可分为顺序存储结构和链式存储结构两种。

5.2.2.1 二叉树顺序存储结构

二叉树的顺序存储就是将所有结点存储到一片连续的存储单元中，并能通过结点间的

物理位置关系反映逻辑关系。这实际上就是要将二叉树的所有结点按一定次序排成线性序列，并且序列中结点间的次序关系要能反映结点间的逻辑关系，如双亲与孩子的关系、兄弟关系等。

【算法实现】

代码段 5-4 定义了 SequenceBT 类用于存储二叉树的结点。

代码段 5-4　定义一棵顺序存储的二叉树

```
1    class SequenceBT ( object ):
2        def  __init__( self ):
3            self. SequenceBT =[ ]
```

对于一棵完全二叉树，从根结点开始，按层次从小到大、同一层从左到右的顺序对树中结点进行编号，按照编号大小依次将结点存入数组中，相应的下标对应其同样的位置。对于完全二叉树，顺序存储结构既简单又节省存储空间。图 5-23(b)所示为图 5-23(a)中完全二叉树的顺序存储结构。

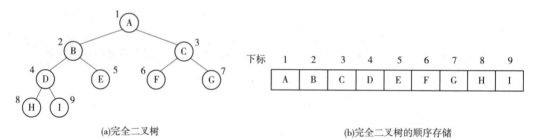

(a)完全二叉树　　　　　　　　　　　　　　　(b)完全二叉树的顺序存储

图 5-23　完全二叉树及其顺序存储结构示意图

对于一般的二叉树，结点间的层序编号关系并不能反映其逻辑关系，但如果在二叉树上补充一些"虚结点"使其成为完全二叉树，把不存在的结点设置为"#"，可使用上述方法进行存储。图 5-24(b)所示为图 5-24(a)中二叉树的顺序存储结构。

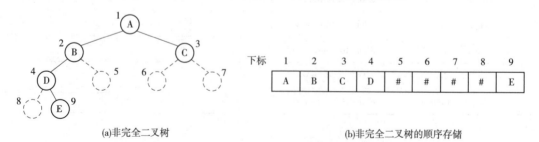

(a)非完全二叉树　　　　　　　　　　　　　　(b)非完全二叉树的顺序存储

图 5-24　非完全二叉树及其顺序存储结构示意图

在最坏的情况下，一个深度为 k 且只有 k 个结点的右斜树需要 2^k-1 个结点的存储空间，造成了极大的空间浪费。如图 5-25 所示，深度为 3 的右斜树，将其添上一些实际上并不存在的"虚结点"后，使它成为如图 5-25(a)所示的完全二叉树，相应的顺序存储结构见图 5-25(b)。所以，顺序存储结构一般只适用于完全二叉树。

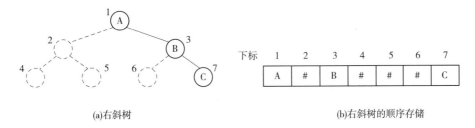

(a)右斜树　　　　　　　　　　　　　(b)右斜树的顺序存储

图 5-25　右斜树及其顺序存储结构示意图

5.2.2.2　二叉树链式存储结构

通过上述分析，使用顺序方式存储非完全二叉树会造成存储空间的浪费，并且树的深度越深，结点越少，存储空间浪费的越大，使用顺序存储二叉树时在二叉树中进行插入和删除结点也较为不便。因此，在实际使用时通常使用链式结构存储二叉树。

链式存储的基本思想是每个结点除了存放本身的数据外，还要根据需要设置指向左、右孩子的指针，即通过指针来反映逻辑关系。结点的存储结构如图 5-26 所示，其中，data 是数据域，leftchild 和 rightchild 是指针域，分别存放指向左孩子和右孩子的指针。

图 5-26　二叉树中结点的存储结构

将使用上述结点结构存储二叉树形成的链表称为**二叉链表**。图 5-27(a)所示的二叉树，其二叉链表如图 5-27(b)所示。

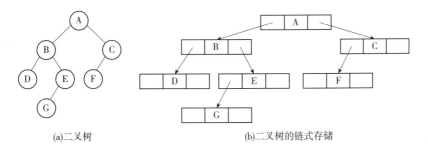

(a)二叉树　　　　　　　　　　　　　(b)二叉树的链式存储

图 5-27　二叉树及其链式存储结构示意图

【算法实现】

代码段 5-5 定义了 LinkBTNode 类用于表示二叉树的结点。

代码段 5-5　定义二叉树的一个结点

```
1    class LinkBTNode( object):
2        def  __init__( self):
3            self. data = "#"
4            self. leftchild = None
5            self. rightchild = None
```

5.2.3 二叉树的遍历

5.2.3.1 基本概念

在二叉树运算中，经常要查找某种特征的结点，或对所有结点逐一进行某种处理，这就涉及二叉树的遍历问题，它是二叉树的一种重要运算。二叉树的**遍历**是指从根结点起，按照某种次序依次访问二叉树中的所有结点，使得每个结点被访问一次且仅访问一次。

5.2.3.2 二叉树遍历方法

由二叉树定义得知，其分为根结点、左子树和右子树三个部分。因此，一次遍历这三个部分，即能完成二叉树遍历。由此可以得到图 5-28 所示的六种遍历二叉树方法。其中，前三种方案是按先左后右的次序遍历根的，后三种方案则是按先右后左的次序遍历根的两棵子树，由于二者对称，故在本节中只讨论前三种次序的遍历方案。通常将它们遍历二叉树的方式分别称为**先序遍历**、**中序遍历**和**后序遍历**。除了这三种遍历方法外，还有一种常用的遍历方法，即**层次遍历**。下面详细介绍这 4 种遍历方法。

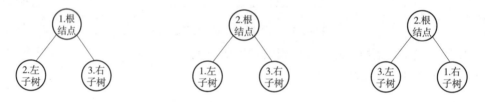

(a)遍历次序：根结点、左子树、右子树　　(b)遍历次序：左子树、根结点、右子树　　(c)遍历次序：右子树、根结点、左子树

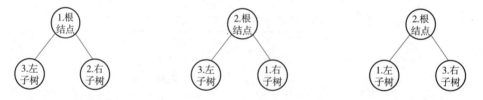

(d)遍历次序：根结点、右子树、左子树　　(e)遍历次序：右子树、根结点、左子树　　(f)遍历次序：左子树、根结点、右子树

图 5-28　二叉树的六种遍历方法

（1）先序遍历

若二叉树非空，则依次进行如下操作：

①访问该二叉树的根结点。

②先序遍历二叉树的左子树。

③先序遍历二叉树的右子树。

如图 5-29 所示，先序遍历顺序为：ABDEGCF。

（2）中序遍历

若二叉树非空，则依次进行下列操作：

①中序遍历二叉树的左子树。

②访问该二叉树的根结点。

③中序遍历二叉树的右子树。

如图 5-29 所示，中序遍历顺序为：DBGEAFC。

（3）后序遍历

若二叉树非空，则依次进行以下操作：

①后序遍历二叉树的左子树。

②后序遍历二叉树的右子树。

③访问该二叉树的根结点。

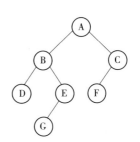

图 5-29　二叉树示意图

如图 5-29 所示，后序遍历顺序为：DGEBFCA。

（4）层次遍历

层次遍历是指从根结点开始，按结点所在的层次从小到大、同一层从左到右访问树中的每一个结点。如图 5-29 所示，层次遍历顺序为：ABCDEFG。

在计算机中处理树形数据结构时，因为计算机只有循环、判断等方式来处理数据，也就是说计算机只能处理线性序列，因此对树结构进行遍历是为了将树中的结点变成计算机能处理的线性序列，方便程序实现。

5.2.3.3　二叉树遍历算法——递归实现

（1）先序遍历算法

根据先序遍历的过程，可以使用递归实现先序遍历算法，其算法思路如下。

【算法思路】

①判断二叉树的根结点是否为空。

②若不为空，则首先访问该二叉树的根结点，然后先序遍历该二叉树的左子树，最后先序遍历二叉树的右子树；若为空，则结束操作。

【算法实现】

代码段 5-6 为先序遍历递归算法的实现代码。

代码段 5-6　先序遍历递归算法

```
1    def  visit_btnode( self, btnode):      #访问二叉树结点函数

2      if btnode. data!="#":     #值"#"为空结点

3        print( btnode. data, end=" ")

4

5    def  pre_order( self, root):

6      if root is not None:

7        self. visit_btnode( root)

8        self. pre_order( root. leftchild)

9        self. pre_order( root. rightchild)
```

对于图 5-29 中的二叉树 T，先序遍历递归程序执行过程见表 5-4 所列。

表 5-4　先序遍历递归程序执行过程

序号	步骤	示意图
1	调用 pre_order(A)，二叉树 T 的根结点不为空，执行 visit_btnode(A) 函数，输出结点 A	
2	调用 pre_order(A.leftchild)，访问结点 A 的左孩子，不为空，执行 visit_btnode(B) 函数，输出结点 B	
3	调用 pre_order(B.leftchild)，访问结点 B 的左孩子，不为空，执行 visit_btnode(D) 函数，输出结点 D	
4	调用 pre_order(D.leftchild)，访问结点 D 的左孩子，为空，返回；调用 pre_order(D.rightchild)，为空，返回，此函数调用完毕； 返回到上一级的函数(即输出结点 B 的函数)，调用 pre_order(B.rightchild)，访问结点 B 的右孩子，不为空，执行 visit_btnode(E) 函数，输出结点 E	
5	调用 pre_order(E.leftchild)，访问结点 E 的左孩子，不为空，执行 visit_btnode(G) 函数，输出结点 G	
6	调用 pre_order(G.leftchild)，访问结点 G 的左孩子，为空，返回；调用 pre_order(G.rightchild)，访问结点 G 的右孩子，为空，返回；返回上一级函数(即输出结点 E 的函数)，调用 pre_order(E.rightchild)，为空，返回； 返回上一级函数(即输出结点 B 的函数)，递归执行完毕； 继续返回上一级函数(即输出结点 A 的函数)，调用 pre_order(A.rightchild)，访问结点 A 的右孩子，不为空，执行 visit_btnode(C) 函数，输出结点 C	

（续）

序号	步骤	示意图
7	调用 pre_order(C. leftchild)，访问结点 C 的左孩子，不为空，执行 visit_bt-node(F)函数，输出结点 F； 调用 pre_order(F. leftchild)，访问结点 F 的左孩子，为空，返回；调用 pre_order(F. rightchild)，访问结点 F 的右孩子，为空，返回；返回上一级函数（即输出结点 C 的函数），调用 pre_order(C. rightchild)，为空，返回；返回上一级函数（即输出结点 A 的函数），递归执行完毕	

（2）中序遍历算法

根据中序遍历的过程，可以使用递归实现先序遍历算法，其算法思路如下。

【算法思路】

①判断二叉树的根结点是否为空。

②若不为空，则首先中序遍历该二叉树的左子树，然后访问该二叉树的根结点，最后中序遍历二叉树的右子树；若为空，则结束操作。

【算法实现】

代码段 5-7 为中序遍历递归算法的实现代码。

代码段 5-7　中序遍历递归算法实现

```
1    def  in_order( self, root) :
2        if root is not None:
3            self. in_order( root. leftchild)
4            self. visit_btnode( root)
5            self. in_order( root. rightchild)
```

对于图 5-29 中的二叉树 T，中序遍历递归程序执行过程见表 5-5 所列。

表 5-5　中序遍历递归程序执行过程

序号	步骤	示意图
1	调用 in_order(A)，根结点不为空，调用 in_order(A. leftchild)函数，访问结点 B； 调用 in_order(B. leftchild)函数，访问结点 D； 调用 in_order(D. leftchild)函数，为空，执行 visit_btnode(D)函数输出结点 D	
2	调用 in_order(D. rightchild)函数，为空，此函数调用完毕； 返回到上一级的函数（即输出结点 B 的函数），执行 visit_btnode(B)函数，输出结点 B	

149

（续）

序号	步骤	示意图
3	调用 in_order(B. rightchild)，访问结点 B 的右孩子 E；调用 in_order(E. leftchild)函数，访问结点 G； 调用 in_order(G. leftchild)函数，为空，执行 visit_btnode(G)函数，输出结点 G	
4	调用 in_order(G. rightchild)函数，为空，此函数调用完毕； 返回到上一级的函数(即输出结点 E 的函数)，执行 visit_btnode(E)函数，输出结点 E	
5	调用 in_order(E. rightchild)，为空，此函数调用完毕； 返回到上一级的函数(即输出结点 B 的函数)，递归执行完毕；继续返回上一级函数(即输出结点 A 的函数)，执行 visit_btnode(A)函数，输出结点 A	
6	调用 in_order(A. rightchild)，访问结点 A 的右孩子结点 C； 调用 in_order(C. leftchild)函数，访问结点 F； 调用 in_order(F. leftchild)函数，为空，执行 visit_btnode(F)函数，输出结点 F	
7	调用 in_order(F. rightchild)函数，为空，此函数调用完毕； 返回到上一级的函数(即输出结点 C 的函数)，执行 visit_btnode(C)函数，输出结点 C； 调用 in_order(C. rightchild)函数，为空，此函数调用完毕； 返回到上一级的函数(即输出结点 A 的函数)，递归执行完毕	

（3）后序遍历算法

根据后序遍历的过程，可以使用递归实现后序遍历算法，其算法思路如下。

【算法思路】

①判断二叉树的根结点是否为空。

②若不为空，则首先后序遍历该二叉树的左子树，然后后序遍历二叉树的右子树，最后访问该二叉树的根结点；若为空，则结束操作。

【算法实现】

代码段 5-8 为后序遍历递归算法的实现代码。

代码段 5-8　后序遍历递归算法实现

```
1    def   post_order( self, root)：   #后序遍历二叉树的函数
2        if root is not None:
3            self. post_order( root. leftchild)
4            self. post_order( root. rightchild)
5            self. visit_btnode( root)
```

对于图 5-29 中的二叉树 T，后序遍历递归程序执行过程见表 5-6 所列。

表 5-6　后序遍历递归程序执行过程

序号	步骤	示意图
1	调用 post_order(A)，根结点不为空，调用 post_order(A. leftchild) 函数，访问结点 B； 调用 post_order(B. leftchild) 函数，访问结点 D； 调用 post_ordcr(D. leftchild) 函数，为空； 调用 post_order(D. rightchild) 函数，为空； 执行 visit_btnode(D) 函数，输出结点 D	
2	返回到上一级的函数(即输出结点 B 的函数)，调用 post _order(B. rightchild) 函数，访问结点 E； 调用 post_order(E. leftchild) 函数，访问结点 G； 调用 post_order(G. leftchild) 函数，为空； 调用 post_order(G. rightchild) 函数，为空； 执行 visit_btnode(G) 函数，输出结点 G	

（续）

序号	步骤	示意图
3	返回到上一级的函数(即输出结点 E 的函数)，调用 post_order(E. rightchild) 函数，为空； 执行 visit_btnode(E) 函数，输出结点 E	
4	返回到上一级的函数(即输出结点 B 的函数)，执行 visit_btnode(B) 函数，输出结点 B	
5	返回到上一级的函数(即输出结点 A 的函数)，调用 post_order(A. right child)，访问结点 C； 调用 post_order(C. leftchild) 函数，访问结点 F； 调用 post_order(F. leftchild) 函数，为空； 调用 post_order(F. rightchild) 函数，为空； 执行 visit_btnode(F) 函数，输出结点 F	
6	返回到上一级的函数(即输出结点 C 的函数)，调用 post_order(C. rightchild) 函数，为空； 执行 visit_btnode(C) 函数，输出结点 C	
7	返回到上一级的函数(即输出结点 A 的函数)，执行 visit_btnode(A) 函数，输出结点 A，递归执行完毕	

5.2.3.4　二叉树遍历算法——非递归实现

在上一小节中由遍历的递归定义很容易写出了遍历的递归算法。一般地，对一个递归问题，设计出求解该问题的递归算法是比较容易的，并且可读性较好的。然而，有时需要考虑怎样将一个递归算法转换成等价的非递归算法，这称为**递归消除**。

因此，在本小节中使用非递归算法利用栈保存中间结果实现二叉树的先序遍历、中序遍历、后序遍历以及层次遍历。

（1）先序遍历算法

先序遍历的非递归算法的算法思路如下。

【算法思路】

①使用变量 tree_node 存储二叉树的根结点，使用一个栈存储该二叉树所有结点。

②当 tree_node 为非空或栈为非空时，执行思路③；否则结束遍历。

③当 tree_node 为非空时，访问 tree_node 并将其入栈，将 tree_node 指向其左孩子。

④当栈为非空时，获取栈顶指针然后将其存入 tree_node 中，再将 tree_node 指向其右孩子。

【算法实现】

代码段 5-9 为先序遍历的非递归算法的实现代码。

代码段 5-9　先序遍历的非递归算法实现

```
1   def pre_order_NonRecursion( self, root) :
2       if root is None:
3           return
4       sk =[ ]
5       tree_node = root
6       while tree_node is not None or len( sk) >0:
7           while tree_node is not None:
8               self. visit_btnode( tree_node)
9               sk. append( tree_node)
10              tree_node = tree_node. leftchild
11          if len( sk) >0:
12              tree_node = sk. pop( )
13              tree_node = tree_node. rightchild
```

（2）中序遍历算法

中序遍历的非递归算法的算法思路如下。

【算法思路】

①使用变量 tree_node 存储二叉树的根结点，使用一个栈存储该二叉树所有结点。

②当 tree_node 为非空或栈为非空时，执行思路③，否则结束遍历。

③当 tree_node 为非空时，将 tree_node 入栈并将 tree_node 指向其左孩子。

④当栈为非空时，获取栈顶指针然后将其存入 tree_node 中，访问 tree_node，再将 tree_node 指向其右孩子。

【算法实现】

代码段 5-10 为中序遍历的非递归算法的实现代码。

代码段 5-10   中序遍历的非递归算法实现

```
1    def  in_order_NonRecursion( self, root) :
2        if root is None:
3            return
4        sk = [ ]
5        tree_node = root
6        while tree_node is not None or len( sk) >0:
7            while tree_node is not None:
8                sk. append( tree_node)
9                tree_node = tree_node. leftchild
10           if len( sk) >0:
11               tree_node = sk. pop( )
12               self. visit_btnode( tree_node)
13               tree_node = tree_node. rightchild
```

（3）后序遍历算法

后序遍历的非递归算法的算法思路如下。

【算法思路】

①使用一个栈来存储二叉树的所有结点及其右孩子是否被访问的标志，使用变量 tnode 存储树中某一结点其右孩子是否被访问的标志，若该结点被访问，其右孩子尚未被访问，则将访问标志置为 0，否则置为 1。使用一个变量 tree_node 存储二叉树的每一个点，其初始值为根结点。

②当 tree_node 为非空时，将 tree_node 及访问标志入栈，此时访问标志为 0 并将 tree_node 指向其左孩子。

③当栈为非空时，获取栈顶指针然后将其存入 tnode 中，若 tnode 所指结点无右孩子或者已被访问，则访问 tnode 所指结点；否则由于 tnode 所指结点存在且未被访问，将 tnode 入栈。

④由后序遍历的定义可知，tnode 所指结点的右孩子一定在其双亲结点之前被访问，所以当再次访问 tnode 所指结点时，其右孩子一定已经被访问，因此，将其访问标志置为 1。

⑤将 tree_node 指向 tnode 所指结点的右孩子。当 tree_node 为非空时，将 tree_node 及访问标志入栈，此时访问标志为 0 并将 tree_node 指向其左孩子。

⑥当 tree_node 为非空且栈为非空时，结束遍历。

【算法实现】

代码段 5-11 为后序遍历的非递归算法的实现代码。

代码段 5-11　后序遍历的非递归算法实现

```python
1    #需要定义一个访问标志
2    class TreeState( object) :
3        def  __init__( self, LinkBTNode, visited_flag) :
4            self. LinkBTNode = LinkBTNode
5            self. visited_flag = visited_flag
6
7    def post_order_NonRecursive( self, root) :
8        sk = [ ]
9        tree_node = root
10       tnode = None
11       while tree_node is not None:
12           tnode = TreeState( tree_node, 0)
13           sk. append( tnode)
14           tree_node = tree_node. leftchild
15       while len( sk) > 0:
16           tnode = sk. pop( )
17           if tnode. LinkBTNode. rightchild is None or tnode. visited_flag == 1:
18               self. visit_btnode( tnode. LinkBTNode)
19           else:
20               sk. append( tnode)
21               tnode. visited_flag = 1
22               tree_node = tnode. LinkBTNode. rightchild
23               while tree_node is not None:
24                   tnode = TreeState( tree_node, 0)
25                   sk. append( tnode)
26                   tree_node = tree_node. leftchild
```

（4）层次遍历算法

层次遍历的操作是从根结点出发，从上而下、从左而右依次遍历每层的结点，可以借助队列先进先出的特性进行实现。层次遍历的非递归算法的算法思路如下。

【算法思路】

①使用变量 tree_node 存储当前结点，初始值为根结点，并使用一个队列存储该二叉树所有结点。

②初始化队列将 tree_node 入队列，当队列不为空时，获取队头结点并存入 tree_node，否则结束遍历。

③访问 tree_node，如果 tree_node 的左孩子不为空，则将 tree_node 的左孩子入队列；如果 tree_node 的右孩子不为空，则将 tree_node 的右孩子入队列。

【算法实现】

代码段 5-12 为层次遍历的非递归算法的实现代码。

代码段 5-12　层次遍历的非递归算法实现

```
1    def    level_order_NonRecursive( self, root) :
2            cq = CirSeqQueue( )
3            cq. en_queue( root)
4            tree_node = None
5            while cq. is_empty_seqqueue( ) is False:
6                tree_node = cq. de_queue( )
7                self. visit_btnode( tree_node)
8                if tree_node. leftchild is not None:
9                    cq. en_queue( tree_node. leftchild)
10               if tree_node. rightchild is not None:
11                   cq. en_queue( tree_node. rightchild)
```

遍历二叉树的基本操作是访问二叉树中的结点。对于有 n 个结点的二叉树，因为每个结点都只访问一次，所以以上 4 种遍历算法的时间复杂度均为 $O(n)$。

这四种遍历算法的实现均利用了栈或队列，增加了额外的存储空间，存储空间的大小为遍历过程中栈或队列需要的最大容量。所需辅助空间为栈的，其最大容量即为树的深度，在最坏情况下有 n 个结点的二叉树的高度为 n，所以其空间复杂度为 $O(n)$；层次遍历所需辅助空间在最好情况下为 $O(1)$，最坏情况不超过 $O(n-1)$。

5.2.3.5　二叉树遍历的应用实例

二叉树遍历的算法思路可以用来解决许多二叉树的应用问题。

【例 5-1】 已知某二叉树的先序遍历序列为（1，2，4，5，7，3，6），中序遍历序列为(4，2，7，5，1，6，3)，请重建出该二叉树。

解：在本题中已知先序遍历序列(1，2，4，5，7，3，6)和中序遍历序列(4，2，7，5，1，6，3)，要求画出这棵二叉树。由图 5-30 可知，在先序遍历中结点第 1 个结点为根结点，因此，在中序遍历序列中，有 4 个数字是左子树的结点的值，2 个数字是右子树的结点的值，因此，这棵二叉树中共有 4 个左子树结点、2 个右子树结点。同样，在先序遍历中，根结点后的 4 个数字是左子树的结点的值，2 个数字是右子树的结点的值。这样在先序遍历和中序遍历这两个序列中，分别找到了左右子树对应的子序列。接下来可以用同样的方法去分别构建左右子树，使用递归的方法去完成。

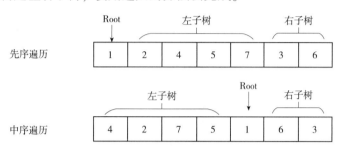

图 5-30　先序遍历序列和中序遍历序列示意图

【算法实现】

代码段 5-13 为重建二叉树的实现代码。

代码段 5-13　重建二叉树的实现代码

```
1   class LinkBTNode:
2       def __init__(self, val):
3           self.data = val
4           self.leftchild = None
5           self.rightchild = None
6
7   class Solution:
8       def re_construct_btree(self, pre, tin):        #返回构造的 tree_node 根结点
9           if len(pre) == 0:
10              return None
11          root = Link BTNode(pre[0])
12          pos = tin.index(pre[0])
13          root.leftchild = self.re_construct_btree(pre[1:pos+1], tin[:pos])
14          root.rightchild = self.re_construct_btree(pre[pos+1:], tin[pos+1:])
15          return root
```

5.2.4 线索二叉树

5.2.4.1 基本概念

当用二叉链表作为二叉树的存储结构时，因为每个结点中只有指向其左、右孩子结点的指针域，所以从任一结点出发只能直接找到该结点的左、右孩子，一般情况下无法直接找到该结点在某种遍历序列中的前驱和后继结点。

如图 5-31 所示，n 个结点的二叉链表，每个结点有指向左右孩子的两个指针域，故二叉链表一共有 $2n$ 个指针域，而 n 个结点的二叉树一共有 $n-1$ 条分支线，故存在 $2n-(n-1)=n+1$ 个空指针域（在图中用"#"表示），造成空间浪费。

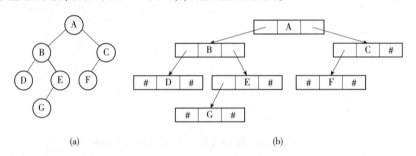

图 5-31　二叉链表示意图

对图 5-31 中二叉树做中序遍历，得到序列 DBGEAFC，遍历后，可以得知，结点 A 的前驱是 E 结点，后继是 F 结点，B 结点的前驱是 D 结点，后继是 G 结点。这意味着在遍历二叉树后就可以知道任何一个结点的前驱和后继。当每次需要求某个结点的前驱和后继时，就需要遍历一次二叉树，十分烦琐。因此，考虑利用这些空指针域来存放某种遍历次序下的前驱和后继结点的指针。如图 5-32 所示，将图 5-31(a)中的二叉树进行中序遍历后，将空指针域中的 rightchild 指针改为指向该结点的后继结点。通过指针知道 D 结点的后继是 B 结点（图 5-32 步骤①），G 结点的后继是 E 结点（图 5-32 步骤②），E 结点的后继是 A 结点（图 5-32 步骤③），F 结点的后继是 C 结点（图 5-32 步骤④），C 结点的后继因为不存在而指向 NULL（图 5-32 步骤⑤），此时共有 5 个空指针域被利用。将二叉树的所有空指针域中的 leftchild 指针改为指向当前结点的前驱，D 结点的前驱是 NULL（图 5-32 步骤⑥），G 结点的前驱是 B 结点（图 5-32 步骤⑦），F 结点的前驱是 A 结点（图 5-32 步骤⑧），原二叉链表中的 8 个空指针域全部使用。

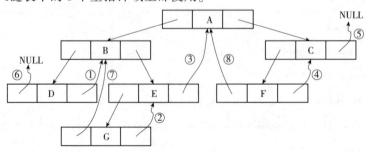

图 5-32　线索二叉树的存储结构示意图

这种附加的指针称为**线索**，加上线索的二叉链表称为**线索链表**，相应的二叉树称为**线索二叉树**。线索化二叉树的实质就是将二叉链表中的空指针改为指向前驱或后继的线索。由于前驱和后继的信息只有在遍历二叉树时能得到，所以线索化的过程就是在遍历的过程中修改空指针的过程。

把由先序遍历、中序遍历和后序遍历得到的线索二叉树分别称为先序线索二叉树、中序线索二叉树和后序线索二叉树，它们对应的链表分别为先序线索链表、中序线索链表和后序线索链表。

在图 5-32 中 E 结点的 leftchild 是指向它的左孩子 G，但 rightchild 是指向它的后继 A 结点，那么在线索二叉树中如何区分 leftchild 指向的是左孩子还是前驱，rightchild 指向的是右孩子还是后继呢？

给每个结点增设两个线索标志域 ltag 和 rtag。结点结构如图 5-33 所示。

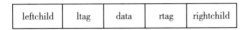

图 5-33　二叉树中带标志域的结点结构

其中：

$$左线索标志\ ltag = \begin{cases} 0 & leftchild\ 是指向结点的左孩子的指针 \\ 1 & leftchild\ 是指向结点的前驱的左线索 \end{cases} \quad (5-2)$$

$$右线索标志\ rtag = \begin{cases} 0 & rightchild\ 是指向结点的左孩子的指针 \\ 1 & rightchild\ 是指向结点的后继的左线索 \end{cases} \quad (5-3)$$

因此，图 5-32 的二叉链表图可修改为如图 5-34 所示。

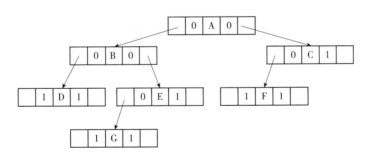

图 5-34　改进的二叉链表示意图

5.2.4.2　线索化二叉树

（1）线索二叉树中带标志域的结点

线索化的实质是当二叉树中某一结点不存在左孩子或右孩子时，将其 leftchild 域或 rightchild 域中存入该结点的直接前驱或直接后继，通常在遍历二叉树时才能实现对其线索化。为了对二叉树进行线索化，定义了一个 BTNodeThread 类用于存储二叉树中带标志域的结点。

【算法实现】

代码段 5-14 定义了 BTNodeThread 类用于存储二叉树中带标志域的结点。

代码段 5-14　存储线索二叉树中带标志域的结点

```
1    class BTNodeThread( object) :
2      def   __init__( self) :
3        self. data = "#"
4        self. leftchild = None
5        self. rightchild = None
6        self. ltag = 0
7        self. rtag = 0
```

（2）建立线索化二叉树

在本小节中以中序线索二叉树为例讨论建立线索二叉树的算法，首先为中序线索链表添加头结点，然后将头结点的左孩子指向二叉树的根结点，并将头结点的右孩子指向中序序列的最后一个结点；再将中序序列第一个结点的左孩子和最后一个结点的右孩子指向头结点。建立中序线索二叉树的算法思路如下。

【算法思路】

①判断根结点是否为空。若为空，则将头结点的左孩子指向头结点，否则将头结点的左孩子指向根结点。

②在线索化的过程中，使用变量 dp 存储中序序列每一个结点的直接前驱结点。由于中序序列的第一个结点无直接前驱结点，因此，在对 dp 初始化时，将其指向头结点。

③调用中序线索化二叉树方法，此时 dp 指向中序序列的最后一个结点，因此，将该结点右标志的值置为 1，将 dp 的右孩子指向头结点，将头结点的右孩子指向 dp。

【算法实现】

代码段 5-15 为建立线索化二叉树的实现代码。

代码段 5-15　建立线索化二叉树实现代码

```
1    def   build_thread( self, root) :
2        if root is None:
3          self. headnode. leftchild = self. headnode
4        else:
5          self. headnode. leftchild = root
6          self. dp = self. headnode
7          self. in_order_thread( root)
8          self. dp. rtag = 1
9          self. dp. rightchild = self. headnode
10         self. headnode. rightchild = self. dp
```

（3）中序线索化二叉树

中序线索化二叉树的算法思路如下。

【算法思路】

①使用变量 dp 存储当前被访问结点的直接前驱结点，再使用 btnode 存储待线索化的二叉树的根结点。

②若 btnode 不为空，则中序线索化 btnode 的左子树。

③若 btnode 的左子树为空，则将 btnode 的左标志置为 1 并将 btnode 的左孩子指向 dp。

④若 btnode 的左子树为非空且 dp 的右孩子为空，则将 dp 的右标志置为 1 并将 dp 的右孩子指向 btnode。

⑤若 btnode 的左子树为非空且 dp 的右孩子为非空，则将 dp 指向 btnode。

⑥中序线索化 btnode 的右子树。

【算法实现】

代码段 5-16 为中序线索化二叉树的实现代码。

代码段 5-16　中序线索化二叉树实现代码

```
1    def    in_order_thread( self, btnode) :
2        if btnode is not None:
3            self. in_order_thread ( btnode. leftchild)
4            if btnode. leftchild is None:
5                btnode. ltag = 1
6                btnode. leftchild = self. dp
7            if self. dp. rightchild is None:
8                self. dp. rtag = 1
9                self. dp. rightchild = btnode
10           self. dp = btnode
11           self. in_order_thread( btnode. rightchild)
```

5.2.4.3　遍历中序线索二叉树

遍历中序线索二叉树的算法思路如下。

【算法思路】

①使用变量 btnode 存储二叉树的每个结点，将其初始化为头结点的左孩子，即二叉树的根结点。

②当 btnode 不是头结点时，执行思路③，否则结束遍历。

③当 btnode 的左标志为 0 时，执行思路④，否则转思路⑤。

④将 btnode 指向其左孩子，并转思路③。

⑤访问 btnode。

⑥当 btnode 的右标志为 1 且 btnode 的右孩子不是头结点时，执行思路⑦；否则转思路⑧。

⑦将 btnode 指向其右孩子并访问 btnode，转思路⑥。

⑧将 btnode 指向其右孩子，转思路②。

【算法实现】

代码段 5-17 为函数的实现代码。

代码段 5-17　遍历中序线索二叉树

```
1    def   visit_btnode( self, btnode):
2        if btnode data is not is not "#":
3          print( btnode. data, end = " ")
4
5    def   in_order_traverse( self):
6        btnode = self. headnode. leftchild
7        while btnode is not self. headnode:
8            while btnode. ltag == 0:
9                btnode = btnode. leftchild
10           self. visit_btnode( btnode)
11           while btnode. rtag == 1 and btnode. rightchild is not self. headnode:
12               btnode = btnode. rightchild
13               self. visit_btnode( btnode)
14           btnode = btnode. rightchild
```

5.3　树、森林与二叉树之间的转化

在 5.1 中主要介绍了树的定义及存储结构，根据树的定义，树可以有多种形状，树的任一结点可以有任意个孩子，导致存储树结构时较为复杂，因此，考虑将复杂的树转化为形式单一的二叉树来存储，二叉树的每个结点最多只能有 2 个孩子，存储时较为便利。

任何一棵树或一个森林都可唯一地对应到一棵二叉树；反之，任何一棵二叉树也能唯一地对应到一个森林或一棵树。这样，对树或森林的一些操作就可利用二叉树来实现。

5.3.1　树转化为二叉树

将图 5-35(a)中的树转换成二叉树的步骤是：

①在所有兄弟结点之间加一条连线。如图 5-35(b)所示。

②对树中的每个结点，只保留它与第一个孩子结点之间的连线，删除它与其他孩子结点之间的连线。如图 5-35(c)所示。

③以树的根结点为轴心，将整棵树顺时针方向旋转约 45°，使之结构层次分明。如图 5-35(d)所示。

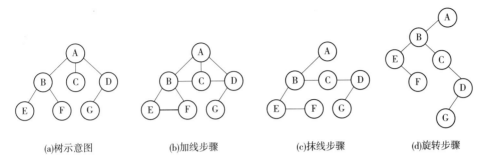

（a）树示意图　　　　（b）加线步骤　　　　（c）抹线步骤　　　　（d）旋转步骤

图 5-35　树转换成二叉树的过程

5.3.2　森林转化为二叉树

将图 5-36（a）中的森林转换成二叉树的步骤是：

①将森林中的每一棵树变为二叉树，如图 5-36（b）和图 5-36（c）所示。

②将各二叉树的根结点视为兄弟依次连在一起，如图 5-36（d）所示。

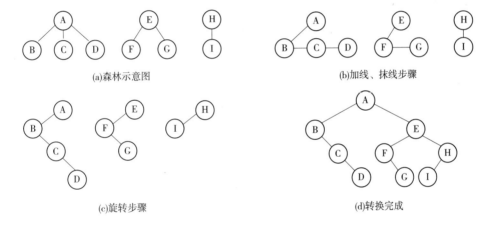

（a）森林示意图　　　　　　　　　　　　　（b）加线、抹线步骤

（c）旋转步骤　　　　　　　　　　　　　（d）转换完成

图 5-36　森林转换成二叉树的过程

给上述转换方法做如下形式定义，设森林 $F = \{T_1, T_2, \cdots, T_m\}$ 表示由树 T_1、T_2、$\cdots$、T_m 组成的森林，则森林 F 对应的二叉树 B(F) 为：

①若森林 F 为空（$m=0$），则 B(F) 为空二叉树。

②若森林 F 非空（$m>0$），则 B(F) 的根就是 T_1 的根；B(F) 的左子树是由 T_1 去掉根结点后的子树森林 $F_1 = \{T_{11}, T_{12}, \cdots, T_{1m}\}$ 转换成的二叉树 $B(F_1)$；B(F) 的右子树是由森林 $F' = \{T_2, T_3, \cdots, T_m\}$ 转换成的二叉树 $B(F')$。由于左子树 $B(F_1)$ 和右子树 $B(F')$ 本身又要由森林转换而来，故整个转换过程需要递归地进行。

5.3.3　二叉树转化为树

上述树转化为二叉树的过程是可逆的，所以反过来便可将二叉树转换为树。将图 5-37（a）中的二叉树转化为树的步骤如下：

①若某结点是其双亲的左孩子，则把该结点的右孩子、右孩子的右孩子、……，都与

该结点的双亲用连线连起来。如图 5-37(b)所示。

②去掉原二叉树中所有双亲到右孩子的连线。如图 5-37(c)所示。

③调整层次，使其结构层次清晰。如图 5-37(d)所示。

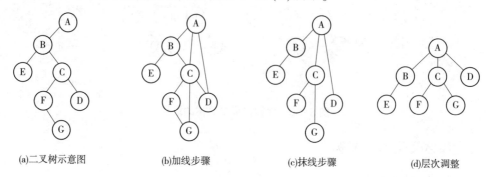

(a)二叉树示意图　　　(b)加线步骤　　　(c)抹线步骤　　　(d)层次调整

图 5-37　二叉树转化为树的过程

5.3.4　二叉树转化为森林

如何判断一棵二叉树能够转换成一棵树还是森林呢？如果二叉树的根结点没有右孩子，则转化为树，否则转化为森林。将图 5-38(a)中的二叉树转化为森林的步骤如下：

①从二叉树的根结点开始，若右孩子存在，则将其右孩子结点的连线删除。再查看分离后的二叉树，若右孩子存在，则连线删除……，直到所有右孩子连线都删除为止，得到分离的根结点没有右孩子的二叉树。如图 5-38(b)所示。

②依次将每棵分离后的二叉树转换为树即可。如图 5-38(c)所示。

③调整层次，使其结构层次清晰。如图 5-38(d)所示。

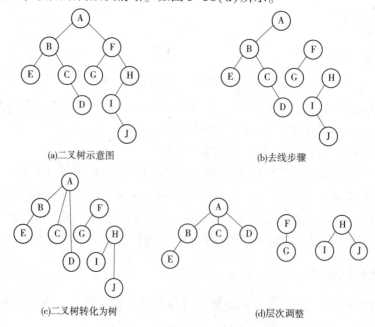

(a)二叉树示意图　　　　　　　　(b)去线步骤

(c)二叉树转化为树　　　　　　　(d)层次调整

图 5-38　二叉树转化为森林的过程

5.3.5　树和森林的遍历

5.3.5.1　树的遍历

树的遍历是指按照某种规则，不重复地访问树的所有结点。树的遍历方法主要有先序遍历、后序遍历和层次遍历。

（1）先序遍历树

若树非空，则依次进行如下操作：

①访问树的根结点。

②按照从左到右先序遍历树的子树。

如图 5-39（a）所示，先序遍历顺序为：ABEFCDG。

（2）后序遍历树

若树非空，则依次进行以下操作：

①按照从左到右后序遍历树的子树。

②访问树的根结点。

如图 5-39（a）所示，后序遍历顺序为：EFBCGDA。

（3）层次遍历树

层次遍历是指从根结点开始，按结点所在的层次从小到大、同一层从左到右访问树中的每一个结点。如图 5-39（a）所示，层次遍历顺序为：ABCDEFG。

值得注意的是：先根遍历一棵树恰好等价于先序遍历该树对应的二叉树，后根遍历一棵树恰好等价于中序遍历该树对应的二叉树。这可由树与二叉树的转换关系以及树与二叉树遍历的定义推得。图 5-39（b）是图 5-39（a）对应的二叉树，它的先序遍历序列为：ABE-FCDG，中序遍历序列为：EFBCGDA。

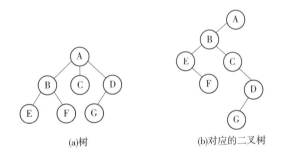

(a)树　　　　　　　　(b)对应的二叉树

图 5-39　树及其对应的二叉树

5.3.5.2　森林的遍历

森林的遍历方法主要有先序遍历、后序遍历这两种。

（1）先序遍历森林

若森林非空，则：

①访问森林中第一棵树的根结点。

②先序遍历第一棵树中根结点的各子树所构成的森林。

③先序遍历除第一棵树外其他树构成的森林。

（2）后序遍历森林

若森林非空，则：

①后序遍历森林中第一棵树的根结点的各子树所构成的森林。

②访问第一棵树的根结点。

③后序遍历除第一棵树外其他树构成的森林。

简言之，先序遍历森林就是从左到右依次先序遍历森林中的每一棵树，后序遍历森林就是从左到右依次后序遍历森林中的每一棵树。

和遍历树类似，先序遍历森林等价于先序遍历该森林对应的二叉树，后序遍历森林等价于中序遍历该森林对应的二叉树。这同样可由森林与二叉树的转换关系以及森林与二叉树遍历的定义推得。例如，对图 5-40（a）所示的森林进行先序遍历和后序遍历，得到该森林的先序遍历序列为：ABECDFGHIJ，中序遍历序列为：EBCDAGFIJH。图 5-40（b）是该森林对应的二叉树，它的先序遍历序列为：ABECDFGHIJ，中序遍历序列为：EBCDAGFIJH。

由上述讨论可知，当用二叉链表作为树和森林的存储结构时，树和森林的先序遍历和后序遍历，可用二叉树的先序遍历和中序遍历算法来实现，此处不再赘述。

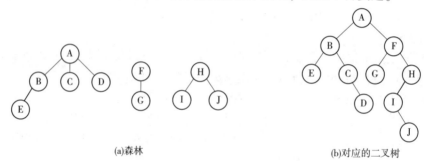

(a)森林　　　　　　　　　　　　　　　　(b)对应的二叉树

图 5-40　森林和对应的二叉树

5.4　哈夫曼树

在统计考试成绩时，有时需要将百分制的成绩转换为五分制的成绩，实现代码如代码段 5-18 所示，流程图如图 5-41（a）所示。

代码段 5-18　百分制转换为五分制成绩的实现代码

```
1    score = int( input( '请输入成绩: '))        #输入成绩,转换为数值,默认 0~100 之间,暂不考虑其他情况
2    if 0<= score<60:
3        print( '不及格')
4    elif 60<= score<70:
5        print( '及格')
6    elif 70<= score<80:
7        print( '中等')
8    elif 80<= score<90:
9        print( '良好')
10   else:
11       print( '优秀')
```

但是在实际应用中，往往各个分数段的分布并不是均匀的。假设有 1000 名学生，在某一次考试中某门课程的各分数段的人数分布情况见表 5-7 所示。

表 5-7　某门课程的各分数段的人数分布情况

分数段	0~59	60~69	70~79	80~89	90~100
人数	80	170	430	200	120

通过观察发现，70~79 分之间的学生人数最高比例最高，其次是 80~89 分，不及格的人数最少。我们将图 5-41(a) 这棵二叉树重新进行分配，改成如图 5-41(b) 所示。

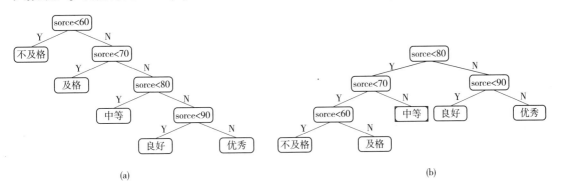

(a)　　　　　　　　　　　　　　　　　　(b)

图 5-41　流程图

按图 5-41(a) 所示流程图 1000 名学生需要判断的次数为：
$$180 \times 1 + 170 \times 2 + 430 \times 3 + 200 \times 4 + 120 \times 4 = 2990$$

按图 5-41(b) 所示流程图 1000 名学生需要判断的次数为：
$$80 \times 3 + 170 \times 3 + 430 \times 2 + 200 \times 2 + 120 \times 2 = 2250$$

可以看到，使用图 5-41(b) 所示的流程图来判断学生的成绩，可以显著地提高程序效率。通常称判定过程最优的二叉树为哈夫曼树，又称最优二叉树。在本节中主要介绍哈夫曼树的基本概念以及如何构造一颗哈夫曼树。

5.4.1　哈夫曼树的基本概念

分支：通常将树中某一结点与其孩子结点间的连线称为分支。如图 5-42 中值为 A 的结点与值为 C 点的连线，称为分支 AC。

路径：从一个结点到另一个结点间所有的分支构成这两个结点之间的路径。如图 5-42 中值为 A 的结点与值为 J 的结点间的路径由分支 AD、DH、HJ 组成。

路径长度：路径中包含的分支数量称为路径长度。如图 5-42 中值为 A 的结点与值为 J 的结点的路径长度为 3。

树的路径长度：树的路径长度是从根结点到每一个结点的路径长度之和。如图 5-42 中所示的树中每一个结点与根结点间的路径长度见表 5-8 所示，该树的路径长度为 21。

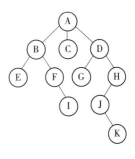

图 5-42　树

权：树中结点有时被赋予一个有某种意义的实数，称为该结点的权。

带权路径长度：结点到树根之间的路径长度与该结点权的乘积称为该结点的带权路径长度。

树的带权路径长度：树中所有叶子结点的带权路径长度之和，通常记为：

$$WPL = \sum_{i=1}^{n} w_i l_i \tag{5-4}$$

其中，n 表示树中叶子结点的数目，w_i 和 l_i 分别表示叶子结点 i 的权值和它到根结点之间的路径长度。

哈夫曼树：在权为 w_1，w_2，…，w_n 的 n 个叶结点的所有二叉树中，带权路径长度 WPL 最小的二叉树称为最优二叉树或哈夫曼树。

表 5-8　路径长度

路径	AB	AC	AD	AE	AF	AG	AH	AI	AJ	AK
路径长度	1	1	1	2	2	2	2	3	3	4

如图 5-43 所示的三棵二叉树，每棵二叉树都有 4 个叶子结点 A、B、C 和 D，权分别为 7、3、4 和 9。每棵树的带权路径长度分别为：

（a）WPL = 7×2+3×2+4×2+9×2 = 46

（b）WPL = 7×1+3×2+4×3+9×3 = 52

（c）WPL = 7×2+3×3+4×3+9×1 = 44

因此，图 5-43（c）所示的二叉树的带权路径长度最小。在下一节的学习中，我们将证明它为哈夫曼树。

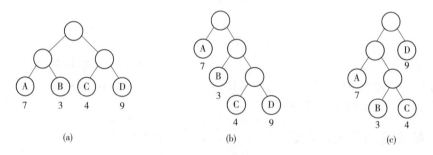

图 5-43　二叉树

5.4.2　构造哈夫曼树

5.4.2.1　哈夫曼算法

哈夫曼算法思路如下：

①根据给定的 n 个权值 w_1，w_2，…，w_n 构造含有 n 棵二叉树的森林 F = {T_1，T_2，…，T_n}，其中每棵二叉树 T_i 中仅有一个权值为 w_i 的根结点。

②在森林 F 中选出两棵根结点权值最小的树（当这样的树不止两棵时，可从中任选两棵），将这两棵树合并成一棵新的二叉树。这时会增加一个新的根结点，它的权取为原来两棵树的根的权值之和，而原来的两棵树就作为它的左、右子树。

③对新的森林 F 重复思路②，直到森林 F 中只剩下一棵树为止，这棵树便是哈夫曼树。

由哈夫曼算法可知，哈夫曼树不一定唯一（但 WPL 是相同的，并且都为最小）。在哈夫曼算法中，初始森林共有 n 棵二叉树，每棵树中仅有一个结点。算法的思路②是将当前森林中的两棵根结点权值最小的二叉树合并成一棵新二叉树，每合并一次，森林中就减少一棵树，要进行 $n-1$ 次合并，才能使森林中二叉树由 n 棵减少到只剩一棵，形成最终的哈夫曼树。每合并一次都会生一个新结点，合并 $n-1$ 次共产生 $n-1$ 个新结点。由此可知，哈夫曼树中共有 $n+(n-1)=2n-1$ 个结点，其中的叶结点就是初始森林中的 n 个孤立结点。

在哈夫曼树中，每个分支结点都是合并过程中产生的，它们的度为 2，所以树中没有度为 1 的分支结点，这类树通常称为**严格二叉树**或正则二叉树。实际上所有具有 n 个叶结点的严格二叉树都恰好有 $2n-1$ 个结点。

图 5-44 为构建一棵哈夫曼树的过程，图 5-43（c）为哈夫曼树得证。

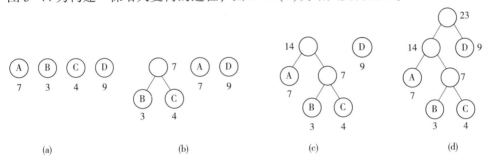

图 5-44 构建一棵哈夫曼树的过程

5.4.2.2 哈夫曼算法的实现

为了实现构造哈夫曼树的算法，将哈夫曼树的结点设计为三叉链存储结构，首先定义一个 HuffmanNode 类用于存储哈夫曼树中的结点。一个数据域存储结点的权值，一个标记域 flag 标记结点是否已经加入到哈夫曼树中，3 个指针域分别存储着指向双亲结点、左孩子结点和右孩子结点的地址。

【算法实现】

代码段 5-19 为定义一个哈夫曼树结点的实现代码。

代码段 5-19 定义一个哈夫曼树结点

```
1   #包含左孩子 leftchild、右孩子 rightchild、数据 data、权值 weight 及双亲结点 parent
2   class HuffmanNode( object) :
3       def  __init__( self) :
4           self. leftchild = None
5           self. rightchild = None
6           self. parent = None
7           self. data = "#"
8           self. weight = -1
```

根据构造哈夫曼树的基本思路，实现代码如下。

【算法实现】

代码段 5-20 为构造哈夫曼树的实现代码。

代码段 5-20　构造哈夫曼树代码实现

```
1    class Huffman Tree( object) :
2        def   create_huffman_tree( self, nodes) :
3            tree_node = nodes[ : ]
4            if len( tree_node) >0:
5                while len( tree_node) >1:
6                    left_tree_node = tree_node. pop( 0)
7                    right_tree_node = tree_node. pop( 0)
8                    new_node = HuffmanNode( )
9                    new_node. leftchild = left_tree_node
10                   new_node. rightchild = right_tree_node
11                   new_node. weight = left_tree_node. weight+right_tree_node. weight
12                   left_tree_node. parent = new_node
13                   right_tree_node. parent = new_node
14                   self. insert_tree_node( tree_node, new_node)
15               return tree_node[ 0]
16       def   insert_tree_node( self, tree_node, new_node) :          #将某一结点插入列表中
17           if len( tree_node) >0:
18               tmp = 0
19               while tmp<len( tree_node) :
20                   if tree_node[ tmp] . weight>new_node. weight:
21                       tree_node. insert( tmp, new_node)
22                       return
23                   tmp = tmp+1
24           tree_node. append( new_node)
25       def   huffman_encoding( self, root, nodes, codes) :           #哈夫曼编码函数
26           index = range( len( nodes) )
27           for item in index:
28               tmp = nodes[ item]
29               tcode = "
30               while tmp is not root:
31                   if tmp. parent. leftchild is tmp:
32                       tcode = '0'+tcode
33                   else:
```

（续）

34	tcode = ' 1 '+tcode
35	tmp = tmp. parent
36	codes. append(tcode)
37	def create_leaf_nodes(self, leaf_nodes) : #创建所有叶子结点的函数
38	print('请按照叶子结点权值的升序, 分组输入叶子结点的值和权值, 如 A-10, 并以#-#结束。')
39	node_information = input(' -> '). split(' - ')
40	while node_information [1] ! = "#":
41	new_node = HuffmanNode( )
42	new_node. data = node_information [0]
43	new_node. weight = int(node_information [1])
44	leaf_nodes. append(new_node)
45	node_information = input(' -> '). split(' - ')

5.4.2.3 哈夫曼编码

哈夫曼研究最优树的目的是为解决远距离通信的数据传输的最优化问题。在计算机数据处理中, 哈夫曼编码使用变长编码表对源符号进行编码, 其中, 变长编码表是通过一种评估来源符号出现机率的方法得到的, 出现概率高的字母使用较短的编码, 反之出现概率较低的则使用较长的编码, 这便使编码之后的字符串的平均长度、期望值降低, 从而达到无损压缩数据的目的。如果能实现对于英文中各个字母出现概率的较准确的估算, 就可以大幅度提高无损压缩的比例。

例如, 需要通过网络传输报文的内容为"EBEACDEFGEDA", 见表 5-9 所示, 将字母转化为相应的二进制数据, 编码后得到的码文为"100001100000010100101110100011000", 共 36 个字符, 对方在接收到数据后可以按照 3 位一分来译码。

表 5-9 字母转化为二进制数据

字母	A	B	C	D	E	F	G
二进制字符	000	001	010	011	100	101	110

但是在现实生活中, 不同的字母出现的频率是不相同的, 设 S = {A, B, C, D, E, F, G} 为待编码的字符集, W = {18, 6, 14, 15, 28, 9, 10} 是 S 中各字符在报文中出现的频率。现以 W 为权值, 构造哈夫曼树, 如图 5-45 所示。哈夫曼树的每个叶结点对应一个字符。在从哈夫曼树的每个结点到其左孩子的边上标注 0, 到其右孩子的边上标注 1。将从根到每个叶结点的路径上的数连接起来, 就是该叶结点所代表的字符的编码, 见表 5-10 所示。

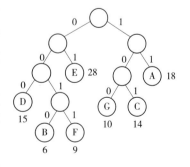

图 5-45 哈夫曼树

表 5-10　哈夫曼编码

字母	A	B	C	D	E	F	G
二进制字符	00	1110	011	110	10	1111	010

将报文内容"EBEACDEFGEDA"使用哈夫曼编码后的码文为"10111010000111101011110101011000"，共32个字符。可以看出，数据被压缩了，节约了大概12%的传输成本，随着字符的增多和多字符权值的不同，哈夫曼编码的优势会更为明显。

哈夫曼编码之所以能产生较短的码文，是因为哈夫曼树是具有最小加权路径长度的二叉树。如果叶结点的权值恰好是某个需编码的文本中各字符出现的次数，则编码后文本的长度就是该哈夫曼树的加权路径长度。

哈夫曼树也同样用于译码过程。译码过程为：

①自左向右逐一扫描码文，并从哈夫曼树的根开始，将扫描得到的二进制位串中的相邻位与哈夫曼树上标的0、1相匹配，以确定一条从根到叶子结点的路径。

②一旦到达叶子，则译出一个字符，再回到树根，从二进位串的下一位开始继续译码。

以图5-45的哈夫曼树为例：

①从左到右扫描码文"10111010000111101011110101011000"，从哈夫曼树的根结点开始匹配。第一个码位是1，则向右子树去，由于未达叶子，继续扫描下一位0，则向左子树去，到达结点E，则译出字符E。

②继续扫描得到码位1，并从根开始重新匹配，因当前的码位是1，则向右子树去，由于未达叶子，继续扫描下一位1，则向右子树去，由于未达叶子，继续扫描下一位1，由于未达叶子，继续扫描下一位0，这样到达B，则译出字符B。依此类推，可译出全部电文。

小　结

在本章中主要介绍了树、二叉树、森林和哈夫曼树，现先将各部分内容小结如下。

(1)树是数据元素之间具有层次关系的非线性结构，是由 n 个结点构成的有限集合。与线性结构不同，树中的数据元素具有一对多的逻辑关系。树有三种典型的存储结构，分别为双亲表示法、孩子表示法和孩子兄弟表示法。其中，孩子兄弟法有助于实现树与二叉树之间的转换。

(2)二叉树是一种特殊的树，它也是由 n 个结点构成的有限集合。当 $n=0$ 时称为空二叉树。二叉树的每个结点最多只有两棵子树，子树也为二叉树，互不相交且有左、右之分，分别称为左二叉树和右二叉树。二叉树有两种常用的存储结构，分别为顺序存储结构和链式存储结构。二叉树的顺序存储结构是指将二叉树的各个结点存放在一组地址连续的存储单元中，所有结点按结点序号进行顺序存储；二叉树的链式存储结构是指将二叉树的各个结点随机存放在存储空间中，二叉树的各结点间的逻辑关系由指针确定。

(3)哈夫曼树是指给定 n 个带有权值的结点作为叶结点构造出的具有最小带权路径长度的二叉树。哈夫曼编码是数据压缩技术中的无损压缩技术，是一种不等长的编码方案，目的是使所有数据的编码总长度最短。

习　题

一、选择题

1. 树最适合用来表示(　　)的数据。

A. 有序
B. 无序
C. 任意元素之间具有多种联系
D. 元素之间具有分支层次关系

2. 一棵有 n 个结点的树的所有结点的度数之和为(　　)。

A. $n-1$
B. n
C. $n+1$
D. $2n$

3. 在下述结论中，正确的是(　　)。

①只有一个结点的二叉树的度为 0。

②二叉树的度为 2。

③二叉树的左右子树可任意交换。

④深度为 k 的完全二叉树的结点个数小于或等于深度相同的满二叉树。

A. ①②③
B. ②③④
C. ②④
D. ①④

4. 在一棵度为 4 的树 T 中，若有 20 个度为 4 的结点，10 个度为 3 的结点，1 个度为 2 的结点，10 个度为 1 的结点，则树 T 的叶结点个数是(　　)。

A. 41
B. 82
C. 113
D. 122

5. 二叉树的深度为 k，则二叉树最多有(　　)个结点。

A. $2k$
B. 2^{k-1}
C. 2^k-1
D. $2k-1$

6. 设一棵二叉树的中序遍历序列：badce，后序遍历序列：bdeca，则二叉树先序遍历序列为(　　)。

A. adbce
B. decab
C. debac
D. abcde

7. 某二叉树的中序序列为 ABCDEFG，后序序列为 BDCAFGE，则其左子树中结点数目为(　　)。

A. 3
B. 2
C. 4
D. 5

8. 在下列关于二叉树遍历的说法中，正确的是(　　)。

A. 若有一个结点是二叉树中某个子树的中序遍历结果序列的最后一个结点，则它一定是该子树的先序遍历结果序列的最后一个结点

B. 若有一个结点是二叉树中某个子树的先序遍历结果序列的最后一个结点，则它一定是该子树的中序遍历结果序列的最后一个结点

C. 若有一个叶子结点是二叉树中某个子树的中序遍历结果序列的最后一个结点，则它一定是该子树的先序遍历结果序列的最后一个结点

D. 若有一个叶子结点是二叉树中某个子树的先序遍历结果序列的最后一个结点，则它一定是该子树的中序遍历结果序列的最后一个结点

9. 若以{4，5，6，7，8}作为权值构造哈夫曼树，则该树的带权路径长度为(　　)。

A. 67
B. 68
C. 69
D. 70

10. 将一棵有 100 个结点的完全二叉树从根这一层开始，每一层上从左到右依次对结点进行编号，根结点的编号为 1，则编号为 49 的结点的左孩子编号为(　　)。

A. 98　　　　　　　B. 99　　　　　　　C. 50　　　　　　　D. 48

二、填空题

1. 已知一棵度为 3 的树有 2 个度为 1 的结点，3 个度为 2 的结点，4 个度为 3 的结点，则该树有_____个叶子结点。

2. 已知一棵二叉树的先序序列为 abdecfhg，中序序列为 dbeahfcg，则该二叉树的根为_____，左子树中有_____，右子树中有_____。

3. 一棵有 n 个结点的满二叉树有_____个度为 1 的结点、有_____个分支(非终端)结点和_____个叶子，该满二叉树的深度为_____。

4. 二叉树中某一结点左子树的深度减去右子树的深度称为该结点的_____。

5. 哈夫曼树是其树的带权路径长度_____的二叉树。

三、判断题

1. 由二叉树的先序和后序遍历序列不能唯一确定一棵二叉树。(　　　)

2. 非空的二叉树一定满足：某结点若有左孩子，则其中序前驱一定没有右孩子。(　　　)

3. 在任意一棵非空二叉排序树中，删除某结点后又将其插入，则所得二叉排序树与删除前原二叉排序树相同。(　　　)

4. 一棵哈夫曼树的带权路径长度等于其中所有分支结点的权值之和。(　　　)

5. 中序遍历二叉链存储的二叉树时，一般要用栈；中序遍历检索二叉树时，也必须使用栈。(　　　)

四、综合题

1. 已知一份电文中有 6 种字符：A、B、C、D、E、F，它们的出现频率依次为 16、5、9、3、30、1。

(1)设计一棵哈夫曼树(画出其树结构)。

(2)计算其带权路径长度 WPL。

2. 已知一棵二叉树的先序序列为 ABDGJEHCFIKL，中序序列为 DJGBEHACKILF，请画出该二叉树的形态。

第6章 图

图是一种比集合结构、线性结构、树结构更为复杂的数据结构。集合结构中，数据元素间除了同属于一个集合的联系之外没有其他关系。线性结构中，数据元素间具有"一对一"关系，也即每个数据元素只有一个直接前驱和一个直接后继结点。树结构中，数据元素间具有"一对多"的层次性关系，每个数据元素可以与它下一层的零个或多个数据元素相关，但只能与上一层中的一个数据元素相关。而在图结构中，数据元素之间的关系是"多对多"关系，即每个元素可以和任意多个元素相关，从而每个数据元素都可能有多个前驱和后继。本章主要介绍图的基本概念、图的存储表示方法以及若干常见的图运算：图的遍历、拓扑排序、关键路径、最小代价生成树和最短路径算法等。

思维导图

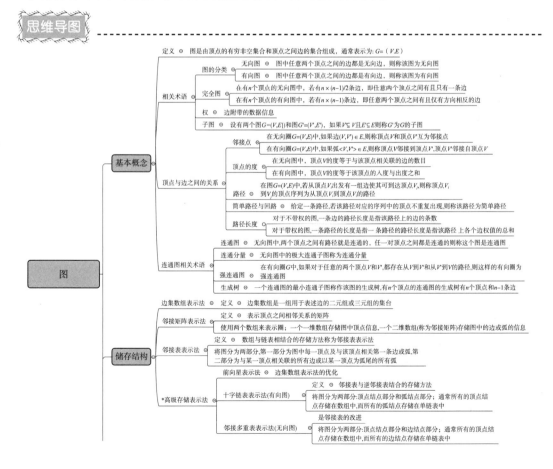

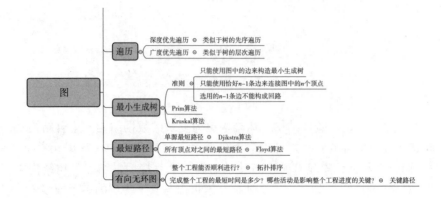

6.1 图的基本概念

6.1.1 图的定义

图（graph）是由顶点的有穷非空集合和顶点之间边的集合组成，通常表示为：

$$G = (V, E) \tag{6-1}$$

其中，G 表示一个图，V 是图 G 中顶点（vertex）的有穷非空集合，E 是图 G 中边（edge）的有穷集合。通常，也将图 G 的顶点集和边集分别记为 $V(G)$ 和 $E(G)$。$E(G)$ 可以是空集，若 $E(G)$ 为空，则图 G 只有顶点而没有边。

> **Tips**
> ●线性结构中称数据元素为元素，树结构中称数据元素为结点，图结构中称数据元素为顶点；
> ●线性结构中，相邻的数据元素之间具有线性关系，树结构中，相邻两层的结点具有层次关系，图形结构中，任意两个顶点之间都可能有关系，顶点之间的逻辑关系用边来表示，边集合可为空集。

6.1.2 图的相关术语

（1）无向图

若顶点 V_i 到 V_j 之间的边没有方向，则称这条边为无向边，用无序二元对 (V_i, V_j) 来表示。如果图中任意两个顶点之间的边都是无向边，则称该图为**无向图**。图 6-1（a）所示的无向图，一共存在 5 条边：(V_1, V_2)，(V_1, V_4)，(V_1, V_3)，(V_3, V_5)，(V_4, V_5)。

（2）有向图

若顶点 V_i 到 V_j 之间的边有方向，则称这条边为有向边，也称为**弧**。用有序偶对 $<V_i, V_j>$ 来表示，它是从 V_i 到 V_j 的一条弧，其中，V_i 称为**弧尾**或初始点，V_j 称为弧头或终端点。如果图中任意两个顶点之间的边都是有向边，则称该图为**有向图**。图 6-1（b）所示的有向图，一共存在 5 条弧：$<V_1, V_2>$，$<V_1, V_3>$，$<V_1, V_4>$，$<V_3, V_5>$，$<V_5, V_4>$。

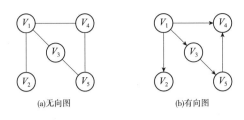

(a)无向图   (b)有向图

图 6-1　无向图和有向图示例

Tips
- 无向边用小括号"( )"表示，有向边则是用尖括号"<>"表示；
- 在图中，若不存在顶点到其自身的边，且同一条边不重复出现，则称这样的图为简单图，反之则称为多重图或伪图。若无特别说明，在本章中讨论的均为简单图。

（3）无向完全图

在无向图中，如果任意两个顶点之间都存在边，则称该图为**无向完全图**。含有 n 个顶点的无向完全图有 $n×(n-1)/2$ 条边，如图 6-2 所示为一个无向完全图。

图 6-2　无向完全图示意图   图 6-3　有向完全图示意图

（4）有向完全图

在有向图中，如果任意两个顶点之间都存在方向互为相反的两条弧，则称该图为**有向完全图**。含有 n 个顶点的有向完全图有 $n×(n-1)$ 条边，如图 6-3 所示为一个有向完全图。

（5）稀疏图和稠密图

对于具有 n 个顶点、e 条边或弧的图来说，若 e 很小（如 $e<n\log n$），则称其为**稀疏图**，否则为**稠密图**。

（6）权和网

①权　在网络拓扑等一些图结构中，各个边不是等价的：通过不同的边可能需要不同的成本。为了表示这样的图，通常在边的两个端点之外定义一个表示成本或其他性质的数值成分，称为这条边的权或权值。

②网　带有权值的图则称为带权图，简称为网。

（7）稀疏网和稠密网

①稀疏网　带权的稀疏图称为稀疏网。

②稠密网　带权的稠密图称为稠密网。

（8）子图

设有两个图 $G=(V,E)$ 和图 $G'=(V',E')$，如果 $V'\subseteq V$ 且 $E'\subseteq E$，则称 G' 为 G 的**子图**。

如图 6-4 和图 6-5 所示，图 6-4(b)是无向完全图 6-4(a)的子图，图 6-5(b)是有向完全图 6-5(a)的子图。

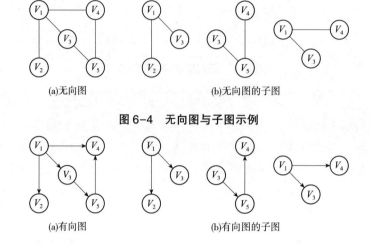

(a)无向图   (b)无向图的子图

图 6-4   无向图与子图示例

(a)有向图   (b)有向图的子图

图 6-5   有向图与子图示例

6.1.3   图的顶点与边之间的关系

（1）邻接点

对于无向图 $G=(V,E)$，如果边$(V,V')\in E$，则称顶点 V 和顶点 V' 互为邻接点。边(V,V')依附于顶点 V 和顶点 V'，或称边(V,V')与顶点 V 和顶点 V' 相关联。如图 6-6(a)所示，顶点 V_1 和 V_2 互为邻接点，边(V_1,V_2)与顶点 V_1 和 V_2 相关联；由于顶点 V_1 和 V_4 之间不存在边(V_1,V_4)，因此，顶点 V_1 不是顶点 V_4 的邻接点，顶点 V_4 不是顶点 V_1 的邻接点(即顶点 V_1 和顶点 V_4 不互为邻接点)。

对于有向图 $G=(V,E)$，如果弧$<V,V'>\in E$，则称顶点 V 邻接到顶点 V'，顶点 V' 邻接自顶点 V。弧$<V,V'>$和顶点 V 和顶点 V' 相关联。如图 6-6(b)所示，顶点 V_1 邻接到顶点 V_3，顶点 V_3 邻接自顶点 V_1，弧$<V_1,V_2>$与顶点 V_1 和顶点 V_2 相关联；由于不存在弧$<V_1,V_4>$，因此顶点 V_1 不会邻接到顶点 V_4，顶点 V_4 也不会邻接自顶点 V_1。

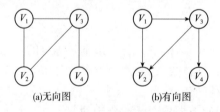

(a)无向图   (b)有向图

图 6-6   无向图和有向图示例

（2）顶点的入度、出度和度

①度   指连接到图中某一顶点的边的数目。

②无向图中顶点的度   在无向图中，顶点 V 的度等于与该顶点相关联边的数目，记为 $\deg(V)$。如图 6-6(a)所示，顶点 V_3 的度 $\deg(V_3)=3$。

③有向图中顶点的入度、出度和度　在有向图中，以顶点 V 为头的弧的数目称为顶点 V 的入度（in-degree），记为 $\deg^-(V)$；以顶点 V 为尾的弧的数目称为顶点 V 的出度，记为 $\deg^+(V)$。某一顶点 V 的度等于该顶点的入度与出度之和，仍记为 $\deg(V)$。如图 6-6(b) 所示，由于顶点 V_3 的入度为 1、出度为 2，即 $\deg^-(V_3)=1$，$\deg^+(V_3)=2$，因此，顶点 V_3 的度 $\deg(V_3)=\deg^-(V_3)+\deg^+(V_3)=3$。

通常将度数为 0 的，也即和其他顶点没有任何关联的顶点称为**孤立顶点**；与树中类似，将度数为 1 的顶点称为**叶顶点**，有时也称为**叶结点**或**叶端点**，将与叶顶点关联的边称为**悬臂边**。

关于顶点的度，有一些有趣的性质不难发现。

首先，图中所有顶点度数之和必定是图中边数量的两倍，即：

$$\sum_{v \in V} \deg(v) = 2\,|\,E\,| \tag{6-2}$$

这是由于，图中的每一条边必然关联两个顶点，而每一次关联都反映为度数加 1。这一定理通常称为**度求和公式**。

由这一公式还引出了一个脍炙人口的数学趣题：证明在某场大型活动中，与他人握手奇数次的人必定有偶数个。实际上，分别考虑度数为奇数和偶数的顶点集合 V_1, V_2：

$$\sum_{v \in V_1} \deg(v) + \sum_{v \in V_2} \deg(v) = \sum_{v \in V} \deg(v) = 2\,|\,E\,| \tag{6-3}$$

考虑到，$\sum_{v \in V_2}\deg(v)$ 是偶数之和，必定为偶数；又所有顶点度数之和 $2|E|$ 也必定为偶数；则 $\sum_{v \in V_1}\deg(v)$ 亦必定为偶数。由于 $\sum_{v \in V_1}\deg(v)$ 为奇数之和，所以 $|V_1|$ 必定为偶数。这个引理通常称为**握手引理**。

（3）路径、简单路径和路径长度

①路径　除了点与边的关系之外，图论研究中还常常涉及另一类动态问题，从某一点出发，寻找一条符合某些条件，经过某些顶点（和边），最终到达另一点的路。我们将这条由所经过顶点组成的序列组成的路称为路径。

更加严格的定义是：在图 $G=(V,E)$ 中，从顶点 V_1 到顶点 V_m 的路径是一个顶点序列 $(V_1, V_2, \cdots, V_i, V_j, \cdots, V_m)$，对于上述序列中任意两个相邻的顶点 V_i 和 V_j，若图 G 是无向图，则有 $(V_i, V_j) \in E$，如图 6-7 所示，列举了无向图从顶点 V_1 到 V_4 的四种不同路径。若图 G 是有向图，则有 $<V_i, V_j> \in E$，如图 6-8 所示，顶点 V_1 到 V_2 有三种不同的路径。

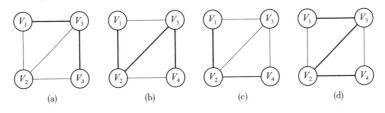

图 6-7　顶点 V_1 到 V_2 的路径

②简单路径　给定一条路径，若该路径对应的序列中的顶点不重复出现，则称该路径为简单路径。在图 6-7(a) 中，(V_1, V_3, V_4) 是一条简单路径；在图 6-8(b) 中，(V_1, V_3, V_2) 是一条简单路径。

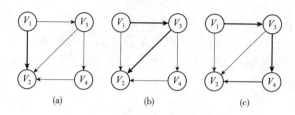

图 6-8 顶点 V_1 到 V_2 的路径

③路径长度 路径上的边或弧的数目称为路径长度。在图 6-7(a)所示的无向图中，顶点 V_1 到 V_4 的路径为(V_1，V_3，V_4)，其路径长度为 2；在图 6-8(c)中，顶点 V_1 到 V_2 的路径为(V_1，V_3，V_4，V_2)，其路径长度为 3。

(4)回路和简单回路

①回路 若某路径中第一个顶点和最后一个顶点相同，则称该路径为回路，或称为环。在图 6-9(a)所示的无向图中，路径(V_1，V_2，V_3，V_4，V_1)是一个回路；在图 6-9(b)所示的有向图中，路径(V_1，V_2，V_3，V_4，V_1)是一个回路。

②简单回路 在某一回路中，除了第一个顶点和最后一个顶点外，其余顶点不重复出现，则称该回路为简单回路或简单环。

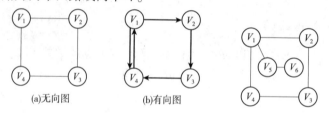

(a)无向图　　　　　(b)有向图

图 6-9 无向图和有向图示例　　　图 6-10 无向连通图

6.1.4 连通图相关术语

(1)连通图和连通分量

①连通图 在无向图 G 中，如果从顶点 V 到顶点 V' 有路径，则称 V 和 V' 是连通的。若图中任意两个顶点 V_i、$V_j \in E$ 都是连通的，则称 G 是连通图。如图 6-10 所示的无向图是一个连通图。

②连通分量 无向图中的一个极大连通子图（即在保证连通性的前提下，拥有最多的顶点和边）称为一个连通分量。如图 6-11(a)所示的无向图中包含 3 个连通分量，如图 6-11(b)所示。

通过连通分量的一些性质不难推导：第一，任意一个顶点或边只能属于一个连通分量；第二，任意的连通图只有一个连通分量，也就是它自身。

(2)强连通图和强连通分量

①强连通图 在有向图 G 中，如果对于任意的两个顶点 V 和 V'，都存在从 V 到 V' 和从 V' 到 V 的路径，则这样的有向图为强连通图。

②强连通分量 有向图中的极大强连通子图称为强连通分量。

图 6-12(a)所示的有向图不是强连通图，因为顶点 V_2 到 V_3 存在路径，但是顶点 V_3 到 V_2

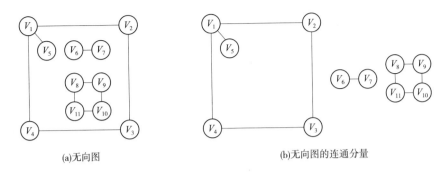

(a)无向图

(b)无向图的连通分量

图6-11 无向图及其连通分量

不存在路径。图6-12(b)为强连通图，并且图6-12(b)是图6-12(a)的极大强连通子图，即强连通分量。

类似地，关于连通图的两个性质也适用于强连通图：任意的一个顶点或边只属于一个强连通分量；任意的强连通图也必定只有一个强连通分量，即其自身。

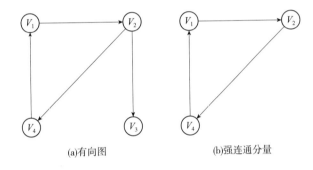

(a)有向图

(b)强连通分量

图6-12 有向图及其强连通分量

(3)生成树

某一具有 n 个顶点的连通图的生成树是该图的极小连通子图，生成树包含这一连通的 n 个顶点和 $n-1$ 条边。如图6-13(a)为一个无向图，显然它不是生成树，当去掉两条构成环的边后，如图6-13(b)、(c)满足 n 个顶点 $n-1$ 条边且连通的定义，因此，它们都是一棵生成树。

由生成树定义可知，如果一个图有 n 个顶点和 $m(m<n-1)$ 条边，则该图是非连通图。

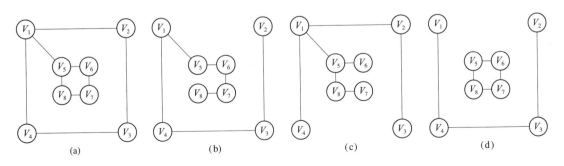

(a)　　　　　　　(b)　　　　　　　(c)　　　　　　　(d)

图6-13 无向图及其生成树

6.1.5 图的抽象数据类型

图的抽象数据类型定义如表 6-1 所列。

表 6-1　图的抽象数据类型的定义

ADT 图(graph)

数据对象: 顶点的有穷非空集合和边的有穷集合

数据关系: 树中除根结点外, 剩余元素可划分为若干个互不相交的集合, 每个子集均是根结点的子树, 这些子树仍满足上述关系

操作名称	操作说明
create_graph(graph, vertex, vr)	由顶点集 vertex 和边弧集 vr 创建图 graph
locate_vertex(graph, v)	判断 v 是否是图 graph 中的顶点
get_vertex(graph, v)	获得顶点 v 的值
put_graph(graph, v, value)	令 value 为顶点 v 的值
first_adj_vertex(graph, v)	获取顶点 v 在图 graph 中的一个邻接点
next_adj_vertex(graph, v, w)	获取顶点 v 在图 graph 中的一个邻接点
insert_vertex(graph, v)	将 v 作为顶点添加到图 graph 中
delete_vertex(graph, v)	在图 graph 中删除顶点 v 及其相关的弧或边
insert_arc(graph, v, w)	在图 graph 中添加弧<v, w>或边(v, w)
delete_arc(graph, v, w)	在图 graph 中删除弧<v, w>或边(v, w)
dfs_traverse(graph)	对图 graph 进行深度优先遍历
bfs_traverse(graph)	对图 graph 进行广度优先遍历
visit_vertex(vertex)	访问顶点 vertex
destory_graph(graph)	销毁图 graph

6.2　图的存储结构

作为一种"多对多"结构, 图的顶点和边之间存在较为复杂的相互关系, 需要使用专门的存储结构予以存储。一方面, 作为顶点和边的二元集合, 图的存储势必要求考虑顶点、边、相互关系 3 类存储需求; 另一方面, 由于图本身的复杂特性, 却也难以找到一种适应所有需求的图存储结构。所以, 设计和使用图的存储结构时不应当求全责备, 而是要更多考虑如何适应当下的处理需求。本节主要介绍 3 种图的存储结构, 其中, 边集数组则对Kruskal 等面向边的算法有着良好的适应性; 邻接矩阵有着非常好的查询性能, 适合于存储稠密图; 邻接表则可以有效降低空间使用, 是存储稀疏图的良好选择。

6.2.1　边集数组表示法

图的存储结构中需要考虑如何最简单地表述图的结构。很容易想到, 可以用两个数组分别记录图的所有顶点和所有边的情况; 并且, 由于顶点通常不带有特殊信息, 用于表述顶点的数组通常可以省略。我们将这样的表示方法称为**边集数组**。

更加准确的定义是边集数组是一组用于表述边的二元组或三元组的集合。二元组中的两个元素分别表示边的两个端点；根据需要，可以增加一个参数用于表达权值。同时，也可以增加一个数组用于记录顶点信息。

空间复杂度方面，边集数组的空间复杂度通常为 $O(e)$，其中，e 为图中边的数目；若提供一个用于表示顶点的数组，则复杂度为 $O(n+e)$，其中，n 表示图中顶点的数目。时间复杂度上，边集数组对遍历边的操作比较友好，其复杂度为 $O(e)$；但查找、删除边的操作则需要遍历整个边集数组，时间复杂度也为 $O(e)$。增加一条边的复杂度为常数。

边集数组形式简单，但由于其割裂了顶点与边之间的联系，无法通过某一顶点直接关联到相关的边，导致大多数查找操作的耗时较理想时间为高。另一个显著存在的问题是，若不借助专门的顶点数组，边集数组无法表示存在孤立顶点的图。但是边集数组形式简单，编程方便，在一些适宜的场合上可以发挥较大的作用。

若无特殊说明，本章节例题中涉及的图均以边集数组的形式给出。

6.2.2 邻接矩阵表示法

6.2.2.1 邻接矩阵的定义

邻接矩阵是表示顶点之间相邻关系的矩阵。图的邻接矩阵存储方式是使用两个数组来表示图。使用一个一维数组存储图中顶点信息，使用一个二维数组存储图中的边或弧的信息。

在使用数组存储含有 $n(n>0)$ 个的顶点的图 $G=(V,E)$ 时，将图中所有顶点存储在长度为 n 的一维数组中，并将图中边或弧的信息存储在 $n \times n$ 的二维数组中。图 G 对于邻接矩阵 Arc 定义如下：

（1）若图 G 为无向图或有向图

$$\text{Arc}[i][j] = \begin{cases} 1 & (v_i, v_j) \text{ 或} <v_i, v_j> \in E \\ 0 & \text{其他} \end{cases} \tag{6-4}$$

（2）若图 G 为无向网或有向网

$$\text{Arc}[i][j] = \begin{cases} w_{ij} & \text{若}(v_i, v_j) \text{ 或} <v_i, v_j> \in E, \text{该边或弧的权值为} w_{ij} \\ 0 & i=j \\ \infty & \text{其他} \end{cases} \tag{6-5}$$

如图 6-14 所示，将无向图、有向图、有向网中的结点存储在数组 $V=[V_1, V_2, V_3, V_4]$ 中，这些图对应的邻接矩阵如图 6-15 所示。

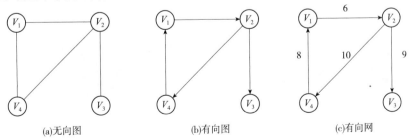

(a)无向图　　　　　(b)有向图　　　　　(c)有向网

图 6-14　无向图、有向图、有向网

$$\begin{bmatrix} 0 & 1 & 0 & 1 \\ 1 & 0 & 1 & 1 \\ 0 & 1 & 0 & 0 \\ 1 & 1 & 0 & 0 \end{bmatrix} \begin{bmatrix} 0 & 1 & 0 & 0 \\ 0 & 0 & 1 & 1 \\ 0 & 0 & 0 & 0 \\ 1 & 0 & 0 & 0 \end{bmatrix} \begin{bmatrix} 0 & 6 & 0 & 0 \\ 0 & 0 & 9 & 3 \\ 0 & 0 & 0 & 0 \\ 8 & 0 & 0 & 0 \end{bmatrix}$$

图 6-15 对应的邻接矩阵

6.2.2.2 邻接矩阵的实现

【例 6-1】 假设有一个无向图各边的起点值和终点值如下数组：datas = [[1,2],[2,1],[1,5],[5,1],[2,3],[3,2],[2,4],[4,2],[3,4],[4,3],[4,5],[5,4],[3,5],[5,3]]，试输出此图的邻接矩阵。

解：无向图的邻接矩阵实现代码如代码段 6-1 所示。

【算法实现】

代码段 6-1 无向图的邻接矩阵代码实现

1	arr = [[0] * 6 for row in range(6)] #声明矩阵 arr
2	#图各边的起点值和终点值
3	datas = [[1,2],[2,1],[1,5],[5,1],[2,3],[3,2],[2,4],[4,2],[3,4],[4,3],[4,5],[5,4],[3,5],[5,3]]
4	for i in range(14): #读取图的数据
5	for j in range(2): #填入 arr 矩阵
6	for k in range(6):
7	tmpi = datas[i][0] #tmpi 为起始顶点
8	tmpj = datas[i][1] #tmpj 为终止顶点
9	arr[tmpi][tmpj] = 1 #有边的点填入 1
10	print('无向图矩阵:')
11	for i in range(1,6):
12	for j in range(1,6):
13	print('[%d] ' %arr[i][j], end = '') #打印矩阵内容
14	print()

【执行结果】

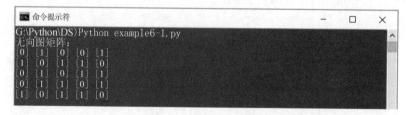

图 6-16 代码执行结果

【例 6-2】 假设有一个有向图各边的起点值和终点值如下数组：datas = [[1,2],[1,3],[1,4],[3,5],[4,5],[3,4]]。试输出此图的邻接矩阵。

解: 有向图的邻接矩阵的实现代码如代码段 6-2 所示。

【算法实现】

代码段 6-2 有向图的邻接矩阵代码实现

```
1    arr=[[0]*6 for row in range(6)]        #声明矩阵 arr
2    #图各边的起点值和终点值
3    datas=[[1,2],[1,3],[1,4],[3,5],[4,5],[3,4]]
4    for i in range(6):                      #读取图的数据
5       for j in range(2):                   #填入 arr 矩阵
6          for k in range(6):
7             tmpi=datas[i][0]              #tmpi 为起始顶点
8             tmpj=datas[i][1]              #tmpj 为终止顶点
9             arr[tmpi][tmpj]=1            #有边的点填入 1
10   print('有向图矩阵:')
11   for i in range(1,6):
12      for j in range(1,6):
13         print('[%d]'%arr[i][j],end='')   #打印矩阵内容
14      print()
```

【执行结果】

图 6-17 代码执行结果

6.2.2.3 邻接矩阵的特点

①对于含有 n 个顶点的图，其邻接矩阵是 $n×n$ 的二维数组，因此，邻接矩阵适用于存储稠密图。

②无向图的邻接矩阵是一个对称矩阵，有向图的邻接矩阵不一定对称。因此，用邻接矩阵来表示一个具有 n 个顶点的有向图时，需要 n^2 个单元来存储邻接矩阵；对有 n 个顶点的无向图则只存入上(下)三角阵中剔除了左上右下对角线上的 0 元素后剩余的元素，故只需 $1+2+\cdots+(n-1)=n(n-1)/2$ 个单元。

③无向图邻接矩阵的第 i 行(或第 i 列)非零元素的个数正好是第 i 个顶点的度。

④有向图邻接矩阵中第 i 行非零元素的个数为第 i 个顶点的出度，第 i 列非零元素的个数为第 i 个顶点的入度，第 i 个顶点的度为第 i 行与第 i 列非零元素个数之和。

6.2.2.4 邻接矩阵的性能分析

①图的邻接矩阵表示存储了任意两个顶点间的邻接关系或边的权值，能够实现对图的各种操作，其中，判断两个顶点间是否有边相连、获得和设置边的权值等操作的时间复杂度均为 O(1)。与顺序表存储线性表的类似，由于使用了数组存储，每插入或者删除一个元素时都需要移动大量元素，使得插入和删除操作的效率较低，而且由于数组的容量有限，当需要扩充容量时需要复制全部元素，效率更低。

②在图的邻接矩阵中，每个矩阵元素表示两个顶点间的邻接关系，无边或有边。即使两个顶点之间没有邻接关系，也需要占用一个存储单元存储相关信息。对于一个有 n 个顶点的完全图，其邻接矩阵有 $n(n-1)/2$ 个元素，此时邻接矩阵的存储效率较高；当图中的边数较少时，邻接矩阵变得稀疏，存储效率较低。

③构造一个具有 n 个顶点 e 条边的无向网的时间复杂度为 O(n^2+en)，其中，对邻接矩阵的初始化了 O(n^2)的时间。

6.2.3 邻接表表示法

6.2.3.1 邻接表的定义

邻接矩阵的主要弊端在于预留了过多空间，如以稀疏有向图 6-18 为例，存储边数相对较少的稀疏图时会形成稀疏矩阵，造成空间的很大浪费。

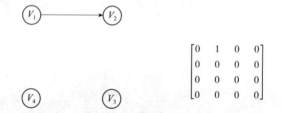

图 6-18　稀疏有向图及对应的邻接矩阵示例

在树结构中存储数据时使用了孩子表示法，将结点存入数组，并对结点的孩子进行链式存储，不管有多少孩子结点，也不会存在空间浪费问题。在前几章处理线性表和树结构中，我们已经多次使用了链式结构。这种结构动态地向系统申请内存，并采用指针方式反映数据间的逻辑关系。这个思路同样适用于图的存储。通常将这种数组与链表相结合的存储方法称为**邻接表**。

在使用邻接表存储图时，通常将图分为两部分：

第一部分记录顶点，包括了图 G 中所有的顶点，以及与这些顶点相关的第一条边或弧，如图 6-19(a)所示。通常使用结构体来组织这些数据：结构体的数据域中存储图中每一个顶点的权值，首边域则用来指示与该顶点相关联的第一条边或弧。利用数组结构将这些顶点结构体组织在一起。本书中我们将上述结构体称为顶点向量，对应的数组则称之为**顶点向量表**。

第二部分记录边。类似地，每一条边都存储在如图 6-19(b)所示结构体中：**邻接点域** adjvex 指示该边关联的一个顶点，或该弧对应的弧头的位置；**权域** weight 记录该边或弧的权值；**链域** next 指向该链表的下一个结点。这些边结构体被组织为链表。每个链表包含了

图 6-19　顶点结点及边 (弧) 结点

所有与某一顶点相关联的边或所有以某一顶点为弧尾的弧的记录。本书中我们将上述的链表称为**边链表**或**弧链表**。

需要注意的是：有向图中的弧包含方向规定，通常按相同的弧尾记录为一组。对于不包括方向的无向图，为了使用上的方便我们一般选择对其记录两次，但这势必会引起一些同步问题，同时需要付出两倍的空间；也可以人为地做出一些规定来避免重复记录，但反向索引的效率会下降。

顶点向量表和弧链表最终将被组织为如下形式：顶点向量表中每一元素的 firstedge 域将指向以该顶点为端点或弧尾的边链表首节点。最终，每个顶点向量将与同它相关/以它为弧尾的所有边或弧关联起来，形成完整的邻接表。

图 6-20(a) 所示的无向网，对应的邻接表如图 6-20(b) 所示。图 6-20(a) 所示的无向网顶点 V_1 相关联的边为 (V_1, V_2)、(V_1, V_3) 和 (V_1, V_4)，它们的权值分别为 2、1 和 4。在图 6-20(b) 中，由于值为 V_2 的元素的下标为 1，因此边 (V_1, V_2) 对应的结点 adjvex 域值为 1，又因为该边的权值为 2，所以这一结点的 weight 域值为权值为 2。

同理，值为 V_3 的元素的下标为 2，因此，边 (V_1, V_3) 对应的结点 adjvex 域值为 2，又因为该对应的结点该边的权值为 1，所以这一结点的 weight 域值为权值为 1。值为 V_4 的元素的下标为 3，因此边 (V_1, V_4) 对应的结点 adjvex 域值为 3，又因为该对应的结点该边的权值为 4，所以这一结点的 weight 域值为权值为 4。

值为 V_1 的元素的 firstedge 域指向由上述三个结点组成的单链表的第一个结点。

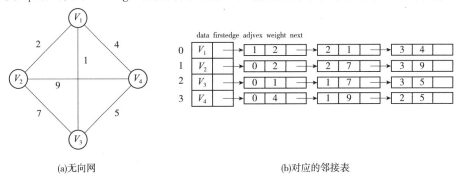

(a)无向网　　　　　　　　　　　　　　(b)对应的邻接表

图 6-20　无向网及其对应的邻接表

图 6-21(a) 所示的有向网，对应的邻接表如图 6-21(b) 所示。图 6-21(a) 所示的有向网顶点 V_1 相关联的边为 $<V_1, V_2>$、$<V_1, V_3>$，它们的权值分别为 2 和 1。在图 6-21(b) 中，由于值为 V_2 的元素的下标为 1，因此，边 $<V_1, V_2>$ 对应的结点 adjvex 域值为 1，又因为该边的权值为 2，所以这一结点的 weight 域值为权值为 2。

同理，值为 V_3 的元素的下标为 2，因此边 $<V_1, V_3>$ 对应的结点 adjvex 域值为 2，又因为该对应的结点该边的权值为 1，所以这一结点的 weight 域值为权值为 1。

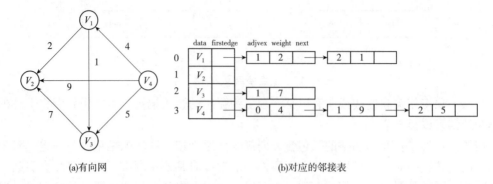

(a)有向网　　　　　　　　　　　　　　　　　(b)对应的邻接表

图 6-21　有向网及其对应的邻接表

值为V_1的元素的 firstedge 域指向由上述两个结点组成的单链表的第一个结点。

6.2.3.2　邻接表的实现

【例 6-3】　假设有一个图各边的起点值和终点值如下数组：datas $=[[1,2],[1,3],[3,2],[4,1],[4,2],[4,3]]$，请使用数组存储图的边并建立邻接表，输出相邻结点的内容。

解：为了显示顶点向量和弧节点的完整结构，这里我们完整定义了类 Vertex 和 Edge，在实际运用中部分属性可以视情况省略。实现代码如代码段 6-3 所示。

【算法实现】

代码段 6-3　实现代码

```
1    class Vertex:    # 定义顶点向量结构体
2        def __init__(self):
3            self. data = 0      # 图没有顶点权值, 这一项可以省略
4            self. firstedge = None
5
6    class Edge:    # 定义弧节点结构体
7        def __init__(self):
8            self. adjvex = 0
9            self. weight = 0     # 这里是无权图, 这一项可以省略
10           self. next = None
11
12   class GraphAdjacencyList(object):
13       def graph_adjacency_list(self):
14           datas = [[1,2],[1,3],[3,2],[4,1],[4,2],[4,3]]
15           head = [Vertex() for i in range(5)]    # 建立顶点向量表
16
17           for i in range(1,5):    # 初始化顶点向量表
```

（续）

18	head[i]. data = i
19	head[i]. firstedge = None
20	for prev, succ in datas:　# 遍历边集数组
21	node = Edge( )　　# 新建弧结构体
22	node. adjvex = succ
23	node. next = head[prev]. firstedge
24	head[prev]. firstedge = node
25	
26	print('图的邻接表内容: ')
27	for i in range(1, 5) :
28	print('顶点 %d => ' % i, end = " ")　　# 打印顶点值
29	ptr = head[i]. firstedge
30	while ptr is not None:
31	print("[%d] " % ptr. adjvex, end = " ")
32	ptr = ptr. next
33	print( )

【执行结果】

图 6-22　执行结果

6.2.3.3　邻接表的特点

①如果图中有 n 个顶点，e 条边，则邻接表需 n 个表头结点、e 个(对有向图) 或 $2e$ 个(对无向图) 表结点。

②如果采用邻接矩阵存储具有 n 个顶点 e 条边或弧的稀疏图，共需要 n^2 个存储空间来存储图中所有的边或弧。使用邻接矩阵存储图可以很好地确定两个顶点间是否有边，但是查找顶点的邻接点时，需要访问对应一行或者一列的所有数据元素，并且无论两个顶点间是否有边都要保留存储空间。如果采用邻接表存储该图，则至多需要 $2e$ 个结点存储图中所有的边或弧。使用邻接表存储图可以方便地找到顶点的邻接表，由于稀疏图中的顶点数目远大于边数，即 $n \gg e$，因此 $n^2 \gg 2e$，所以对于稀疏图，采用邻接表存储更节省存储空

189

间，但如果需要确定两个顶点间是否有边相连则需要遍历单链表，邻接表比邻接矩阵复杂。

③在无向图中，某一顶点的度为其对应链表中结点（边）的总数目。

④在有向图中，若某一顶点在数组中的存储下标为 i，则该顶点的出度为其对应链表中结点（弧）的总数目，入度为邻接表中 adjvex 域内值为 i 的结点（弧）的总数目。

在使用邻接表存储有向图时，求某一顶点的出度较为简单，但是在求某一顶点的出度时，最坏情况下需遍历所有的邻接表。因此，为了方便计算有向图中某一顶点的入度，可以为该图建立**逆邻接表**，如图 6-23 所示。

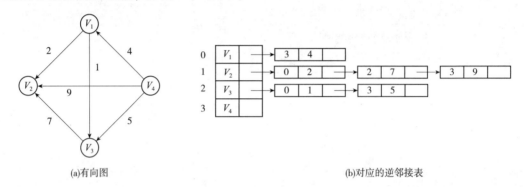

(a)有向图   (b)对应的逆邻接表

图 6-23 有向图及其对应的逆邻接表

在建立邻接表或逆邻接表时，若输入的顶点信息为顶点的编号，则建立邻接表或逆邻接的时间复杂度为 O($n+e$)；否则需要通过查找才能得到顶点在图中的位置，则时间复杂度 O(ne)。

6.3 图的遍历

给定一个图和其中任意一个结点 V，从 V 出发系统地访问图 G 的所有的结点，这样的过程叫作**图的遍历**。遍历图的算法常是实现图的其他操作的基础。这一定义本身与树的遍历类似，但由于图自身的复杂性，其实现较树的遍历要复杂许多。

图的搜索算法通常为图的每个顶点保留一个**标志位**。算法开始时，所有顶点的标志位清零。在遍历过程中，当某个顶点被访问时，其标志位被标记。在搜索中遇到被标记过的顶点则不再访问它。搜索结束后，如果还有未标记过的顶点，遍历算法可以选一个未标记的顶点，从它出发开始继续搜索。

根据搜索路径的方向不同，图有两种常用的遍历方法：深度优先遍历（depth first search，DFS）和广度优先遍历（breadth first search，BFS）。

6.3.1 深度优先遍历

6.3.1.1 深度优先遍历的定义

图的深度优先遍历类似于树的先序遍历，可认为是树的先序遍历的推广。它的基本思路如下：

①在图中任选一顶点V_i为初始出发点，访问出发点V_i（并标记为已访问）。

②依次搜索V_i的每一个邻接点V_j，若V_j未访问过，则以V_j为新的出发点继续进行深度优先搜索；依此类推，直到访问完所有和V_i有路径的顶点。

对图 6-24(a)的有向图，从顶点 A 出发调用 DFS 过程，顶点被访问的次序是：A、B、D、C。这里假定邻接于 B 的顶点 C 和 D 的次序是先 D 后 C，即从 A 出发，访问 A，标记 A，然后选择 A 的邻接点 B，深度优先搜索访问 B。B 有两个邻接于它的顶点，假定先访问 D 后访问 C，所以先深度优先搜索访问 D。D 有两个邻接点，由于 D 的邻接点 A 已标记，所以深度优先搜索访问 C。这时，邻接于 C 的顶点 A 已经被标记，所以返回 D，这时 D 的所有邻接点均已打上标记，故返回 B，再返回 A。DFS 结束。

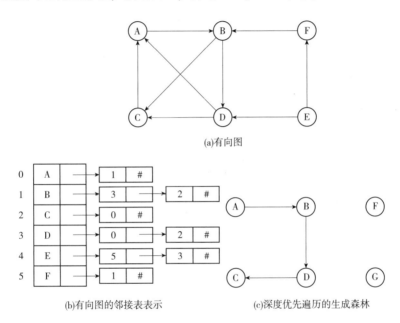

图 6-24 深度优先遍历有向图

上述过程可能仅访问了图的一部分，类似于森林的先序遍历中遍历了一棵树，即对无向图，遍历了一个连通分量；对有向图，则遍历了所有从 A 出发可到达的顶点，即 A 的可达集。如果是连通的无向图或强连通的有向图，上述 DFS 算法必定可以系统地访问图中的全部顶点；否则，为了遍历整个图，还必须另选未标记的顶点，再次调用 DFS 过程，这样重复多次，直到全部顶点都已被标记为止。

图中所有顶点，以及在深度优先遍历时经过的边（即从已访问的顶点到达未访问顶点的边）构成的子图，称为图的**深度优先搜索生成树**（或生成森林）。

6.3.1.2 深度优先遍历的递归算法

代码段 6-4 为图的存储结构的深度优先遍历递归算法 DFS 的实现代码，算法采用图 6-24(b)的邻接表表示，在该邻接表上执行 DFS 算法得到的深度优先遍历的生成森林如图 6-24(c)所示。

【算法实现】

代码段 6-4　深度优先遍历递归算法实现

```
1    def  dfs( current) :
2        run[ current] = 1
3        print( '[ %d] ' %current, end = ' ')
4        ptr = head[ current] . next
5        while ptr is not None:
6            if run[ ptr. data] == 0:        #如果顶点尚未遍历，就进行 dfs 的递归调用
7                dfs( ptr. data)
8            ptr = ptr. next
```

【例 6-4】　假设图各边的起点值和终点值如下数组：datas = [[1,2], [2,3], [2,5],
[5,1], [3,5], [3,1], [3,4], [4,6], [6,2]]。请使用深度优先遍历该图并建立邻接表，输
出深度优先遍历图的顶点访问次序。

解：实现代码如代码段 6-5 所示。

【算法实现】

代码段 6-5　实现代码

```
1    class GraphNode:
2        def  __init__( self) :
3            self. data = 0
4            self. next = None
5
6    head = [ GraphNode( ) ] * 7    # 声明一个节点类型的链表数组
7    run = [ 0] * 7
8
9    def dfs( current) :
10       run[ current] = 1
11       print( '[ %d] ' % current, end = ' ')
12       ptr = head[ current] . next
13       while ptr is not None:
14           if run[ ptr. data] == 0:
15               dfs( ptr. data)
16           ptr = ptr. next
17
18   datas = [ [ 1, 2], [ 2, 3], [ 2, 5], [ 5, 1], [ 3, 5], [ 3, 1], [ 3, 4], [ 4, 6], [ 6, 2]]  # 声明图的边线数组
19   for i in range( 1, 7) :
20       run[ i] = 0                    # 把所有顶点设置成尚未遍历过
```

(续)

21	head[i] = GraphNode( )
22	head[i]. data = i # 设置各个链表头的初值
23	head[i]. next = None
24	ptr = head[i] # 设置指针指向链表头
25	for j in range(9) :
26	if datas[j] [0] == i: # 如果起点和链表头相等, 则将顶点加入链表
27	new_node = GraphNode( )
28	new_node. data = datas[j] [1]
29	new_node. next = None
30	while True:
31	ptr. next = new_node # 加入新节点
32	ptr = ptr. next
33	if ptr. next is None:
34	break
35	
36	print('图的邻接表内容: ') # 打印图的邻接表内容
37	for i in range(1, 7) :
38	ptr = head[i]
39	print('顶点 %d =>' % i, end = ' ')
40	ptr = ptr. next
41	while ptr is not None:
42	print('[%d] ' % ptr. data, end = ' ')
43	ptr = ptr. next
44	print( )
45	print('深度优先遍历的顶点: ') # 打印深度优先遍历的顶点
46	dfs(1)

【执行结果】

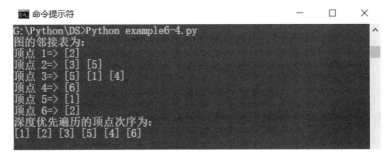

图 6-25 代码执行结果

6.3.1.3 深度优先遍历的特点

①以邻接矩阵作为图的存储结构时，由于图的邻接矩阵表示是唯一的，故对于指定的初始出发点，深度优先遍历算法对同一个图得到的 DFS 序列是唯一的。

对于含有 n 个顶点 e 条边或弧的图，当以邻接矩阵作为图的存储结构时由于邻接矩阵是二维数组，要查找每个顶点的邻接点需要访问矩阵中的所有元素，因此，深度优先遍历算法的时间复杂度为 $O(n^2)$。

②以邻接表作为图的存储结构时，对一个具体的邻接表表示来说，从初始出发点得到的 DFS 序列也是唯一的。但通常情况下图的邻接表并不唯一，它取决于边表中结点的链接次序，从而对指定的初始出发点，由于邻接表的不同，深度优先遍历算法对同一个图得到的 DFS 序列不一定唯一。

6.3.1.4 深度优先遍历算法的性能分析

对于含有 n 个顶点 e 条边或弧的图，当以邻接表作为图的存储结构时，搜索 n 个顶点的所有邻接点需将各边表结点扫描一遍，而边表结点的总个数为 $2e$（无向图）或 e（有向图），因此，深度优先遍历算法的时间复杂度为 $O(n+e)$。显然对于点多边少的稀疏图来说，邻接表结构使得算法在时间效率上大大提高。

6.3.2 广度优先遍历

6.3.2.1 广度优先遍历的定义

图的广度优先遍历类似于树的层次遍历，可认为是树的层次遍历的推广。将图 6-26(a) 进行变形，变形原则是顶点 A 放置在第一层，让与它有边的顶点 B、D 放置在第二层，再让与 B 和 D 有边的顶点 C、E 放置在第三层，再将与顶点 C、E 有边顶点 F 放置在第四层，如图 6-26(b) 所示。此时在视觉上感觉图的形状发生了变化，但顶点和边的关系并未发生变化。

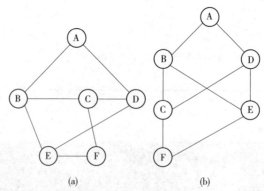

(a)   (b)

图 6-26　图的变形示例

图的广度优先遍历的基本思路是：

①在图 G 中任选一顶点 V_i 为初始出发点，首先访问出发点 V_i（并标记为已访问）。

②依次访问 V_i 的邻接点 $W_1, W_2, \cdots, W_t$，然后，依次访问与 $W_1, W_2, \cdots, W_t$ 邻接的所有未访问过的顶点，依此类推，直到访问完所有和 V_i 有路径的顶点。

广度优先遍历的特点是尽可能先横向搜索，故称为广度优先遍历。广度优先遍历相当于对图进行了分层，从出发点开始"一层一层"地进行搜索。对图进行广度优先遍历得到的顶点序列，称为该图的广度优先遍历序列，简称 BFS 序列。图中所有顶点以及在广度优先遍历时经过的边（即从已访问的顶点到达未访问顶点的边）构成的子图称为图的**广度优先搜索生成树**（或生成森林）。

表 6-2 为图 6-26(a) 所示的无向图的广度优先遍历过程。

表 6-2 无向图的广度优先遍历过程

步骤	出队列元素	遍历过程
1	A	出队列 ← [A] 入队列 ←
2	A, B	← [B][D] ←
3	A, B, D	← [D][C][E] ←
4	A, B, D, C	← [C][E] ←
5	A, B, D, C, E	← [E][F][ ] ←
6	A, B, D, C, E, F	← [F]

6.3.2.2 广度优先遍历的实现

以邻接表作为图的存储结构的广度优先遍历算法 BFS 如下所示。

【算法实现】

代码段 6-6 为广度优先遍历算法的实现代码。

代码段 6-6 广度优先遍历算法代码实现

```
1    def bfs( current) :
2        bfs_en_queue( current)              # 将第一个顶点存入队列
3        run[ current] = 1                   # 将遍历过的顶点设置为 1
4        print( '[ %d] ' % current, end = ' ')   # 打印出该遍历过的顶点
5        while front ! = rear:               # 判断当前的队伍是否为空
6            current = bfs_de_queue( )        # 将顶点从队列中取出
7            tempnode = head[ current] . first   # 先记录当前顶点的位置
8            while tempnode is not None:
9                if run[ tempnode. data] == 0:
10                   bfs_en_queue( tempnode. data)
11                   run[ tempnode. data] = 1   # 记录已遍历过
12                   print( '[ %d] ' % tempnode. data, end = ' ')
13               tempnode = tempnode. next
```

【例 6-5】 假设图各边的起点值和终点值如下数组：datas＝[[1,2],[2,1],[1,4],[4,1],[2,3],[3,2],[2,5],[5,2],[3,4],[4,3],[3,6],[6,3],[4,5],[5,4],[5,6],[6,5]]。请使用广度优先遍历该图并建立邻接表，输出广度优先遍历图的顶点访问次序。

解： 实现代码如代码段 6-7 所示。

【算法实现】

代码段 6-7　实现代码

```
1    MAX_SIZE = 10  # 定义队列的最大容量
2    front = -1  # 指向队列的前端
3    rear = -1  # 指向队列的末尾
4    class Node:
5        def __init__(self, data):
6            self.data = data   # 顶点数据
7            self.next = None   # 指向下一个顶点的指针
8
9    class BFSGraphLink:
10       def __init__(self):
11           self.first = None
12           self.last = None
13
14       def bfs_print(self):
15           current = self.first
16           while current is not None:
17               print('[%d]' % current.data, end = ' ')
18               current = current.next
19           print()
20
21       def bfs_insert(self, data):
22           new_node = Node(data)
23           if self.first is None:
24               self.first = new_node
25               self.last = new_node
26           else:
27               self.last.next = new_node
28               self.last = new_node
29
30   def bfs_en_queue(value):  # 队列数据的存入
```

（续）

```
31        global MAX_SIZE
32        global rear
33        global queue
34        if rear >= MAX_SIZE:
35            return
36        rear += 1
37        queue[ rear] = value
38
39    def  bfs_de_queue( ) : # 队列数据的取出
40        global front
41        global queue
42        if front == rear:
43            return 1
44        front += 1
45        return queue[ front]
46
47    def  bfs( current) :  # 广度优先查找法
48        global front
49        global rear
50        global head
51        global run
52        bfs_en_queue( current)    # 将第一个顶点存入队列
53        run[ current] = 1    # 将遍历过的顶点设置为 1
54        print( '[ %d] ' % current, end=' ')    # 打印出该遍历过的顶点
55        while front != rear:    # 判断当前的队伍是否为空
56            current=bfs_de_queue( )    # 将顶点从队列中取出
57            tempnode=head[ current] . first    # 先记录当前顶点的位置
58            while tempnode is not None:
59                if run[ tempnode. data] == 0:
60                    bfs_en_queue( tempnode. data)
61                    run[ tempnode. data] = 1    # 记录已遍历过
62                    print( '[ %d] ' % tempnode. data, end=' ')
63                tempnode=tempnode. next
64
65    datas=[ [ 0]  * 2 for row in range( 14) ]
```

（续）

66	datas=[[1,2],[2,1],[1,4],[4,1],[2,3],[3,2],[2,5],[5,2],[3,4],[4,3],[3,6],[6,3],[4,5],[5,4],[5,6],[6,5]]
67	run=[0]*7 #用来记录各顶点是否遍历过
68	queue=[0]*MAX_SIZE
69	head=[BFSGraphLink]*7
70	print('图的邻接表为: ') #打印图的邻接表内容
71	for i in range(1,7):
72	run[i]=0 #把所有顶点设置成尚未遍历过
73	print('顶点%d=>' % i, end=' ')
74	head[i]=BFSGraphLink()
75	for j in range(14):
76	if datas[j][0]==i: # 如果起点和链表头相等,则把顶点加入链表
77	datanum=datas[j][1]
78	head[i].bfs_insert(datanum)
79	head[i].bfs_print() # 打印图的邻接标内容
80	
81	print('广度优先遍历的顶点次序为: ')
82	bfs(1)

【执行结果】

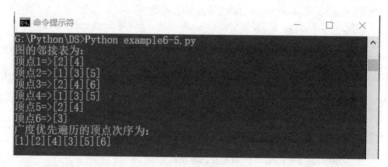

图 6-27　执行结果

6.3.2.3　广度优先遍历的特点

①对于含有 n 个顶点 e 条边或弧的图，当以邻接矩阵或邻接表作为图的存储结构时，对其进行广度优先遍历和深度优先遍历所需时间一样，不同之处仅仅在于对顶点访问的顺序不同，因此，两种算法并无优劣之分，需要视具体情况选择不同的算法。

②由于通常情况下图的邻接表并不是唯一的，广度优先遍历图时各顶点被访问的顺序可能不同。

6.4　图的最小生成树

一个无向连通图的生成树是一个极小连通子图，它包括图中全部顶点，并且有尽可能少的边。图的生成树不唯一，从不同的顶点出发进行遍历，可以得到不同的生成树。如果图 G 是一个连通网络，由于边是带权的，则其生成树的各边也是带权的。通常将生成树中各边权值的总和称为生成树的权，并把权最小的生成树称为图 G 的最小代价生成树，简称为**最小生成树**。对于带权的连通图，如何寻找一棵生成树使得各条边上的权值的总和最小，是一个很有实际意义的问题。

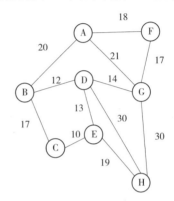

如图 6-28 所示需要在 8 个城镇间建立通信网，考虑如何建设才能使得成本最小。图中顶点表示城镇，边代表两城镇之间的线路(图中未连线结点代表因为某些客观原因无法测距，如高山或湖泊)，边上的权值代表城镇之间的距离(单位为千米)。对于一个有 n 个顶点的图，可有多棵不同的生成树，最终希望选择成本最低的一棵生成树。这就是构造连通图的最小代价生成树问题。

图 6-28　在 8 个城镇间建立通信网示意图

构造最小代价生成树有多种算法，下面介绍其中的两种：普里姆(Prim)算法和克鲁斯卡尔(Kruskal)算法。

6.4.1　普里姆(Prim)算法

6.4.1.1　Prim 算法

设 $G=(V,E)$ 是带权的连通网，$T=(V',E')$ 是正在构造中的生成树。使用 Prim 算法构造最小生成树的算法思路如下。

【算法思路】

①初始状态下，这棵生成树只有一个顶点，没有边，即 $V'=\{u_0\}$，$E'=\{\}$，u_0 是任意选定的顶点。

②寻找一条代价最小的边 (u',v')，边 (u',v') 是一个端点 u 在构造中的生成树上(即 $u \in V'$)，另一个端点 v 不在该树上($v \in V-V'$)的所有这样的边 (u,v) 中代价最小的。将这条最小边 (u',v') 加到生成树上[即将 v' 并入集合 V'，边 (u',v') 并入 E']。

③重复思路②，直到 $V=V'$ 为止，这时最小生成树中必有 $n-1$ 条边。$T=(V',E')$ 是图 G 的一棵最小代价生成树。

【例 6-6】　图 6-29 所示为一个带权无向连通图使用 Prim 算法构造最小生成树的过程。

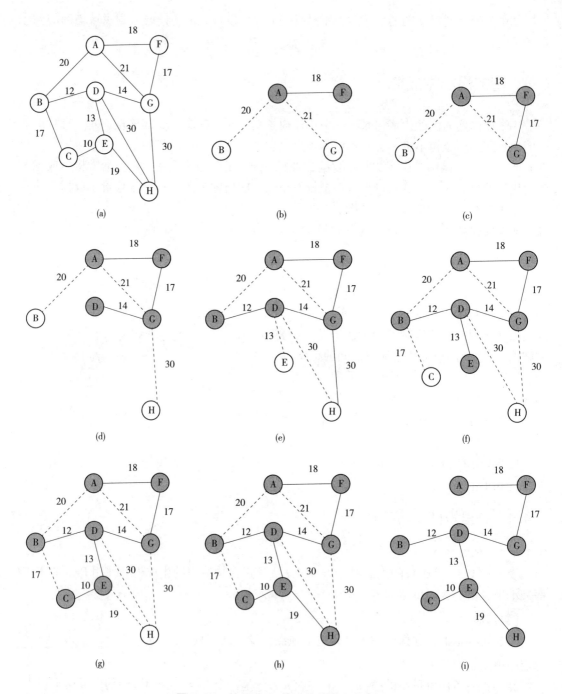

图 6-29　使用 Prim 算法构造最小生成树

6.4.1.2　Prim 算法的实现

使用 Prim 算法实现构造最小生成树时，采用邻接矩阵 arc 存储图。辅助数组 edge 用于存储从 V' 到 $V-V'$ 中权值最小的边。列表 list 来存储最小生成树的边。

【算法实现】

代码段 6-8 为 Prim 算法构造最小生成树的实现代码。

代码段 6-8　使用 Prim 算法构造最小生成树实现代码

```
1   def   prim( self, vertex) :          #令 vertex 为创建最小生成树的起点
2         list =[ ]                       #list 存储最小生成树的边, 以顶点值对的形式存储
3         edge =[ [ ] for i in range( self. numvex) ]
4         #以 self. vertices 中的第 0 个顶点作为根结点, 创建最小生成树
5         minedge = 0
6         #edge[ i] 包含两个部分, 第一部分是与下标 i 表示的顶点相关联的边的最小权值
7         #第二部分是该边依附于的另一个顶点
8         index = 0        #0 表示该顶点已经包含在最小生成树内
9         while index<self. numvex:  #初始化 edge
10            edge[ index] =[ vertex, self. arcs[ vertex] [ index] ]
11            index = index+1
12        #寻找最小生成树的 n−1 条边
13        index = 1
14        while index<self. numvex:
15            #获取符合条件下权值最小的边, 并将其存入 list
16            minedge = self. getmin( edge)
17            list. append( [ self. vertices[ edge[ minedge] [ 0] ] . data, self. vertices[ minedge] . data] )
18            edge[ minedge] [ 1] = 0
19            i = 0
20            #更新 edge
21            while i<self. numvex:
22                if self. arcs[ minedge] [ i] < edge[ i] [ l] :
23                    edge[ i] =[ minedge, self. arcs[ minedge] [ i] ]
24                i = i+1
25            index = index+1
26        print( '组成最小生成树的边如下: ')
27        for item in list:
28            print( item)
29
30  def   getmin( self, edge) :               #获取 edge 中权值最小的边的下标, 并存入 minedge
31        index = 0
32        minweight = float( "inf")
33        vertex = 0
34        while index<self. numvex:          #当该边( index) 存在时, 比较其权值是否更小
```

（续）

35	if edge[index][1] ! = 0 and edge[index][1]<minweight:
36	minweight = edge[index][1]
37	vertex = index
38	index = index + 1
39	return vertex

假定网中共包含 n 个顶点，则初始化 edge 的循环语句的频度为 n，而构造最小生成树的循环语句的频度为 $n-1$。又因为构造最小生成树时需要获取权值最小的边和更新 edge 中边的长度，它们对应的执行语句的频度为 $n-1$ 和 n。因此，Prim 算法的时间复杂度为 O (n^2)。由于该算法的执行时间只与图中顶点的总数目有关，而与边的总数目无关，因此，它更适用于稠密网求最小生成树。

在通常情况下，对于某一具体的图而言，选择不同的起点构造最小生成树，其过程不同。

6.4.2　克鲁斯卡尔(Kruskal) 算法

构造最小生成树的另一个算法是由 Kruskal 提出的，它的基本思想是按权递增次序生成最小生成树。即若某边是最小生成树中第 i 小的边，则它在第 1 至第 $(i-1)$ 小的边全部选出后才加入到中间的部分结果中。

设 $G=(V,E)$ 是带权的连通图，$T=(V',E')$ 是正在构造中的生成树（未构成之前是由若干棵自由树组成的生成森林）。使用 Kruskal 算法构造最小生成树的算法思路如下：

【算法思路】

①初始状态下，这个生成森林包含 n 棵只有一个根结点的树，没有边，即 $V'=V,E'=\{\ \}$。

②在 E 中选择一条代价最小的边 (u,v)，并将其从 E 中删除。

③若在 T 中加入边 (u,v) 以后不形成回路，则将其加进 T 中（这就要求 u 和 v 分属于生成森林的两棵不同的树上，由于边 (u,v) 的加入，这两棵树连成一棵树）；否则继续选下一条边，直到 E' 中包含 $n-1$ 条边为止。此时，$T=(V',E')$ 是图 G 的一棵最小代价生成树。

【例 6-7】　表 6-3 为使用 Kruskal 算法为图 6-30(a) 的带权的无向连通图构造最小代价生成树的过程。图 6-30 为表 6-3 对应的构造过程。

表 6-3　Kruskal 算法构造最小代价生成树

图	起始顶点	终止结点	权值	是否形成回路
图 6-30(b)	C	E	10	否
图 6-30(c)	B	D	12	否
图 6-30(d)	D	E	13	否
图 6-30(e)	D	G	14	否
无	B	C	17	是
图 6-30(f)	F	G	17	否

（续）

图	起始顶点	终止结点	权值	是否形成回路
图 6-30(g)	A	F	18	否
图 6-30(h)	E	H	19	否

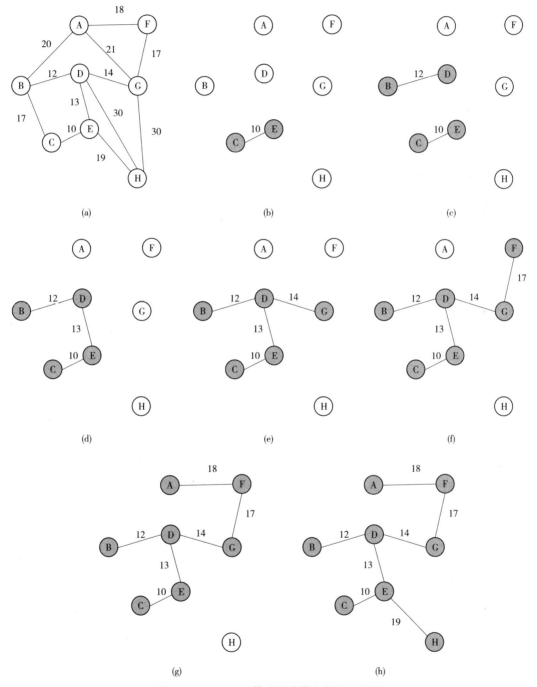

图 6-30　Kruskal 算法构造最小代价生成树

对图中所有边按权值的升序排列时，由于采用的排序算法不同，权值相同的边的顺序有可能不同，所以构造的最小生成树的过程可能不同。Kruskal 算法的执行时间主要取决于图的边数，而与顶点的总数目无关，其时间复杂度为 $O(n^2)$，因此，该算法更适合用于稀疏网求最小生成树。

6.5 最短路径

最短路径是又一种重要的图算法。在生活中常常遇到这样的问题，两地之间是否有路可通？在有几条通路的情况下，哪一条路最短？这就是路由选择。交通网络可以画成带权的图，图中顶点代表城镇，边代表城镇间的公路，边上的权值代表公路的长度。该问题就是网图中求最短路径的问题，即求两个顶点间长度最短的路径。这里路径长度不是指路径上边的个数，而是指路径上各边的权值总和。在非网图和网图中，最短路径的含义是不同的。非网图没有权值，其最短路径是指两顶点之间经过的边数最少的路径；网图的最短路径指的是两顶点之间经过的边上权值之和最少的路径，通常称路径上的第一个顶点是**源点**，最后一个顶点是**终点**。

本节介绍两种最常见的最短路径算法：求单源最短路径的迪杰斯特拉(Dijkstra)算法和求所有顶点之间的最短路径的弗洛伊德(Floyd)算法。这里所指的路径长度是指路径上的边所带的权值之和。

6.5.1 单源最短路径

单源最短路径问题是：对于给定的有向网 $G=(V,E)$ 及单个源点 v，求 v 到图 G 的其余各顶点的最短路径。实际我们只关心某两点间的最短路径，但求某两点间的最短路径并不比求其中一点到其他所有点的最短路径有更好的算法。为了解决这类问题，荷兰籍计算机科学家 Dijkstra 在 1959 年首先提出了一个成熟的算法，通常称为 Dijkstra 单源最短路径算法。

6.5.1.1 Dijkstra 算法

Dijkstra 算法用于求解图中某源点到其余各顶点的最短路径。在有向网中，从某点出发，到达其他任何一点都可能有多条路径，其中必有一条为最短路径(如果没有路径，则假设路径是长度为无穷大的虚拟路径)。使用 Dijkstra 算法求最短路径的算法思路如下。

【算法思路】

①在给定的有向网 $G=(V,E)$ 中，E 是有向网中所有边的组合；使用 N 维数组 $D[k]=A[F,K]$ 来存放某一顶点到其他顶点的最短距离；顶点的集合为 $S=\{F\}$，其中，F 为起始顶点；$V=\{1,2,3,4,\cdots,N\}$，其中，V 是有向网中所有顶点的集合。

②从 $V-S$ 集合中找到一个顶点 x，是 $D(x)$ 的值为最小值，并把 x 放入 S 集合中。

③$D[i]=\min(D[i], D[x]+A[x, i])$，其中，$(x, i)\in E$ 用来调整 D 数组的值，i 指 x 相邻各顶点。

④重复思路②，一直到 $V-S$ 是空集时结束。

【例 6-8】 图 6-31 的有向网图从顶点 1 到其余各顶点的最短路径列表于表 6-4 中。

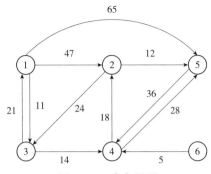

图 6-31 有向网图

表 6-4 有向网图的顶点 1 的单源最短路径

源点	终点	最短路径	路径长度
	2	(1, 3, 4, 2)	43
	3	(1, 3)	11
1	4	(1, 3, 4)	25
	5	(1, 3, 4, 5)	53
	6	–	∞

6.5.1.2 Dijkstra 算法的实现

Dijkstra 的算法思路为保存当前已经得到的从源点到各个其余顶点的最短路径，也就是若源点到该顶点有弧，存在一条路径，长度为弧上的权值，每求得一条到达某个顶点的最短路径就需要检查是否存在经过这个顶点的其他路径，若存在，判断其长度是否比当前求得路径长度短，若是，则修改当前路径。在算法中引入一个辅助向量 D，它的每个分量 D[i] 存放当前所找到的从源点到终点的最短路径长度。

【算法实现】

代码段 6-9 为 Dijkstra 算法构造最小生成树的实现代码。

代码段 6-9 使用 Dijkstra 算法构造最小生成树实现代码

```
1   # 迪杰斯特拉算法
2   def dijkstra( self, vertex) :
3       dist = [ [ ] for i in range( self. numvex) ]    # 最短路径长度
4       path = [ [ ] for i in range( self. numvex) ]    # 最短路径
5       flag = [ [ ] for i in range( self. numvex) ]    # 记录顶点是否已求得最短路径
6       # 初始化三个列表
7       index = 0
8       while index < self. numvex:
9           dist[ index] = self. arcs[ vertex] [ index]
10          flag[ index] = 0
11          if self. arcs[ vertex] [ index] < float( "inf") :
```

（续）

```
12                  path[ index] = vertex
13              else:
14                      path[ index] = -1
15              index = index + 1
16          flag[ vertex] = 1
17          path[ vertex] = 0
18          dist[ vertex] = 0
19          index = 1
20          while index < self. numvex:
21              min_dist = float( "inf")
22              j = 0    # 被考察的路径
23              # 不断选取未被访问的最短的路径
24              while j < self. numvex:
25                  if flag[ j] == 0 and dist[ j] < min_dist:
26                      tmp_vertex = j
27                      min_dist = dist[ j]
28                  j = j + 1
29              flag[ tmp_vertex] = 1
30              end_vertex = 0
31              # 将 min_dist 重新置为无穷大
32              min_dist = float( "inf")
33              # 更新最短路径长度
34              while end_vertex < self. numvex:
35                  if flag[ end_vertex] == 0:
36                      if self. arcs[ tmp_vertex] [ end_vertex] < min_dist \
37                          and dist[ tmp_vertex] + self. arcs[ tmp_vertex] [ end_vertex] < dist[ end_vertex]:
38                          dist[ end_vertex] = dist[ tmp_vertex] + self. arcs[ tmp_vertex] [ end_vertex]
39                          path[ end_vertex] = tmp_vertex
40                  end_vertex = end_vertex + 1
41              index = index + 1
42          self. print_dijkstra_path( dist, path, flag, vertex)
43
44      # 输出从顶点 vertex 到其他顶点的最短路径( dijkstra)
45      def print_dijkstra_path( self, dist, path, flag, vertex) :
46          tmp_path = [ ]
47          while index < self. numvex:
```

（续）

48	if flag[index] == 1 and index is not vertex:
49	print('到达顶点' + self. vertices[index]. data + '的路径为: ')
50	tmp_path. append(index) # 添加路径终点
51	former = path[index] # 获取前一个顶点的下标
52	while former is not vertex:
53	tmp_path. append(former)
54	former = path[former]
55	tmp_path. append(vertex)
56	while len(tmp_path) > 0:
57	print(self. vertices[tmp_path. pop( )]. data, end = ' ')
58	print( )
59	index = index + 1

分析可知，迪杰斯特拉算法的时间复杂度为 $O(n^2)$，并且找到一条从源点到某一特定终点之间的最短路径，和求从源点到各个终点的最短路径一样复杂，时间复杂度也为 $O(n^2)$。

6.5.2 所有顶点对之间的最短路径

所有顶点对之间的最短路径问题是：对于给定的有向网络 $G=(V,E)$，要求对 G 中任意两个不同的顶点 v、$w(v\neq w)$，找出 v 到 w 的最短路径。

Dijkstra 算法只能求出某一顶点到其他顶点的最短距离，如果需要求出图中任意两点甚至所有顶点间的最短距离，可以考虑依次把有向网的每个顶点作为源点，重复执行 Dijkstra算法 n 次，其时间复杂度为 $O(n^3)$。下面介绍的 Floyd 算法在形式上更为直接，但该算法的时间复杂度也是 $O(n^3)$。

6.5.2.1 Floyd 算法

Floyd 算法用于求解图中所有顶点对之间的最短路径：对于给定的有向网络 $G=(V,E)$，要求对 G 中任意两个不同的顶点 v、$w(v\neq w)$，找出 v 到 w 的最短路径。

Floyd 算法定义如下：

①$F_K[i][j] = \min\{F_{K-1}[i][j], F_{K-1}[i][k] + F_{K-1}[k][j]\}, k\geq 1$。$k$ 表示经过的顶点，$F_K[i][j]$ 为从顶点 i 到 j 的经由 k 顶点的最短路径。

②$F_0[i][j] = \text{cost}[i][j]$（即 F_0 等于 cost）。

③F_0 为顶点 i 到 j 的直通距离。

④$F_n[i][j]$ 代表 i 到 j 的最短距离，即 F_n 是所要求出的最短路径成本矩阵。

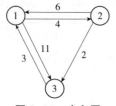

图 6-32 有向网

【例 6-9】 请使用 Floyd 算法求图 6-32 各顶点间的最短路径。

解：①找到 $F_0[i][j]=\text{cost}[i][j]$，$F_0$ 为不经任何顶点的成本矩阵。如顶点之间没有路径，则以∞(无穷大)表示，如图 6-33 所示。

②求 $F_1[i][j]$ 从 i 到 j 经由顶点 1 的最短距离，并填入矩阵。

$F_1[1][2]=\min\{F_0[1][2], F_0[1][1]+F_0[1][2]\}=\min\{4, 0+4\}=4$

$F_1[1][3]=\min\{F_0[1][3], F_0[1][1]+F_0[1][3]\}=\min\{11, 0+11\}=11$

$F_1[2][1]=\min\{F_0[2][1], F_0[2][1]+F_0[1][1]\}=\min\{6, 6+0\}=6$

$F_1[2][3]=\min\{F_0[2][3], F_0[2][1]+F_0[1][3]\}=\min\{2, 6+12\}=2$

$F_1[3][1]=\min\{F_0[3][1], F_0[3][1]+F_0[1][1]\}=\min\{3, 3+0\}=2$

$F_1[3][2]=\min\{F_0[3][2], F_0[3][1]+F_0[1][2]\}=\min\{∞, 3+4\}=7$

按序求其他各顶点的值可得到 F_1 矩阵，如图 6-34 所示。

③求出 $F_2[i][j]$ 从 i 到 j 经由顶点 2 的最短距离，并填入矩阵。

$F_2[1][2]=\min\{F_1[1][2], F_1[1][2]+F_1[2][2]\}=\min\{4, 4+0\}=4$

$F_2[1][3]=\min\{F_1[1][3], F_1[1][2]+F_1[2][3]\}=\min\{11, 4+2\}=6$

按序求其他各顶点的值可得到 F_2 矩阵，如图 6-35 所示。

④求出 $F_3[i][j]$ 从 i 到 j 经由顶点 3 的最短距离，并填入矩阵。

$F_3[1][2]=\min\{F_2[1][2], F_2[1][3]+F_2[3][2]\}=\min\{4, 6+7\}=4$

$F_3[1][3]=\min\{F_2[1][3], F_2[1][3]+F_2[3][3]\}=\min\{6, 6+0\}=6$

按序求其他各顶点的值可得到 F_3 矩阵，如图 6-36 所示。

⑤完成，所有顶点间的最短路径如图 6-36 所示。

从上例可知，一个有向网若有 n 个顶点，则该算法需要执行 n 次循环，产生 n 个矩阵 $F_1, F_2, F_3, \cdots, F_n$。

$$F_0: \begin{bmatrix} 0 & 4 & 11 \\ 6 & 0 & 2 \\ 3 & ∞ & 0 \end{bmatrix} \qquad F_1: \begin{bmatrix} 0 & 4 & 11 \\ 6 & 0 & 2 \\ 3 & 7 & 0 \end{bmatrix} \qquad F_2: \begin{bmatrix} 0 & 4 & 6 \\ 6 & 0 & 2 \\ 3 & 7 & 0 \end{bmatrix} \qquad F_3: \begin{bmatrix} 0 & 4 & 6 \\ 5 & 0 & 2 \\ 3 & 7 & 0 \end{bmatrix}$$

图 6-33 F_0 　　　图 6-34 F_1 　　　图 6-35 F_2 　　　图 6-36 F_3

6.5.2.2 Floyd 算法的实现

【例 6-10】 请使用 Floyd 算法求无向网及有向网中所有顶点两两之间的最短路径。

解：实现代码如代码段 6-10 所示。

【算法实现】

代码段 6-10 实现代码

```
1   def get_path(i, j):
2       if i ! = j:
3           if path[i][j] == 1:
4               print('->', j+1, end = ' ')
5           else:
```

（续）

```
6              get_path( i, path[ i][ j])
7              get_path( path[ i][ j] , j)
8
9    def   print_path( i, j) :
10             print('最短路径: ', i+1, end = ' ')
11             get_path( i, j)
12             print( )
13
14   flag = input('请选择图的类型 1: 有向图; 2: 无向图: ')
15   vertex, edge = input('请输入图的顶点数及边数: ') . strip( ) . split( )
16   flag = int( flag)
17   vertex = int( vertex)
18   edge = int( edge)
19   infinite = float( "inf")   # 无穷大
20   dis = [ ]
21   path = [ ]
22   for i in range( vertex) :
23       dis += [[ ]]
24       for j in range( vertex) :
25           if i == j:
26               dis[ i] . append( 0)
27           else:
28               dis[ i] . append( infinite)
29   for i in range( vertex) :
30       path += [[ ]]
31       for j in range( vertex) :
32           path[ i] . append( -1)
33
34   print('请按照如下格式输入权值(起点序号 终点序号 权值): ')
35   for i in range( edge) :
36       u, v, w = input( ) . strip( ) . split( )
37       u, v, w = int( u) -1, int( v) -1, int( w)
38       if flag == 1:
39           dis[ u][ v] = w
40       elif flag == 2:
41           dis[ u][ v] = w
```

（续）

```
42              dis[v][u] = w
43      print('图的邻接矩阵如下所示: ')
44      for i in range(vertex):
45          for j in range(vertex):
46              if dis[i][j] != infinite:
47                  print('%5d ' % dis[i][j], end = ' ')
48              else:
49                  print('%5s ' % '∞ ', end = ' ')
50          print()
51      for k in range(vertex):
52          for i in range(vertex):
53              for j in range(vertex):
54                  if dis[i][j] > dis[i][k] + dis[k][j]:
55                      dis[i][j] = dis[i][k] + dis[k][j]
56                      path[i][j] = k
57
58      print('所有顶点两两之间的最短距离: ')
59      if flag == 1:
60          for i in range(vertex):
61              for j in range(vertex):
62                  if(i != j) and(dis[i][j] != infinite):
63                      print('顶点%d --->顶点%d 最短路径: %3d ' %(i+1, j+1, dis[i][j]))
64                      print_path(i, j)
65                  if(i != j) and(dis[i][j] == infinite):
66                      print('顶点%d --->顶点%d 最短路径: ∞ ' %(i+1, j+1))
67                      print_path(i, j)
68      if flag == 2:
69          for i in range(vertex):
70              for j in range(i+1, vertex):
71                  print('顶点%d <--->顶点%d 最短路径: %3d ' %(i+1, j+1, dis[i][j]), ' ', end = ' ')
72                  print_path(i, j)
73      print()
74      for i in range(vertex):
75          for j in range(vertex):
76              if dis[i][j] == infinite:
77                  dis[i][j] = 0
```

【执行结果】

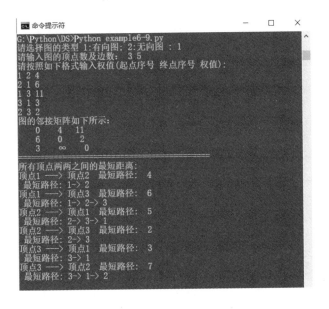

图 6-37　代码执行结果

6.6　有向无环图及其应用

无回路的有向图称为**有向无环图**。在工程应用上，有向无环图是描述一项工程或系统进行过程的有效工具。本节介绍这方面的两个应用，它们对应这样的两个问题：

① 整个工程能否顺利进行？

② 完成整个工程的最短时间是多少？哪些活动是影响整个工程进度的关键？

6.6.1　拓扑排序

6.6.1.1　拓扑排序的定义

拓扑排序是求解网络问题所需的主要算法。管理技术如计划评审技术（performance evaluation and review technique，PERT）和关键路径法（critical path method，CPM）都应用这一算法。通常，软件开发、施工过程、教学安排等都可作为一个工程。一个大的**工程**通常会分成若干子工程，子工程常称为**活动**。因此，要完成整个工程，必须完成所有的活动。活动的执行常常伴随着某些先决条件，一些活动必须先于另一些活动被完成。

假设计算机专业的学生要学完表 6-5 所列出的课程，工程就是完成给定的学习计划，而活动就是学习具体的一门课程。其中，有些课程是基础课，不需要先修其他课程，如 C 语言程序设计；另一些课程则必须在学完某些先修课程后才能开始学习，如学习数据结构之前，必须先学完 C 语言程序设计，这些先决条件规定了课程之间的领先关系。

表6-5　计算机专业学生课程

课程代号	课程名称	先修课程
C_1	高等数学	无
C_2	C 语言程序设计	无
C_3	数据结构	C_2
C_4	离散数学	C_1，C_2
C_5	编译原理	C_2，C_3
C_6	操作系统	C_3，C_7
C_7	计算机组成原理	C_5

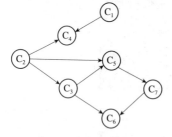

图6-38　表6-5中各课程间的先后关系

所有活动之间的关系可用有向图表示：顶点表示活动，有向边表示活动之间的先后关系，即如果有边$<i,j>$，则表示活动 i 完成后活动 j 才能开始。图6-38 的有向图表示表6-5 中各课程间的先后关系。

在一个表示工程的有向图中，用顶点表示活动，用弧表示活动之间的优先关系，这样的有向图为顶点表示活动的网，通常称为 AOV 网（activity on vertex network，AOV）。AOV 网中的弧表示活动之间存在的某种制约关系。AOV 网络代表的制约关系应当是一种拟序关系，它具有传递性和反自反性。如果这种关系不是反自反的，就意味着要求一个活动必须在它自己开始之前就完成。这显然是不可能的，这类工程是不可实施的。因此，给定了一个 AOV 网络，首先需要确定由此网络的各边所规定的制约关系是否是反自反的，也就是说，该 AOV 网络中是否包含任何有向回路。一般地，它应当是一个有向无环图。

设 $G=(V,E)$ 是一个具有 n 个顶点的有向图，V 中的顶点序列$v_1,v_2,\cdots,v_n$,满足若从顶点v_i到v_j有一条路径，则在顶点序列中顶点v_i必在顶点v_j之前，否则v_i与v_j的次序任意，称这样的顶点序列为一个**拓扑序列**。如对图6-38 的有向图进行拓扑排序，其排序序列不止一条。可以得到拓扑序列：$C_1,C_2,C_4,C_3,C_5,C_7,C_6$ 和 $C_1,C_2,C_3,C_4,C_5,C_7,C_6$ 等。

拓扑排序是对一个有向图构造拓扑序列的过程，构造时会有两个结果，如果此网的全部顶点都被输出，则说明它是不存在环（回路）的 AOV 网；如果输出顶点数少了，说明这个网存在环（回路），不是 AOV 网。一个不存在回路的 AOV 网，可以将它应用在各种各样的工程或项目的流程图中，满足各种应用场景的需要。

6.6.1.2　拓扑排序的实现

假设图 G 是一个包含 n 个顶点的有向图，对其进行拓扑排序的算法思路如下。

【算法思路】

①在图中选择一个入度为零的顶点，并输出。

②从图中删除该顶点及其所有出边（以该顶点为尾的有向边）。

③重复思路①和思路②，直到所有顶点都已列出，或者直到剩下的图中再也没有入度为零的顶点为止。

【例 6-11】　请写出图 6-38 的拓扑排序。

解：实现代码如代码段 6-11 所示。

【算法实现】

代码段 6-11　实现代码

```
1    def  indegree( vertex, edge) :
2        if vertex ==[ ] :
3            return None
4        tmp = vertex [ : ]
5        for i in edge:
6            if i[ 1] in tmp:
7                tmp. remove( i[ 1] )
8        if tmp ==[ ] :
9            return 1
10       for t in tmp:
11           for i in range( len( edge) ) :
12               if t in edge [ i] :
13                   edge [ i] =' toDel '
14       if edge:
15           eset = set( edge)
16           eset. remove( ' toDel ')
17           edge [ : ] = list( eset)
18       if vertex:
19           for t in tmp:
20               vertex. remove( t)
21       return tmp
22
23   def  topo_sort( vertex, edge) :
24       result =[ ]
25       while True:
26           nodes = indegree( vertex, edge)
27           if nodes is None:
28               break
29           if nodes == 1:
30               print( '存在回路! ')
31               return None
```

（续）

32	result. extend(nodes)
33	return result
34	
35	vertex =[' C1 ',' C2 ',' C3 ',' C4 ',' C5 ',' C6 ',' C7 ']
36	edge =[(' C1 ',' C4 '),(' C2 ',' C4 '),(' C2 ',' C5 '),(' C2 ',' C3 '),(' C3 ',' C5 '),\
37	(' C5 ',' C7 '),(' C3 ',' C6 '),(' C7 ',' C6 ')]
38	res = topo_sort(vertex, edge)
39	print(' 拓扑排序为: ')
40	print(res)

【执行结果】

图 6-39　代码执行结果

6.6.2　关键路径

拓扑排序主要是为解决一个工程能否顺序进行的问题。但对一个工程问题来说，除了关心各个子工程之间的先后关系之外，通常更关心整个工程完成的最短时间、哪些活动是影响整个工程进度的关键等问题。这就是 DAG 的另一个应用：描述工程进度的关键路径问题。在描述这类问题的有向图中，顶点表示事件，边表示活动，有向边上的权表示活动持续的时间，这种有向图称为边表示活动的网，通常称为 AOE 网(activity on edge network)。

AOE 网中没有入边的顶点称为始点或源点，没有出边的顶点称为终点或汇点。由于一个工程，总有一个开始，一个结束，所以正常情况下，AOE 网只有一个源点和一个终点。

如图 6-40 所示的 AOE 网，其中 V_1 是源点，表示一个工程的开始，V_9 是终点，表示整个工程的结束。顶点 $V_1, V_2, \cdots, V_9$ 分别表示事件，弧 $<V_1, V_2>$, $<V_1, V_3>$, $\cdots$, $<V_8, V_9>$ 表示一个活动，用 a_1, a_2, $\cdots$, a_{11} 的值代表活动持续的时间，例如，弧 $<V_1, V_4>$ 就是从源点开始的第三个活动 $a_3 = 4$，表示活动 a_3 需要的时间为 4(天)。

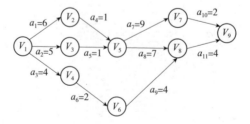

图 6-40　AOE 网示例

6.6.2.1 关键路径和关键活动

AOE 网中从源点到终点的路径可能有多条，其中，有些活动可以并行地进行，但显然只有各路径上的所有活动都完成后，整个工程才算完成。所以，完成整个工程的最短时间是从源点 V_1 到终点 V_n 的最长路径的长度。这里，路径长度是路径上各边的权值之和。从源点到终点的最长路径称为**关键路径**。

关键路径决定着 AOE 网的工期，关键路径的长度就是 AOE 网代表的工程所需的最短工期。图 6-40 中路径 $<V_1,V_2,V_5,V_7,V_9>$ 就是一条关键路径，长度为 18，即整个工程至少要 18 天才能完成。一个 AOE 网的关键路径可能不止一条，如路径 $<V_1,V_2,V_5,V_8,V_9>$ 也是图 6-40 的一条关键路径，它的长度也是 18。

为了寻找和分析关键路径，需要引入几个时间概念。

①一个事件 V_k 可能的最早发生时间 $V_e(k)$，是从源点 V_1 到顶点 V_k 的最长路径长度。事件 V_k 发生后，以 V_k 为起点的各出边 $<V_k,V_y>$ 所表示的活动 a_i 才可以开始，即这些活动 a_i 的最早开始时间为：

$$e(i) = V_e(k) \tag{6-6}$$

例如，图 6-40 中事件 V_5 的最早发生时间是 7，则以 V_5 为起点的两条出边所表示的活动 a_7 和 a_8 的最早开始时间也是 7，即 $e(7)=e(8)=V_e(5)=7$。

通常将源点事件 V_1 的最早发生时间定义为 0。对于事件 V_k，仅当其所有前趋事件 V_x 均已发生，且所有入边 $<V_x,V_k>$ 表示的活动均已完成时才可能发生。所以，$V_e(k)$ 可递推计算：

$$\begin{cases} V_e(1) = 0 \\ V_e(k) = \max \{V_e(x)+W_{xk}\} <V_x,V_k> \in p[k], 2 \leqslant k \leqslant n \end{cases} \tag{6-7}$$

其中，$p[k]$ 表示所有以 V_k 为终点的边集，W_{xk} 表示边 $<V_x,V_k>$ 的权。

②在不拖延整个工期的条件下，一个事件 V_k 允许的最迟发生时间 $V_l(k)$，应该等于终点 V_n 的最早发生时间 $V_e(n)$ 减去 V_k 到 V_n 的最长路径长度。事件 V_k 发生时，以 V_k 为终点的各入边 $<V_x,V_k>$ 所表示的活动 a_i 均已完成，即这些活动 a_i 的最迟完成时间等于 $V_l(k)$。由于活动 a_i 的持续时间是 W_{xk}，所以活动 a_i 的最迟开始时间为：

$$V_l(i) = V_l(k) - W_{xk} \tag{6-8}$$

通常将汇点事件 V_n 的最早发生时间（即工程的最早完工时间）作为 V_n 的最迟发生时间。显然事件 V_k 的最迟发生时间 $V_l(k)$ 不得迟于其后继事件 V_y 的最迟发生时间 $V_l(y)$ 与活动 $<V_k,V_y>$ 的持续时间之差。所以，$V_l(k)$ 可如下递推计算：

$$\begin{cases} V_l(n) = V_e(n) \\ V_l(k) = \min \{V_l(y)-W_{ky}\} <V_k,V_y> \in s[k], 1 \leqslant k \leqslant n-1 \end{cases} \tag{6-9}$$

其中，$s[k]$ 表示所有以 V_k 为起点的边集，w_{ky} 表示边 $<V_k,V_y>$ 的权。

③时间差 $l(i)-e(i)$ 表示完成活动 a_i 的时间余量，也就是在不拖延整个工期的条件下，该活动可以延迟的时间。

若时间余量为零，即 $l(i)=e(i)$，则称 a_i 为**关键活动**，因为它的提前或延期就会影响整个工期（提前或延期）。显然，关键路径上的活动都是关键活动。对非关键活动，它的提前完成并不能加快整个工程进度，而它的延期只要不超过其最大可利用时间，也不会影响整个工期。例如，对图 6-40 中事件 a_6，$e(6)=5$，$l(6)=8$，这意味着即使 a_6 推迟 3 天也不会延误整个工程的进度。

6.6.2.2 关键路径的识别

进行关键路径分析，目的是寻找合理的资源(指能使活动进行的人力或物力)调配方案，使 AOE 网代表的工程尽快完成，为此必须先识别关键路径，只有缩短关键路径上的活动(关键活动)，才有可能缩短整个工期。因此，若把所有活动的最早开始时间和最迟开始时间都计算出来，就可以找出所有的关键活动，从而得到关键路径。求关键活动算法的算法思路如下。

【算法思路】

①对 AOE 网进行拓扑排序，以便按拓扑序列的次序求出各顶点事件的最早发生时间 V_e，若图中有回路，则算法终止，否则执行思路②。

②按拓扑序列的逆序求出各顶点事件的最迟发生时间 V_l。

③根据各顶点的 V_e 和 V_l，求出各活动的最早开始时间 $e(i)$ 和最迟开始时间 $l(i)$。若 $e(i)=l(i)$，则 a_i 为关键活动。

【例 6-12】 如图 6-40 所示，各时间的计算结果如下。

①各事件的最早发生时间

$V_e(1)=0$

$V_e(2)=V_e(1)+W_{12}=0+6=6$

$V_e(3)=V_e(1)+W_{13}=0+4=4$

$V_e(4)=V_e(1)+W_{14}=0+5=5$

$V_e(5)=\max\{V_e(2)+W_{25},V_e(3)+W_{35}\}=\max\{6+1,4+1\}=7$

$V_e(6)=V_e(4)+W_{46}=5+2=7$

$V_e(7)=V_e(5)+W_{57}=7+9=16$

$V_e(8)=\max\{V_e(5)+W_{58},V_e(6)+W_{68}\}=\max\{7+7,7+4\}=14$

$V_e(9)=\max\{V_e(7)+W_{79},V_e(8)+W_{89}\}=\max\{16+2,14+4\}=18$

不难看出，上述计算应按某一拓扑序列的次序进行。

②各事件的最晚发生时间

$V_l(9)=V_e(9)=18$

$V_l(8)=V_l(9)-W_{89}=18-4=14$

$V_l(7)=V_l(9)-W_{79}=18-2=16$

$V_l(6)=V_l(8)-W_{68}=14-4=10$

$V_l(5)=\min\{V_l(8)-W_{58},V_l(7)-W_{57}\}=\min\{14-7,16-9\}=7$

$V_l(4)=V_l(6)-W_{46}=10-2=8$

$V_l(3)=V_l(5)-W_{35}=6-1=6$

$V_l(2)=V_l(5)-W_{25}=6-1=6$

$V_l(1)=\min\{V_l(2)-W_{12},V_l(3)-W_{13},V_l(4)-W_{14}\}=\min\{6-6,6-4,8-5\}=0$

显然，上述计算应按某一拓扑序列的逆序进行。

根据 V_e 和 V_l，就可求出各活动的最早开始时间 $e(i)$ 和最迟开始时间 $l(i)$，以及时间余量，见表 6-6 所示。从中可见，a_1、a_4、a_7、a_8、a_{10}、a_{11} 是关键活动，若将图 6-40 中所有非关键活动删除，则得到图 6-41 所示的关键路径。

表 6-6　各活动的最早开始时间和最迟开始时间

活动	a_1	a_2	a_3	a_4	a_5	a_6	a_7	a_8	a_9	a_{10}	a_{11}
e	0	0	0	6	4	5	7	7	7	16	14
l	0	2	3	6	6	8	7	7	10	16	14
$l-e$	0	2	3	0	2	3	0	0	3	0	0

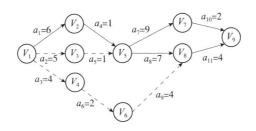

图 6-41　AOE 网的计算结果

小　结

本章主要介绍了图的基本概念、存储结构、遍历方法及图的典型应用，现将本章内容小结如下。

（1）图是一种数据元素间具有"多对多"关系的非线性数据结构，记作 $G=\{V,E\}$。根据不同分类标准，可将图分为无向图、有向图、连通图、强连通图、稀疏图和稠密图等。

（2）图的遍历是极为重要的操作。图的遍历是指从图的任意一个顶点出发对图的每个顶点访问的过程。根据访问顶点的顺序不同，可将图的遍历分为深度优先遍历和广度优先遍历。

（3）图的很多算法都可以用来解决实际问题，如构造最小生成树的算法、求解最短路径的算法、拓扑排序和求解关键路径的算法。

建立最小生成树的方法主要有 Prim 算法和 Kruskal 算法。Prim 算法的核心是将所有顶点归类到集合中，因此，它更适用于稠密网构造最小生成树；而 Kruskal 算法的核心是将所有的边进行归类，因此，它更适用于稀疏网构造最小生成树。

最短路径的求解问题主要分为两类，即求某个顶点到其余顶点的最短路径、求每对顶点间的最短路径，可以分别使用 Dijkstra 算法和 Floyd 算法解决这两类问题。

用户可以使用有向图表示活动之间相互制约的关系，顶点表示活动，弧表示活动之间的优先关系，这种有向图称为顶点活动网（AOV）。拓扑序列是基于 AOV 网进行的，由于 AOV 网中不存在回路，因此可将图中所有活动排列成个线性序列，该序列即为拓扑序列。由于图中某些活动的开始时间具有不确定性，因此，拓扑序列并不唯一。

AOE 网络常用来表示工程的进行，一个工程的 AOE 网应该是只有一个源点和终点的有向无环图。由于 AOE 网中的某些活动可以并行进行，且只有各路径上的所有活动都完成后，整个工程才算完成。所以，完成整个工程的最短时间即是从源点到终点的最长路径的长度，这条路径称为关键路径。由于某些路径的活动总持续时间相等，因此，关键路径并不唯一。

习 题

一、选择题

1. 图中有关路径的定义是( )。

A. 由顶点和相邻顶点序偶构成的边所形成的序列

B. 由不同顶点所形成的序列

C. 由不同边所形成的序列

D. 上述定义都不是

2. 若图的邻接矩阵中主对角线上的元素全为 0，其余元素全为 1，则可以断定该图一定( )。

   A. 是无向图   B. 是有向图   C. 是完全图   D. 不是带权图

3. 关于图的存储结构，( )是错误的。

A. 使用邻接矩阵存储一个图时，在不考虑压缩存储的情况下，所占用的存储空间大小只与图中的顶点数有关，与边数无关

B. 邻接表只用于有向图的存储，邻接矩阵适用于有向图和无向图

C. 若一个有向图的邻接矩阵，对角线以下元素为 0，则该图的拓扑序列必定存在

D. 存储无向图的邻接矩阵是对称的，故只需存储邻接矩阵的下(或上)三角部分即可

4. 以下关于图的存储结构叙述中正确的是( )。

A. 一个图的邻接矩阵表示唯一，邻接表表示唯一

B. 一个图的邻接矩阵表示唯一，邻接表表示不唯一

C. 一个图的邻接矩阵表示不唯一，邻接表表示唯一

D. 一个图的邻接矩阵表示不唯一，邻接表表示不唯一

5. 下列关于广度优先算法说法正确的是( )。

Ⅰ. 当各边的权值相等时，广度优先算法可以解决单源最短路径问题

Ⅱ. 当各边的权值不等时，广度优先算法可以解决单源最短路径问题

Ⅲ. 广度优先遍历算法类似于树中的后序遍历算法

Ⅳ. 实现图的广度优先算法时，使用的数据结构是队列

A. Ⅰ、Ⅳ   B. Ⅱ、Ⅲ、Ⅳ   C. Ⅱ、Ⅳ   D. Ⅱ、Ⅲ、Ⅳ

6. 无向图 G 有 23 条边，度为 4 的顶点有 5 个，度为 3 的顶点有 4 个，其余都是度为 2 的顶点，则图 G 最多有( )个顶点。

   A. 11   B. 12   C. 15   D. 16

7. 对邻接表的叙述中，( )是正确的。

A. 无向图的邻接表中，第 i 个顶点的度为第 i 个链表中结点数的两倍

B. 邻接表比邻接矩阵的操作更简便

C. 邻接矩阵比邻接表的操作更简便

D. 求有向图结点的度，必须遍历整个邻接表

8. 下列关于最小生成树的叙述中，正确的是( )。

Ⅰ. 最小生成树的代价唯一

Ⅱ. 所有权值最小的边一定会出现在所有的最小生成树中

Ⅲ. 使用 Prim 算法从不同顶点开始得到的最小生成树一定相同

Ⅳ. 使用 Prim 算法和 Kruskal 算法得到的最小生成树总不相同

A. Ⅰ   B. Ⅱ   C. Ⅰ、Ⅲ   D. Ⅱ、Ⅰ

9. 下列关于 AOE 网的叙述中，不正确的是(　　)。

A. 关键活动不按期完成就会影响整个工程的完成时间

B. 任何一个关键活动提前完成，那么整个工程将会提前完成

C. 所有的关键活动提前完成，那么整个工程将会提前完成

D. 某些关键活动提前完成，那么整个工程将会提前完成

10. 以下关于拓扑排序的说法中错误的是(　　)。

Ⅰ. 如果某有向图存在环路，则该有向图一定不存在拓扑排序

Ⅱ. 在拓扑排序算法中为暂存入度为零的顶点，可以使用栈，也可以使用队列

Ⅲ. 若有向图的拓扑有序序列唯一，则图中每个顶点的入度和出度最多为 1

A. Ⅰ、Ⅲ   B. Ⅱ、Ⅲ   C. Ⅱ   D. Ⅲ

二、填空题

1. 在图 G 的邻接表表示中，每个顶点邻接表中所含的结点数，对于无向图来说等于该顶点的_____；对于有向图来说等于该顶点的_____。

2. 已知一无向图 $G=(V,E)$，其中 $V=\{a,b,c,d,e\}$，$E=\{(a,b),(a,d),(a,c),(d,c),(b,e)\}$，现用某一种图遍历方法从顶点 a 开始遍历图，得到的序列为 abecd，则采用的是_____遍历方法。

3. 为了实现图的广度优先搜索，除了一个标志数组标志已访问的图的结点外，还需_____存放被访问的结点以实现遍历。

4. Prim 算法适用于求_____的网的最小生成树；Kruskal 算法适用于求_____的网的最小生成树。

5. 在 AOE 网中，从源点到汇点路径上各活动时间总和最长的路径称为_____。

三、判断题

1. 在 n 个结点的无向图中，若边数大于 $n-1$，则该图必是连通图。(　　)

2. 邻接矩阵适用于有向图和无向图的存储，但不能存储带权的有向图和无向图，而只能使用邻接表存储形式来存储它。(　　)

3. 有 n 个顶点的无向图，采用邻接矩阵表示，图中的边数等于邻接矩阵中非零元素之和的一半。(　　)

4. 不同的求最小生成树的方法最后得到的生成树是相同的。(　　)

5. 当改变网上某一关键路径上任一关键活动后，必将产生不同的关键路径。(　　)

四、综合题

1. 已知图 G 如图 6-42 所示，要求根据克鲁斯卡尔算法，求图 G 的一棵最小生成树(要求给出构造过程)。

2. 请设计一个算法，对于图 6-43 所示的 AOE 网，求解其关键路径，并按表 6-7 输出相关信息。

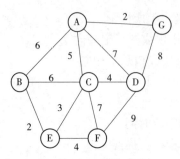

图 6-42　图 *G* 示意图

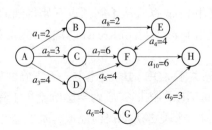

图 6-43　AOE 网示意图

表 6-7　关键路径的相关信息

顶点编号	事件最早发生事件	事件最晚发生时间	活动编号	活动最早开始时间	活动最晚开始时间	活动的时间余量

第7章 查 找

查找是数据处理中经常使用的一种重要的运算，又称检索，几乎在所有的计算机系统软件和应用软件中都会涉及查找相关操作。当面向一些数据量很大的实时系统，如12306火车订票系统、互联网上的信息检索系统等，能否在最短的时间内查找到所需要的数据，是用户非常关心的问题，因此，查找效率显得尤其重要。本章主要介绍基于静态查找表和基于动态查找表的查找算法，并通过对不同查找算法的效率分析来比较各种查找算法在不同情况下的优势和劣势。

思维导图

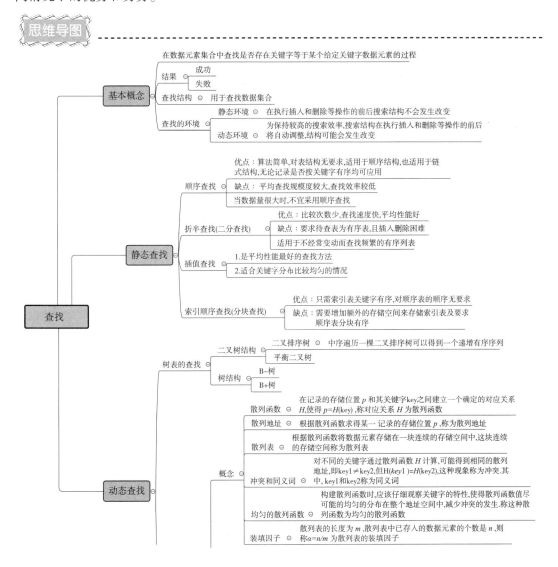

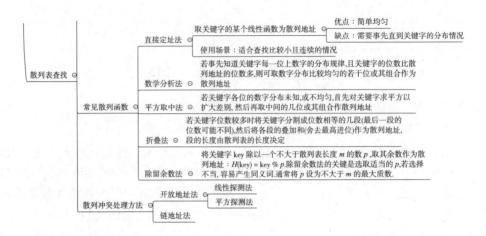

7.1 查找的基本概念

查找是在大量信息或数据集中获得所需要的信息或数据。在数据结构中，查找就是在由一组记录组成的集合中寻找符合特定条件的数据元素。若集合中存在符合条件的记录，则**查找成功**，否则查找失败。查找条件由包含指定关键字的数据元素给出。本节主要介绍查找的概念和基本操作。

7.1.1 相关术语

①查找表　是由同一类型的数据元素(或记录)构成的集合。由于集合中的数据元素之间是没有"关系"的，因此，在查找表的实现时可不受"关系"的约束，而根据问题的具体情况和要求去组织查找表，以便实现高效率的查找。表 7-1 所示就是一个典型的查找表。根据不同的应用需求，查找结果有以下几种表示形式：

- 如果判断查找表中是否包含某个特定元素，则查找结果为是、否两个状态。
- 如果根据关键字查找以获得特定元素的其他属性，则查找结果为特定数据元素。
- 如果查找表中含有多个关键字值相同的数据元素，需要确定返回首次出现的元素或者是返回数据元素集合。
- 如果查找不成功，则返回相应的信息。

②关键字　是数据元素中某个数据项的值，又称为键值，用它可以标识一个数据元素(记录)。例如，表 7-1 中的姓名即为关键字。给定某一学生的姓名"李某四"，能查到该学生的学号为"115211"，性别为"男"，高等数学成绩为"85"，大学英语成绩为"82"，C语言成绩为"71"，数据结构成绩为"90"，操作系统成绩为"90"。

③主关键字　若此关键字可以唯一地标识一个记录，则称此关键字为主关键字，如表7-1 中的"115208"。主关键字所在的数据项称为主键码，如表 7-1 中的"学号"。

④次关键字　用以识别若干记录的关键字称为次关键字，其对应的数据项为次关键码。

⑤查找　是根据给定的关键字的值，在查找表中确定一个关键字与给定值相等的数据元素(或记录)，并返回该数据元素在查找表中的位置的过程。在执行查找操作时，若找到指定的数据元素，则称**查找成功**；若找不到指定的数据元素，则称**查找失败**，此时返回

空。查找表按照操作方式的不同分为两类：静态查找表和动态查找表。

⑥静态查找表 仅以查询为目的，不改动查找表中的记录。它的主要操作为查询某个"特定的"数据元素是否在查找表中和检索某个"特定的"数据元素和各种属性。

⑦动态查找表 在查找的过程中同时伴随插入不存在的记录，或删除某个已存在的记录等对查找表有所变更的操作。

⑧平均查找长度 为确定记录在查找表中的具体位置，需要和给定值进行比较的关键字个数的期望值，称为查找算法在查找成功时的平均查找长度。

对于含有 n 个数据元素的查找表，查找成功时的平均查找长度 ASL 为：

$$ASL = \sum_{i=1}^{n} P_i C_i \tag{7-1}$$

P_i 为在表中查找第 i 个数据元素的概率，它满足：

$$\sum_{i=1}^{n} P_i = 1 \tag{7-2}$$

C_i 指当找到关键字与给定值相等的第 i 个记录时，给定值与表中关键字的比较次数。

由于查找算法的基本运算是关键字之间的比较操作，所以可用查找长度来衡量查找算法的性能。

表 7-1 成绩表

学号	姓名	性别	高等数学	大学英语	C 语言	数据结构	操作系统
115208	周某一	男	90	88	70	87	88
115209	郑某二	男	91	87	76	80	87
115210	张某三	女	88	82	78	89	92
115211	李某四	男	85	82	71	90	90
115212	王某五	女	87	85	72	92	82
115213	赵某六	女	92	90	80	96	85
115214	钱某七	男	95	91	81	92	74
115215	孙某八	女	90	95	73	95	72
115216	韩某九	女	82	88	68	89	94
115217	陈某十	男	81	82	70	80	61

7.1.2 查找表的基本操作

查找表的抽象数据类型见表 7-2 所示。

表 7-2 查找表的抽象数据类型的定义

ADT 查找表(searching table)
数据对象:具有相同特性的数据元素的集合
数据关系:数据元素同属一个集合

（续）

操作名称	操作说明
create_searching_table (st)	创建一个查找表 st
searching_table (st, key)	查找表 st 中关键字为 key 的数据元素
insert_searching_table(st, key, i)	把 key 插至表中的第 i 个位置
delete_searching_table(st, i)	删除查找表 st 中第 i 个位置的数据元素
destory_searching_table(st)	销毁查找表 st

7.2 基于静态查找表的查找

静态查找表通常将数据元素组织为一个线性表，线性表有顺序存储和链式存储结构两种，分别对应为顺序表和链表。本节主要介绍基于顺序表的相关查找算法。

静态查找表的抽象数据类型见表 7-3 所示。

表 7-3 静态查找表的抽象数据类型的定义

ADT 静态查找表(static searching table)

数据对象:具有相同特性的数据元素的集合

数据关系:数据元素同属一个集合

操作名称	操作说明
create_ static_ table (static_table)	创建一个静态查找表 static_ table
sequence_ search(static_table, key)	使用顺序查找算法查找静态查找表 static_ table 中关键字为 key 的数据元素
binary_ search(static_table, key)	使用折半查找算法查找静态查找表 static_ table 中关键字为 key 的数据元素
index_ search(static_ table, key, index_ table)	使用索引查找算法查找静态查找表 static_ table 中关键字为 key 的数据元素,此时还需要 index_table
traverse_ static_ table(static_table)	遍历静态查找表 static_ table
visit_ static_ table (elem)	访问 elem 的值
destory_ static_ table (static_table)	销毁静态查找表 static_ table

7.2.1 顺序查找

顺序查找又叫线性查找，是最基本的查找方法，顺序查找的基本思路是：从静态查找表中第一个(或最后一个)记录开始，逐个将记录的关键字和给定值进行比较，若某个记录的关键字和给定值相等，则查找成功，找到所查的记录；如果直到最后一个(或第一个)记录，其关键字和给定值比较都不相等时，则静态查找表中没有所查的记录，查找失败。

静态查找表最简单的实现方法是采用顺序存储结构，并在此基础上实现其基本运算，它和在线性表中介绍的顺序表是有区别的：后者的结点之间有逻辑关系，结点的存储位置在次序上与逻辑次序一致；而这里结点之间没有逻辑关系，结点的存储位置不表示逻辑关系，它们可以是任意的。顺序查找的算法思路如下。

【算法思路】

①从静态查找表的第一个数据元素的关键字开始，依次将表中的数据元素的关键字和给定值 key 进行比较。

②若表中某个数据元素的关键字和定值 key 相等，说明查找成功，此时返回数据元素在表中的位置。

③若比较至表中最后一个元素时仍未找到和定值 key 相等的关键字，说明查找失败，返回相应提示。

【算法实现】

代码段 7-1 为顺序查找算法的实现代码。

代码段 7-1　顺序查找算法实现

```
1   def  sequential_search( list, key) :
2       pos = -1
3       for i in range( len( list) ) :
4           if list[ i] == key:
5               pos = i
6       returnpos
```

【例 7-1】　对一个静态查找表(1,2,3,4,6,7,8,9,11,15,222)进行顺序查找，假设查找值为随机生成 1~10 之间的 1 个整数，如果查找成功，请输出其在表中位置，否则返回查找失败。

解： 代码段 7-2 为顺序查找的实现代码。

代码段 7-2　顺序查找代码实现

```
1    import random
2    data = random. randint( 1, 10)
3    def sequential_search( list, key) :
4        pos = -1
5        for i in range( len( list) ) :
6            if list[ i] == key:
7                pos = i
8                return pos
9
10
11   list = [ 1, 2, 3, 4, 6, 7, 8, 9, 11, 222]
12   print( '静态查找表为: %s ' % list)
13   print( '需要查找的数字是: %d ' % data)
14   result = sequential_search( list, data)
15   print( '查找成功，该元素位置为: %d ' % resultif-1 ! = result else '本次查找失败，表中无该元素')
```

【执行结果】

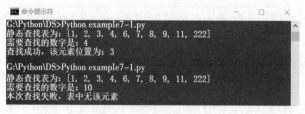

图 7-1　代码执行结果

为了进一步提高查找效率，可将上述算法做以下改进：将静态查找表中的 list［0］作为"哨兵"，把关键字等于给定值的数据元素存入其中，这样在查找过程中无须判断 i 是否越界。改进后的算法实现如下：

【算法实现】

代码段 7-3 为顺序查找优化算法的实现代码：

代码段 7-3　顺序查找优化算法实现

```
1    # 顺序查找优化算法
2    def sequential_search_1( list, key):
3        if list[ 0] ==key:
4            return 0
5        list[ 0] = key
6        pos =len( list) -1
7        while list[ pos] ! =key:
8            pos-= 1
9        return pos if pos ! =0 else-1
```

在本优化算法中将静态查找表中的 list［0］作为"哨兵"。因此，本算法中的 pos 与代码段 7-1 算法中 pos 不同。查找成功时，本算法中 pos 的值是从 $n-1$ 到 1，在代码段 7-1 算法中 pos 的值是从 0 到 $n-1$。

假设静态查找表中有 n 个数据元素，在查找成功的情况下，其平均查找长度 ASL 为：

$$ASL = \sum_{i=1}^{n} P_i C_i \tag{7-3}$$

假设每个数据元素的查找概率相等，即 $P_i=1/n$。C_i 取决于所查数据元素在表中的位置。若所查的数据元素为查找表中的最后一个数据元素，则需要比较 1 次，若所查的数据元素为查找表中的第一个数据元素，则需要比较 n 次。一般情况下，找到查找表中第 i 个记录所需的比较次数为 $C_i=n-i+1$，则：

$$ASL = \sum_{i=1}^{n} P_i C_i =nP_1+(n-1)P_2+\cdots+2P_{n-1}+P_n$$

$$= \frac{1}{n} \sum_{i=1}^{n} (n-i+1) = \frac{1}{n}\times\frac{n(n+1)}{2}=\frac{n+1}{2} \tag{7-4}$$

若同时考虑查找成功和查找失败的情况，假设查找成功与查找失败的概率相等，每个数据元素的查找概率也相等。对于查找成功的情况，其平均查找长度 $ASLT$ 为：

$$ASLT = \frac{1}{n} \sum_{i=1}^{n} (n - i + 1) \tag{7-5}$$

对于查找失败的情况，给定值和关键字比较的次数为 $n+1$，则查找失败的平均查找长度 $ASLF$ 为：

$$ASLF = \frac{1}{n} \sum_{i=1}^{n} (n + 1) \tag{7-6}$$

顺序查找优化算法的平均查找长度 ASL 为：

$$ASL = \frac{ASLT + ASLF}{2} = \frac{1}{2} \left[\frac{1}{n} \sum_{i=1}^{n} (n - i + 1) + \frac{1}{n} \sum_{i=1}^{n} (n + 1) \right]$$

$$= \frac{1}{2} \left[\frac{(n + 1)}{2} + (n + 1) \right] = \frac{3(n + 1)}{4} \tag{7-7}$$

因此，顺序查找优化算法的时间复杂度为 $O(n)$。

顺序查找的优点是算法简单，对表结构无要求，适用于顺序结构，也适用于链式结构，无论记录是否按关键字有序均可应用。其缺点是平均查找规模度较大，查找效率较低，所以当 n 很大时，不宜采用顺序查找。

7.2.2 折半查找

7.2.2.1 基本思想

折半查找(binary search)又称二分查找，它是一种效率较高的查找方法。但是折半查找要求线性表必须采用顺序存储结构且表中元素按关键字**有序**排列。

折半查找的基本思想如下：首先将给定值和有序表中间位置上的关键字进行比较，若相等，则查找成功；若给定值小于该位置上的关键字，则说明待查找的结点在有序表中间位置左边的子表中，则在左子表中继续进行折半查找；若给定值大于该位置上的关键字，则说明待查找的结点在有序表中间位置右边的子表中，则在右子表中继续进行折半查找。不断重复上述查找过程，直到查找成功，或者当前的查找区间为空(即查找失败)。这样，每经过一次关键字比较，剩下的查找区间就缩小为原来的一半，折半查找即由此得名。

【例 7-2】 已知如下 11 个数据元素的有序表(关键字即为数据元素的值)：(3,7,10,18,20,28,35,39,43,56,89)，请给查找关键字为 18 和 55 的数据元素的折半查找过程。

解： 假设 start 和 end 分别表示待查元素所在范围的下界和上界，mid 表示的中间位置，即 mid=(start +end)。本例中，start 和 end 的初值分别为 1 和 11，即[1, 11]为待查范围，mid 初值为 6。查找关键字 key=18 的折半查找过程如图 7-2 所示。

①首先令给定值 key = 18 与中间位置的数据元素的关键字 alist[mid]相比较，alist[mid] = 28，因为 18<26，说明待查元素若存在，必在区间[start，mid-1]的范围内。则令 end 指向第 mid-1 个元素，得到 end=5，重新求得 mid=3。

②继续将给定值 key 和 alist[mid]相比较，alist[mid] = 10，因为 18>10，说明待查元

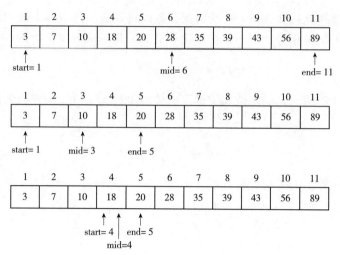

图 7-2　关键字 key=18 的折半查找过程

素若存在，必在[mid+1，end]范围内，则令 start 指向第 mid+1 个元素，得到 start=4，重新求得 mid=4。

③继续将给定值 key 和 alist[mid]相比较，alist[mid]=18，key=alist[mid]，则查找成功，返回所查元素在表中的序号 mid。

查找关键字 key=55 的折半查找过程如图 7-3 所示。

查找过程同上，只是在图 7-3 中的最后一趟查找时，因为 start>end，查找区间不存在，则说明表中没有关键字等于 55 的元素，查找失败，返回 False。

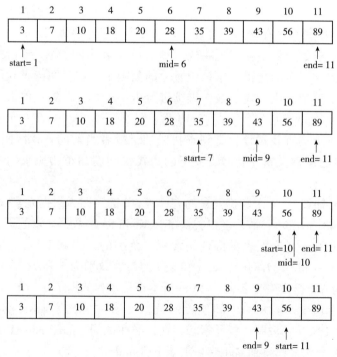

图 7-3　关键字 key=55 的折半查找过程

折半查找的算法思路如下：

【算法思路】

①假定当前查找区间为［start，end］，其中，start=0、end=len(alist)-1。

②若 start>end，查找失败，返回 False。否则取该区间的中间位置 mid=(start+end)/2 的数据元素为当前比较元素，将给定值 key 和该位置元素的关键字进行比较。

③若 key=alist［mid］，则查找成功，此时返回数据元素在表中的位置 mid。

④若 key<alist［mid］，则在［start，mid-1］范围内继续查找。

⑤若 key>alist［mid］，则在［mid+1，start］范围内继续查找。

【算法实现】

代码段 7-4 为折半查找算法非递归实现的代码。

代码段 7-4　折半查找算法非递归实现

```
1    def  binary_search_1( alist, key) :
2        start = 0
3        end = len( alist) - 1
4        while start < = end:
5            mid = ( start+end) // 2
6            if alist[ mid] == key:
7                return True
8            elif key<alist[ mid] :
9                end = mid - 1
10           else:
11               start = mid + 1
12       return False
```

代码段 7-5 为折半查找算法递归实现的代码。

代码段 7-5　折半查找算法递归实现

```
1    def  binary_search_2( alist, key) :
2        if len( alist) == 0:
3            return False
4        mid = len( alist) // 2
5        if alist[ mid] == key:
6            return True
7        elif key< alist[ mid] :
8            return binary_search_2( alist[ : mid] , key)
9        else:
10           return binary_search_2( alist[ mid+1: ] , key)
```

7.2.2.2　二叉判定树

在折半查找中，每次都以表的中间点为比较对象，将表分为两个子表，对定位到的子表再进行同样的操作。这一过程可用一棵二叉树来描述：将当前查找区间中间位置上的结点作为根，左子表和右子表中的结点分别组成根的左子树和右子树，将左右子树按同样的规则建立，如此循环得到的二叉树称为描述折半查找的**二叉判定树**。显然，整个判定树的根是第 1 次比较的中间点结点，若某一步时左子表或右子表为空，则对应的子树为空。

例如，在例 7-2 中，11 个结点的有序表的对关键字 18 的折半查找过程可用图 7-4 所示的二叉判定树表示，树中结点内的数字表示该结点在有序表中的位置。从图中可见，若查找的结点正好是表中第 6 个结点，则只需进行一次比较；若查找的结点是表中第 3 或第 9 个结点，则需进行二次比较；若找第 1、4、7、10 个结点，则各需比较三次；若找第 2、5、8、11 个结点，则各需比较四次。

由此可见，折半查找过程恰好是经过了一条从判定树的根到待查结点（或某个空子树）的一条路径，经历比较的关键字个数恰为路径中的结点数（即路径最后一个结点在树中的层数）。图 7-4 中根左侧的虚线表示图 7-4 查找 key = 18 的过程，其中，将 key 分别与结点 6、3、4 比较，共进行了三次比较后查找成功。

一般地，对于一个长度为 n 的静态查找表，折半查找法在查找成功时进行比较的关键字个数最多不过树的深度，而二叉判定树的形态只与表记录个数 n 相关，与关键字的取值无关，具有 n 个结点的二叉判定树的深度为 $\lfloor \log_2 n \rfloor + 1$。所以，折半查找法在查找成功时和给定值 key 进行比较的关键字个数至多为 $\lfloor \log_2 n \rfloor + 1$。

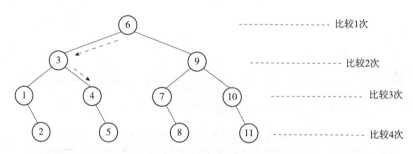

图 7-4　11 个结点的二叉判定树及查找关键字 key = 18 的过程

对于查找不成功的情况，需要在二叉判定树中加入外部结点（图 7-5 中的方形结点）。从根结点到外部结点的路径为查找某一元素的过程，和给定值与表中关键字的比较次数就是该路径上内部结点的个数。图 7-5 所示中根右侧的虚线即查找 key = 55 的过程，其中，将 key 分别与结点 6、9 和 10 比较，共进行了三次比较后查找失败。因此，折半查找在查找失败时和给定值进行比较的关键字个数不超过 $\lfloor \log_2 n \rfloor + 1$。

借助于二叉判定树，很容易求得折半查找的平均查找长度。为了讨论方便起见，假定有序表的长度 $n = 2^k - 1$，则折半查找的判定树是深度为 $h = \log_2(n+1)$ 的满二叉树。由于判定树中深度为 k 的结点有 2^{k-1} 个，因此，该层每个结点的查找次数为 k 次，所以找到该层所有结点的比较次数之和为 $k \times 2^{k-1}$。假设每个数据元素的查找概率相等（$P_i = 1/n$），则折半查找的平均查找长度为：

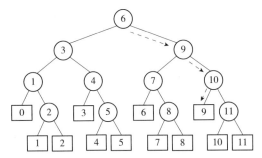

图7-5 11加上外部结点的二叉判定树及查找关键字 key=55 的过程

$$ASL = \sum_{i=1}^{n} P_i C_i = \frac{1}{n} \sum_{i=1}^{h} i \times 2^{i-1} = \frac{n+1}{n} \log_2(n+1) - 1 \qquad (7\text{-}8)$$

当 n 较大时，可有下列近似结果：

$$ASL = \log_2(n+1) - 1 \qquad (7\text{-}9)$$

因此，折半查找的时间复杂度为 $O(\log_2 n)$。

折半查找的优点是比较次数少，查找速度快，平均性能好。其缺点是要求待查表为有序表，且插入删除困难。因此，折半查找方法适用于不经常变动而查找频繁的有序列表。

7.2.3 插值查找

折半查找每次以数据集的中间点作为比较的对象，并将数据集分割成前后两部分。如果已知两个端点的情况，则可以根据当前待查关键字的大小，利用数学上的两点插值公式确定一个比较准确的分割点，这就是(线性)**插值查找法**(interpolation search)，是折半查找法的改进版。

实际上我们在日常生活中经常会使用插值查找算法，如查英文词典时，若寻找一个以 X 开头的单词，我们会在词典的较后部分而不是从中间部分开始查找，这是因为词典是按首字母顺序排列的，字母 X 一定位于字典较后部分。分割点的插值计算式为：

$$mid = start + \frac{key - alist[\,start\,]}{alist[\,end\,] - alist[\,start\,]} \times (end - start) \qquad (7\text{-}10)$$

其中，start、end、mid 分别为当前查找区间的两个端点和分割点的下标，alist[end]、alist[start] 是剩余待查记录中的最大值和最小值，key 为需要查找的键值。插值查找的算法思路如下。

【算法思路】

①将记录从小到大按 0，1，2，…，$n-1$ 编号。

②令 start=0，end=$n-1$。

③当 start<end 时，重复执行思路④和⑤。

④令 $mid = start + \dfrac{key - alist[\,start\,]}{alist[\,end\,] - alist[\,start\,]} \times (end - start)$。

⑤若 key<alist[mid]，且 end≠mid-1，则令 end=mid-1。

⑥若 key=alist[mid]，查找成功。

⑦若 key>alist[mid]，且 start≠mid+1，则令 start=mid+1。

【算法实现】

代码段 7-6 为插值查找算法的实现代码。

代码段 7-6　插值查找算法实现

```
1   def   interpolation_search( alist, key) :
2       start = 0
3       end = len( alist) −1
4       while start <= end and key ! =−1:
5           mid = start+int( ( key−alist[ start] ) *( end−start) /( alist[ end] −alist[ start] ) )
6           if key == alist[ mid] :
7               return mid
8           elif key < alist[ mid] :
9               print( '%d 介于位置 %d[ %3d] 和中间值 %d[ %3d] 之间, 找左半边' \
10                  %( key, start, alist[ start] , mid, alist[ mid] ) )
11              end = mid −1
12          elif key > alist[ mid] :
13              print( '%d 介于中间值位置 %d[ %3d] 和 %d[ %3d] 之间, 找右半边' \
14                  %( key, mid, alist [ mid] , end, alist [ end] ) )
15              start = mid +1
16      return −1
```

插值查找是平均性能最好的查找方法，但只适合关键字分布比较均匀的情况，其时间复杂度仍然是 $O(\log_2 n)$。

7.2.4　索引顺序查找

索引顺序表是按照索引存储方式构造的一种存储结构，它由两部分组成：一个顺序表和一个索引表。其中，顺序表中的元素按块有序，对每一块，在索引表中建立一个索引项，所有索引项顺序存储组成索引表。每个索引项由两部分组成：第一部分为块中的最大关键字；第二部分为该块在顺序表中的起始位置。由于顺序表是分块有序的，所以索引表是一个递增有序表。

"按块有序""分块有序"是指顺序表中的数据可划分为若干子表(块)；每一块中的关键字不一定有序，但前一块中的最大关键字必须小于后一块中的最小关键字。如图 7-6 所示，顺序表有 12 个结点，被分成 3 块，每块中有 4 个结点，第一块 B_0 中最大关键字 15 小于第二块 B_1 中最小关键字 16，第二块 B_1 中最大关键字 25 小于第三块 B_2 中最小关键字 32。

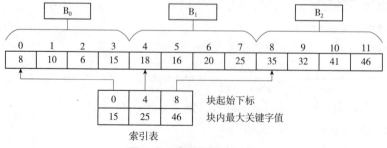

图 7-6　索引顺序表示例

在索引顺序表上的查找方法是索引顺序查找，又称分块查找，它是一种性能介于顺序查找和折半查找之间的查找方法。它的基本思想是：首先查找索引表，因为索引表是有序表，故可采用折半查找或顺序查找，以确定待查的结点所在子表；然后在已确定的子表中进行顺序查找。索引顺序查找算法思路如下：

【算法思路】

①将给定值和索引表中的关键字进行比较，确定所查的数据元素所在的子表。

②若该子表存在，则在其中顺序查找该给定值 key；否则查找失败。

③若在子表中找到与给定值 key 相等的关键字，则查找成功，返回所查的数据元素的位置 pos；否则查找失败。

【算法实现】

代码段 7-7 为索引顺序查找算法的实现代码。

代码段 7-7　索引顺序查找算法的实现

```
1    def  index_search( self, key, index_table) :
2            pos = -1
3            start = 0
4            end = 0
5            num = index_table. data[ 1]. addr - index_table. data[ 0]. addr    #获得子块中的关键字个数
6            for i in range( index_table. length - 1) :    #防止溢出
7                if key <= index_table. data[ i]. key:
8                    start = 0
9                    end = start + num
10                   break
11               if index_table. data[ i]. key < key <= index_table. data[ i+1]. key:
12                   start = index_table. data[ i+1]. addr
13                   end = start + num
14                   break
15           if end! = 0:
16               for i in range( start, end) :
17                   if key == self. data[ i]. key:
18                       pos = i
19               return pos
20           else:
21               return pos
```

如图 7-6 所示的查找表执行上述算法，假定给定值 key=6，首先将 6 和索引项中各子表的最大关键字进行比较，因为 key<15，所以关键字为 key 的数据元素可能存在于子表 B_0 中。在子表 B_0 中进行顺序查找，比较到 self. data[2]. key 时查找成功。假定给定值 key=

45，首先将 45 和索引项中各子表的最大关键字进行比较，因为 key<46，所以关键字为 key 的数据元素可能存在于子表 B_2 中。在子表 B_0 中进行顺序查找，比较到 self. data [3]. key 时未找到给定值 key=45，查找失败。

设顺序表长为 n 的分块有序表包含 m 块，每块中有 s 个记录，则 $m=[n/s]$。假定表中每个记录的搜索概率相等，即每块被搜索的概率为 $1/m$，块中每个记录被搜索的概率为 $1/s$。

若使用顺序查找确定待查关键字值所在的块，则索引顺序查找的成功搜索平均搜索长度为：

$$ASL = \frac{1}{m}\sum_{1}^{m} j + \frac{1}{s}\sum_{1}^{s} i = \frac{m+1}{2} + \frac{s+1}{2} = \frac{1}{2}\left(\frac{n}{s} + s\right) + 1 \qquad (7\text{-}11)$$

式(7-11)表明平均搜索长度与 n 和 s 有关，给定 n，可以证明当 $s=\sqrt{n}$ 时，ASL 有最小值 $\sqrt{n}+1$。

对于索引顺序查找，其平均查找长度小于顺序查找的平均长度，大于折半查找的平均查找长度。和顺序查找相比，索引顺序查找的缺点是需要增加额外的存储空间来存储索引表及要求顺序表分块有序。和折半查找相比，索引查找的优点是只需索引表关键字有序，对顺序表的顺序无要求。

7.3　基于动态查找表的查找

上一节中介绍的 4 种查找方法均使用线性表作为查找表的组织形式。其中，折半查找效率较高。但由于折半查找要求表中数据元素按关键字有序排列，且不能用链表做存储结构，因此，当频繁对查找表进行插入或删除操作时，为维护表的有序性，需要移动表中大量元素，会引起额外的时间开销，所以线性表的查找更适用于静态查找表。

本节将讨论动态查找表，这一结构的特点为表中元素均在查找过程中动态生成，在动态查找表中，若该元素存在，则查找成功，反之则将该元素插入表中。动态查找表的抽象数据类型见表 7-4 所示。

表 7-4　动态查找表的抽象数据类型的定义

ADT 动态查找表(dynamic searching table)	
数据对象: 具有相同特性的数据元素的集合	
数据关系: 数据元素同属一个集合	
操作名称	操作说明
create_ dynamic_table (dynamictable)	创建动态查找表 dynamictable
insert_ node (dynamictable, e)	将元素 e 插入动态查找表 dynamictable 中
traverse_ dynamic_table (dynamictable)	遍历动态查找表 dynamictable
delete_ node(dynamictable, key)	删除动态查找表 dynamictable 中关键为 key 的数据元素
destroy_ dynamic_table (dynamictable)	销毁动态查找表 dynamictable

7.3.1 树表的查找

若要对动态查找表进行高效率的查找，可采用特殊二叉树作为查找表的组织形式，在此将它们统称为**树表**。

7.3.1.1 二叉排序树

（1）二叉排序树的定义

二叉排序树又称为二叉查找树，它是一种特殊结构的二叉树，它可以为空树，或者是具有以下性质的二叉树：

①若根结点的左子树非空，则左子树上所有结点的值均小于根结点的值。

②若根结点的右子树非空，则右子树上所有结点的值均大于根结点的值。

③左、右子树本身又各是一棵二叉排序树。

由二叉排序树定义可知，中序遍历一棵二叉排序树可以得到一个递增有序序列。对图 7-7 所示的二叉排序树进行中序遍历，得到递增序列：（20，22，25，37，51，53，54）。

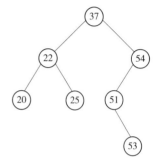

图 7-7 二叉排序树

【算法实现】

代码段 7-8 为二叉排序树的结点定义代码。

代码段 7-8 二叉排序树的结点定义

```
1    class    BSTNode( object):
2        def __init__( self, data):
3            self. data = data
4            self. left = None
5            self. right = None
```

（2）二叉排序树的插入

在二叉排序树中插入元素基本思路是：若二叉排序树为空，则创建根结点，并将待插入关键字存入根结点中；若二叉排序树非空，则将待插结点的关键字和根结点的值进行比较，若待插结点的关键字和根结点的值相等，则说明树中已有此结点，结束插入；否则插至该结点对应的左子树或右子树中。插入关键字结点后的二叉排序树仍需满足 BST 的性质。二叉排序树的插入算法思路如下。

【算法思路】

①若二叉排序树为空，则创建根结点，并将待插入关键字存入根结点中；否则将待插结点的关键字和根结点的值进行比较。

②若将待插结点的关键字 key 和根结点的值相等，则结束插入并直接返回。

③若给定值 key 小于根结点值，则将该关键字 key 插入到至根结点的左子树中。

④若给定值 key 大于根结点值，则将该关键字 key 插入到至根结点的右子树中。

【算法实现】

代码段 7-9 为二叉排序树的插入函数的实现代码。

代码段 7-9　二叉排序树的插入函数实现

```
1    def   insert_node( self, key) :
2         bt = self. root
3         if not bt:
4              self. root = BSTNode( key)
5              return
6         while True:
7              if key<bt. data:
8                   if not bt. left:
9                        bt. left = BSTNode( key)
10                       return
11                  bt = bt. left
12             elif key>bt. data:
13                  if not bt. right:
14                       bt. right = BSTNode( key)
15                       return
16                  bt = bt. right
17             else:
18                  bt. data = key
19                  return
```

【例 7-3】　默认初始化二叉树排序树为空，当执行了一系列查找和插入操作后生成一棵二叉排序树。给定关键字为(58,20,89,34,18,76,95)，图 7-8 为使用二叉排序树插入算法查找生成二叉排序树的过程。

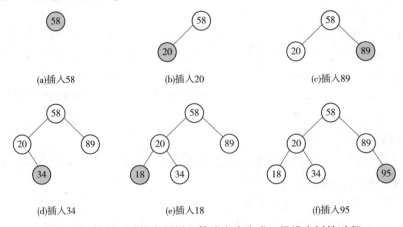

图 7-8　使用二叉排序树插入算法查找生成二叉排序树的过程

从图 7-8 中可以看出，插入关键字结点后的二叉排序树仍满足 BST 的性质。每次插入一个结点，都通过递归比较将结点放到正确的位置，新结点总是被作为叶子结点插入，因此，在执行插入操作时，不需要移动其他结点。

（3）二叉排序树的删除

在二叉排序树中删除元素基本思路是：若二叉排序树中不存在该关键字，则结束删除；否则删除该关键字所在的结点，删除结点后的二叉排序树仍需满足 BST 的性质。在二叉排序中删除一个结点涉及 3 种情况：

①待删除结点是叶子结点。

②待删除结点为单分支结点（即仅存在左子树或右子树的结点）。

③待删除结点为双分支结点（即同时存在左子树和右子树的结点）。

分别分析在 3 种情况下如何删除一个结点：

①删除叶子结点是最简单的一种情况，只需要把该结点直接删除即可。如图 7-9 所示。

图 7-9　删除叶子结点 50

②删除单分支结点时，则将待删除结点的左子树或右子树作为该结点的双亲结点的子树。因为根据 BST 性质，左子树都小于待删除结点，右子树都大于待删除结点，删除该结点后的二叉排序树仍满足 BST 的性质。如图 7-10 和图 7-11 所示。

图 7-10　删除只有左子树的结点 54

图 7-11　删除只有右子树的结点 45

③删除双分支结点时，则将其左子树中的最大关键字所在的结点代替该结点，并删除其左子树中的最大关键字所在结点。如图 7-12 所示。

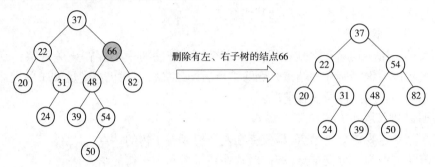

删除有左、右子树的结点66

图 7-12　删除有左、右子树的结点 66

二叉排序树删除的算法思路如下。

【算法思路】

①在二叉排序树中查找待删除关键字 key，若 key 不存在，则结束删除；否则确定 key 所在结点 *p* 是否存在左子树或右子树。

②若结点 *p* 是叶子结点，则直接删除结点 *p*。

③若结点 *p* 为单分支结点，并且只有左子树，则将其左子树作为结点 *p* 的双亲结点的子树。

④若结点 *p* 为单分支结点，并且只有右子树，则将其右子树作为结点 *p* 的双亲结点的子树。

⑤若结点 *p* 为双分支结点，即同时存在左子树和右子树，则将其左子树中的最大关键字所在的结点 *s*，代替 *p* 结点，并删除结点 *s*。

【算法实现】

代码段 7-10 为二叉排序树中删除元素函数的实现代码。

代码段 7-10　二叉排序树中删除元素函数

```
1    def delete_node( self, key) :
2        p = self. root
3        f = None
4        while p:
5            if p. data == key:
6                break
7            f = p
8            if p. data>key:
9                p = p. left
10           if p. data<key:
11               p = p. right
```

（续）

```
12          if not p:
13              return
14          if p. left is None and p. right is None:
15              if f. left == p:
16                  f. left = None
17                  return
18              elif f. right == p:
19                  f. right = None
20                  return
21          if p. left is not None and p. right is None:
22              if f. left is p:
23                  f. left = p. left
24                  return
25              if f. right is p:
26                  f. right = p. left
27                  return
28          if p. right is not None and p. left is None:
29              if f. left is p:
30                  f. left = p. right
31                  return
32              if f. right is p:
33                  f. right = p. right
34                  return
35          if p. right is not None and p. left is not None:
36              s = p. left
37              while s. right is not None:
38                  s = s. right
39              q = s. data
40              self. delete_node( s. data)
41              p. data = q
```

（4）二叉排序树的查找

在二叉排序树中查找元素基本思路是：若二叉排序树为空，则查找失败；否则将根结点的值和给定值进行比较，若给定值与根结点值相等，则查找成功；否则在根结点对应的左子树或右子树中继续查找。二叉排序树查找的算法思路如下。

【算法思路】

①若二叉排序树为空，则查找失败；否则将根结点的值和给定值进行比较。

②若根结点值与给定值 key 相等，则查找成功。

③若给定值 key 大于根结点值，则在根结点的右子树中继续查找。

④若给定值 key 小于根结点值，则在根结点的左子树中继续查找。

【算法实现】

代码段 7-11 为二叉排序树的查找函数的实现代码。

代码段 7-11　二叉排序树的查找函数实现

```
1    def search_bst( self, root, key) :
2        if not root:
3            return
4        elif root. data==key:
5            return root
6        elif root. data<key:
7            return self. search_bst( root. right, key)
8        else:
9            return self. search_bst( root. left, key)
```

图 7-13 为使用二叉排序树查找算法查找给定值 key = 53 的结点的过程。

图 7-14 为使用二叉排序树算法查找给定值 key = 18 的结点的过程。

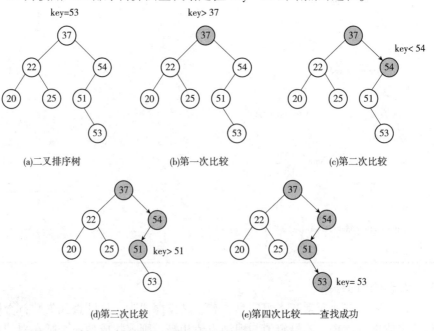

图 7-13　查找给定值 key=53 的结点

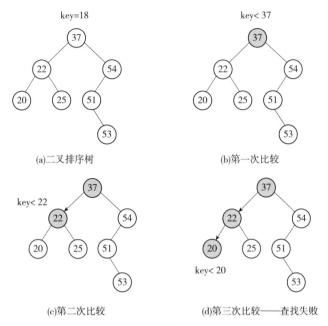

图 7-14　查找给定值 key=18 的结点

由图 7-13 和图 7-14 可知，在二叉排序树上执行查找操作时，如果查找成功，则是从根结点出发走了一条从根到待查结点的路径；如果查找不成功，则是从根结点出发走了一条从根到某个空子树的路径。因此，与折半查找类似，使用二叉排序树查找关键字的比较次数不超过树的深度。

然而折半查找法查找长度为 n 的有序表时，其判定树是唯一的，而含有 n 个结点的二叉排序树却不唯一。对于含有同样一组结点的表，由于结点插入的先后次序不同，所构成的二叉排序树的形态和高度也可能不同。如图 7-15(a)所示的树，是按(20，35，11，15，14)的插入次序构成的；如果分别按(14，11，35，14，20)、(11，14，15，20，35)、(35，11，20，14，15)等插入次序则分别构成图 7-15(b)、(c)和(d)所示的二叉树。

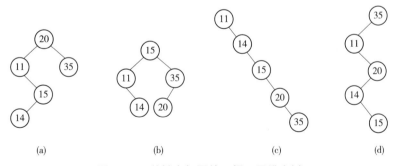

图 7-15　关键字相同的 4 棵二叉排序树

这四棵二叉树的深度分别是 4、3、5 和 5。因此，在查找失败的情况下，在这四棵树上所进行的关键字比较次数最多分别为 4、3、5 和 5。在查找成功的情况下，它们的平均查找长度也不同。对于图 7-15(a)，因为第 1、2、3、4 层上各有 1、2、1、1 个结点，而找到第 i 层的结点时恰好需比较 i 次。所以在等概率假设下，查找成功的平均查找长度为：

$$ASL_a = \sum_{i=1}^{5} P_i C_i = (1 + 2 \times 2 + 3 \times 1 + 4 \times 1)/5 = 2.4 \qquad (7-12)$$

类似地，在等概率假设下，图 7-15(b)、(c)和(d)查找成功的平均查找长度为：

$$ASL_b = (1+2\times2+3\times2)/5 = 2.2 \qquad (7-13)$$

$$ASL_c = ASL_d = (1+2+3+4+5)/5 = 3 \qquad (7-14)$$

由此可见，在二叉排序树上进行查找时的平均查找长度和二叉树的形态有关。在最坏情况下，二叉树每一层只有一个结点。此时高度最大，平均查找长度和单链表上的顺序查找相同，为$(n+1)/2$。例如将一个有序表(递增或递减)的 n 个结点依次插入而生成的二叉排序树就退化为一棵高度为 n 的斜树(左斜树或右斜树)。在最好情况下，二叉排序树在生成的过程中，树的形态比较匀称，最终得到的是一棵形态与折半查找的判定树相似的二叉排序树，此时它的平均查找长度大约是$\log_2 n$。

如果考虑把 n 个结点，按各种可能的次序插入到二叉排序树中，则有 $n!$ 棵二叉排序树(其中有的形态相同)。在等概率的情况下(即每个关键字被查概率相等)，得到的平均查找长度为 $1.39\log_2 n$，即仍然是 $O(\log_2 n)$。

就平均性能而言，二叉排序树上的查找和折半查找相差不大，并且在二叉排序树上插入和删除结点十分方便，无需移动大量结点。因此，对于需要经常做插入、删除和查找运算的表，宜采用二叉排序树结构。由此，二叉排序树通常也被称为二叉查找树。若各结点的查找概率不同，则平均检索长度最小的二叉排序树称为**最优二叉排序树**。显然，查找概率高的结点应离根较近，但实际构造比较困难(通常采用近似算法)。为了保持最优，插入、删除不方便，故一般并不用于动态检索。由于建立二叉排序树时要花费一定时间，且占用空间大，最后为了得到排序序列还需要遍历，故二叉排序树一般并不直接用来排序。

7.3.1.2 平衡二叉树

对于含有 n 个结点的二叉排序树，其查找效率取决于树的形态，而构造一棵形态匀称的二叉排序树与结点插入的次序有关。但是结点插入的先后次序是任意的，因此，需要找到一种动态平衡的方法，对于任意给定的关键字序列都能构造一棵形态匀称的二叉排序树，以保证树的高度尽可能小并且满足 BST 的性质。通常称这种树为**平衡二叉树**或 AVL 树。

(1)平衡二叉树的定义

平衡二叉树或者是一棵空二叉树，或者是具有下列性质的二叉树：

①它的左、右子树高度之差的绝对值不超过 1。

②它的左、右子树均为平衡二叉树。

二叉树上结点的平衡因子定义为该结点的左子树的高度减去右子树的高度。因此，平衡二叉树上所有结点的平衡因子只可能是-1、0 和 1。只要二叉树上有一个结点的平衡因子的绝对值大于 1，则该树就不是平衡二叉树。

图 7-16(a)所示为一棵平衡二叉树，图 7-16(b)中结点中的值为图 7-16(a)所示的平衡二叉树中相应结点的平衡因子。

图 7-17(a)所示为一棵非平衡二叉树，图 7-17(b)中结点中的值为图 7-17(a)所示的非平衡二叉树中相应结点的平衡因子。

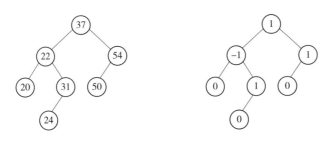

(a)平衡二叉树　　　　　　　　　　(b)平衡二叉树中相应结点的平衡因子

图 7-16　平衡二叉树及其相应结点的平衡因子

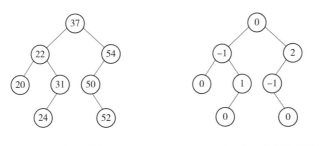

(a)非平衡二叉树　　　　　　　　　(b)非平衡二叉树中相应结点的平衡因子

图 7-17　非平衡二叉树及其相应结点的平衡因子

（2）平衡二叉树的插入

平衡二叉树的插入可先按普通二叉排序树的插入方法进行，但插入新结点后的新树可能不再是平衡二叉树，这时需要重新调整树的形态，使之仍具平衡性和排序性。

那么如何构造出一棵平衡的二叉排序树呢？G. M. Adelson-Velsky 和 Evgenii Landis 等人在 1962 年提出了动态地保持二叉排序树平衡的方法。其基本思想是在构造二叉排序树的过程中，每插入一个结点时，检查是否因插入结点而破坏了树的平衡性；若平衡性被破坏，则找出其中**最小不平衡子树**，在保持二叉排序树性质的前提下，调整最小不平衡子树中各结点之间的连接关系，以达到新的平衡。

其中，最小不平衡子树是指：以离插入结点最近，且平衡因子绝对值大于 1 的结点为根的子树，并将调整范围局限于这棵子树。为了简化讨论，假设二叉排序树的最小不平衡子树的根结点为 A，根据插入结点与结点 A 的位置关系，可以将最小不平衡子树分为 LL型、RR 型、LR 型、RL 型，调整该子树的规律可归纳为下列四种情况。

①LL 型　如图 7-18（a）所示，结点 B 为结点 A 的左孩子。如图 7-18（b）所示，在结点 A 左子树根结点的左子树上插入结点，导致结点 A 的平衡因子由 1 变为 2，使得以结点 A 为根的子树失去平衡，需要对其进行调整。

对于 LL 型的最小不平衡子树，调整方法为：以结点 B 为轴心进行一次顺时针旋转，旋转后将结点 B 作为根结点，结点 A 连同其右子树 A_R 作为结点 B 的右子树，结点 B 原来的右子树 B_R 作为结点 A 的左子树，如图 7-18（c）所示。

图 7-19 所示为 LL 型最小不平衡子树实例。在图 7-19（a）所示的平衡二叉树中插入关键字 16 后，图 7-19（b）所示的二叉树结点 37 的平衡因子由 1 变为 2，使得该树失去平衡，需要对其进行调整，如图 7-19（c）所示。

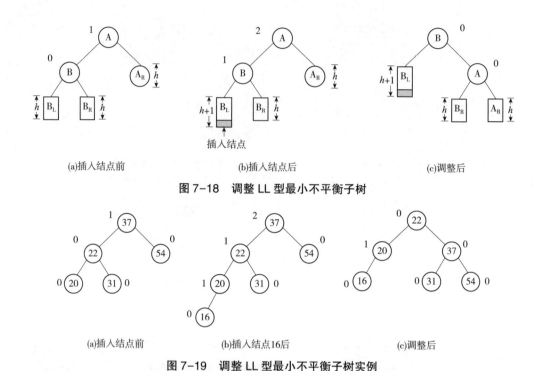

图 7-18　调整 LL 型最小不平衡子树

图 7-19　调整 LL 型最小不平衡子树实例

②RR 型　如图 7-20(a)所示，结点 B 为结点 A 的右孩子。如图 7-20(b)所示，在结点 A 右子树根结点的右子树上插入结点，导致结点 A 的平衡因子由-1 变为-2，使得该树失去平衡，需要对其进行调整。

对于 RR 型的最小不平衡子树，调整方法为：以结点 B 为轴心进行一次逆时针旋转，旋转后将结点 B 作为根结点，结点 A 连同其左子树 A_L 作为结点 B 的左子树，结点 B 原来的左子树 B_L 作为结点 A 的右子树，如图 7-20(c)所示。

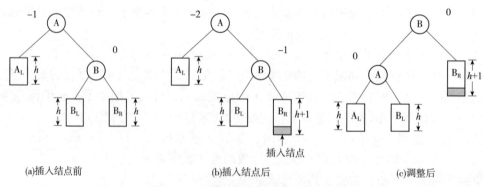

图 7-20　调整 RR 型最小不平衡子树

图 7-21 所示为 RR 型最小不平衡子树实例。在图 7-21(a)所示的平衡二叉树中插入关键字 88 后，图 7-21(b)所示的二叉树结点 37 的平衡因子由-1 变为-2，使得该树失去平衡，需要对其进行调整，如图 7-21(c)所示。

③LR 型　如图 7-22(a)所示，结点 B 为结点 A 的左孩子，结点 C 为结点 B 的右孩子。如图 7-22(b)所示，在结点 C 的子树中插入结点，导致结点 A 的平衡因子由 1 变为 2，使得

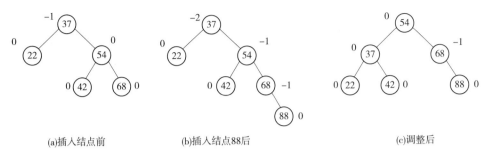

(a)插入结点前   (b)插入结点88后   (c)调整后

图 7-21　调整 RR 型最小不平衡子树实例

该树失去平衡，需要对其进行调整。

对于 LR 型的最小不平衡子树，需要进行两次旋转操作，调整方法为：

第一次以结点 C 为轴心进行逆时针旋转，将结点 C 作为结点 B 的双亲结点，结点 B 连同其左子树 B_L 均作为结点 C 的左子树，结点 C 原来的左子树 C_L 作为结点 B 的右子树，如图 7-22(c)所示。

第二次以结点 C 为轴心进行顺时针旋转，将结点 C 作为根结点，结点 A 连同其右子树 A_R 均作为结点 C 的右子树，结点 C 原来的右子树 C_R 作为结点 A 的左子树，如图 7-22(d)所示。

④RL 型　如图 7-23(a)所示，结点 B 为结点 A 的右孩子，结点 C 为结点 B 的左孩子。如图 7-23(b)所示，在结点 C 的子树中插入结点，导致结点 A 的平衡因子由-1 变为

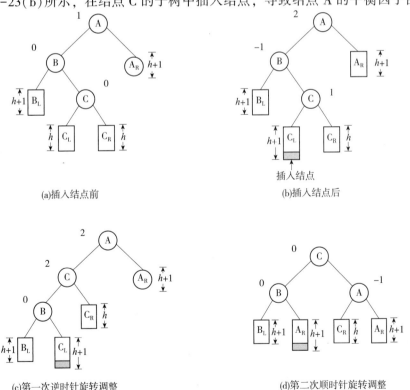

(a)插入结点前   (b)插入结点后

(c)第一次逆时针旋转调整   (d)第二次顺时针旋转调整

图 7-22　调整 LR 型最小不平衡子树

-2，使得该树失去平衡，需要对其进行调整。

对于 RL 型的最小不平衡子树，需要进行两次旋转操作，调整方法为：

第一次以结点 C 为轴心进行顺时针旋转，将结点 C 作为结点 B 的双亲结点，结点 B 连同其右子树 B_R 均作为结点 C 的右子树，结点 C 原来的右子树 C_R 作为结点 B 的左子树，如图 7-23(c)所示。

第二次以结点 C 为轴心进行逆时针旋转，将结点 C 作为根结点，结点 A 连同其左子树 A_L 均作为结点 C 的左子树，结点 C 原来的左子树 C_L 作为结点 A 的右子树，如图 7-23(d)所示。

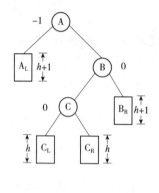

(a)插入结点前

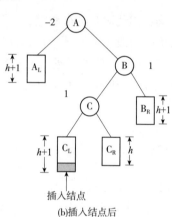

(b)插入结点后

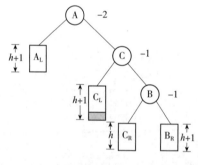

(c)第一次顺时针旋转调整

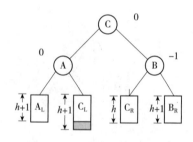

(d)第二次逆时针旋转调整

图 7-23　调整 RL 型最小不平衡子树

综上所述，在平衡二叉树中插入结点后若导致其不再平衡，只需对最小不平衡子树进行旋转操作以达到二叉树重新平衡的目的。

（3）平衡二叉树的删除

在平衡二叉树中删除元素的过程和二叉排序树中删除元素的过程类似，但由于在平衡二叉树中删除元素可能导致二叉树失去平衡，此时需要对失衡的二叉树进行进一步调整。

在平衡二叉树中删除元素基本思路如下：若平衡二叉树中不存在该关键字，则结束删除；否则删除该关键字所在的结点。若删除结点后导致二叉树不平衡则需进一步调整。

在平衡二叉树中删除一个结点涉及 3 种情况：

①待删除结点是叶子结点。

②待删除结点为单分支结点(即仅存在左子树或右子树的结点)。

③待删除结点为双分支结点(即同时存在左子树和右子树的结点)。

分别分析在 3 种情况下如何删除一个结点:

①在图 7-24(a)所示的平衡二叉树中删除叶子结点 54 后,结点 37 的平衡因子变为 2,导致二叉树失衡,对其进行调整后如图 7-24(c)所示。

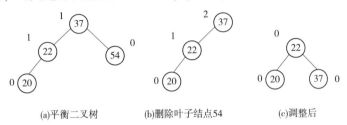

图 7-24　删除叶子结点 54 并进行调整

②在图 7-25(a)所示的平衡二叉树中删除单分支结点 22 后,二叉树未失衡,故无需进行调整,如图 7-25(b)所示。

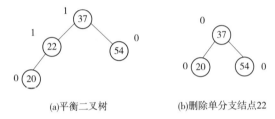

图 7-25　删除单分支结点 22

③在图 7-26(a)所示的平衡二叉树中删除双分支结点 37 后,结点 37 的平衡因子变为 2,导致二叉树失衡,对其进行调整后如图 7-26(c)所示。

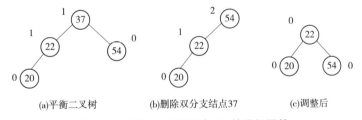

图 7-26　删除双分支结点 37 并进行调整

(4)平衡二叉树的查找

在平衡二叉树中查找关键字的过程和在二叉排序中查找关键字的过程相同,因此,查找长度不超过树的高度。含有 n 个结点的平衡二叉树的最大高度 h 为多少呢?

假定一棵具有最少结点数的高度为 h 的平衡二叉树的结点数为 N_h。根据平衡二叉树的性质,它的左、右子树的高度必然一棵为 $h-1$,另一棵为 $h-1$ 或 $h-2$。可以断定它们也是相同高度的平衡二叉树中结点数目最少的,因此有:$N_0=0$,$N_1=1$,$N_2=2$,$N_3=4$,$\cdots$,$N_h=N_{h-1}+N_{h-2}+1$。可以看到,N_h 的定义与斐波那契数列的定义非常相似:$F_0=0$,$F_1=1$,$F_2=1$,$F_3=2$,$\cdots$,$F_h=F_{h-1}+F_{h-2}$。

通过归纳可知,N_h 和 F_h 的关系为:

$$N_h = F_{h+2} - 1 \tag{7-15}$$

因为斐波那契数列 $F_h = \dfrac{1}{\sqrt{5}} \varphi^h$，其中 $\varphi = \dfrac{1+\sqrt{5}}{2}$，可以得到

$$N_h = F_{h+2} - 1 = \frac{1}{\sqrt{5}} \varphi^h - 1 \tag{7-16}$$

可以推出

$$h = \log_\varphi \left[\sqrt{5}(N_h + 1) \right] - 2 \tag{7-17}$$

因此，在含有 n 个结点的平衡二叉树中查找关键字时，最多比较 $\log_\varphi \left[\sqrt{5}(n+1) \right] - 2$ 次，其平均查找长度与 $\log n$ 等数量级。

7.3.1.3　B-树

当集合足够小，可以驻留在内存中时，相应的搜索方法称为**内查找**。前面章节中讨论的查找算法都是内查找算法，内查找适用于较小的查找表，而对较大的、存放在外存储器上的文件就不合适了。在外存中搜索给定关键字的元素的方法称为**外查找**。本小节介绍一种用于查找的外查找树——B-树。

1972 年，Rudolf Bayer 和 Edward M. McCreight 提出了一种适用于外查找的 B-树，它是一种平衡多叉树，每个结点存放多个关键字。B-树常用作索引，这种数据结构常被应用在数据库和文件系统的实现上。

（1）B-树的定义

一棵 m 阶的 B-树或为空树，或为满足下列特性的 m 叉树：

①树中每个结点至多有 m 棵子树。

②若根结点不是叶子结点，则至少有两棵子树。

③除根结点外所有非叶子结点至少有 $\lceil m/2 \rceil$ 子树。

④所有的叶子结点都出现在同一层上且不带信息，通常称为**失败结点**。

⑤所有的非终端结点最多有 $m-1$ 个关键字，结点的结构如图 7-27 所示。

n	D_0	K_1	D_1	K_2	$\cdots$	K_n	D_n

图 7-27　B-树的结点结构

其中，n 表示结点含有的关键字个数，$K_i (i = 1, 2, \cdots, n)$ 为关键字且满足 $K_i \leqslant K_{i+1}$。D_i 指向该结点的子树，且 $D_i (i = 1, 2, \cdots, n)$ 指向子树中所有结点的关键字均大于 K_i 并小于 K_{i+1}，D_n 所指向的子树中所有结点的关键字均大于 K_n。如图 7-28 所示为一棵 4 阶 B-树。

（2）B-树的查找

在 B-树中查找给定关键字的方法与二叉排序树基本相同，基本思路如下：若 B-树为空，则查找失败；否则从根结点开始，在根结点所包含的关键字 K_1，K_2，$\cdots$，K_n 中查找给定的关键字，若找到则查找成功；否则确定要查找的关键字是在某个 K_i 和 K_{i+1} 之间（因为结点内的关键字是有序的），取 D_i 所指向的子树继续查找。重复上述步骤，直到查找成功或者 D_i 为空时查找失败。B-树查找的算法思路如下所示：

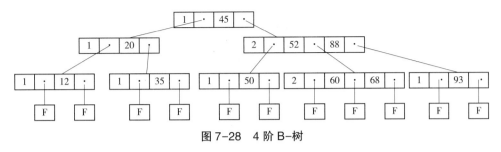

图 7-28　4 阶 B-树

【算法思路】

①若 B-树为空，则查找失败；否则依次比较给定值 key 与根结点的关键字 K_i 的大小。

②若 key=K_i，则查找成功。

③若 key<K_i，则在 D_{i-1} 指向的子树中继续查找。

④若 K_i<key<K_{i+1}，则在 D_i 指向的子树中继续查找。

⑤若 key>K_{i+1}，则在 D_{i+1} 指向的子树中继续查找。

【例 7-4】　在如图 7-28 所示的 B-树中查找关键字 93，其查找过程如图 7-29 所示。

由例 7-4 可知，在 B-树上进行查找的操作主要分为两大步骤：第一步骤是在 B-树中查找结点，由于 B-树通常在外存中存储，该步骤中的查找操作是在外存中进行的；第二步骤是在 B-树的结点中查找给定值 key，该步骤中的查找操作是在内存中进行的，当在外存中查找到结点后，将结点信息读入内存中，利用顺序查找或折半查找算法查找给定值 key。在外存中进行查找的效率远低于在内存中进行查找的效率，因此，B-树查找效率主要取决于在外存中进行查找的次数（即待查关键字所在结点在 B-树上的层次数）。

结点所在的最大层次是 B-树的高度，那么含 n 个结点的 m 阶 B-树的最大高度是多少呢？

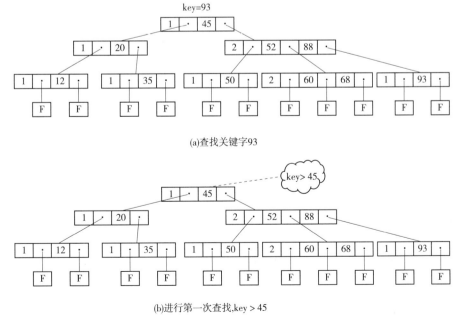

(a)查找关键字93

(b)进行第一次查找,key > 45

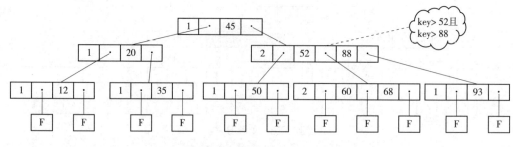

(c)进行第二次查找,key > 52且key > 88

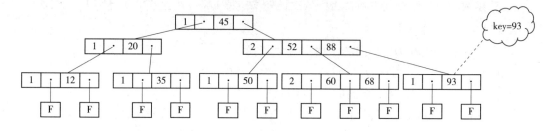

(d)进行第三次查找,key= 93

图 7-29　查找关键字 key=93 的全过程

根据 B-树的第③定义，除根结点外，每个非叶子结点至少有 $[m/2]$ 棵子树。可以得到，第一层为根结点，最少有 1 个结点；根结点至少有两个孩子，第二层至少有 2 个结点；第三层至少有 $2[m/2]$ 个结点；第四层最少有 $2[m/2]^2$⋯依此类推，第 $h+1$ 层至少有 $2[m/2]^{h-1}$ 个结点。

假设 m 阶 B-树共含有 n 个结点，则叶子结点即查找失败的结点为 $n+1$，可以得到：

$$n+1 \geqslant 2\left[m/2\right]^{h-1} \tag{7-18}$$

可以推出：

$$h \leqslant \left[\log_{\left[\frac{m}{2}\right]}\left(\frac{n+1}{2}\right)\right]+1 \tag{7-19}$$

因此，在含 n 个结点的 m 阶 B-树中进行查找给定值 key 时，其比较次数不超过 $\left[\log_{\left[\frac{m}{2}\right]}\left(\frac{n+1}{2}\right)\right]+1$。在 B-树中，查找关键字的时间复杂度为 $O(\log_m n)$。

（3）B-树的插入

在 B-树中插入给定关键字的方法与二叉排序树基本相同，基本思路如下：首先在 B-中查找该关键字，若 B-中存在该关键字，则结束操作；否则将该关键字插至某个叶子结点的关键字序列中。若此时该结点的关键字个数小于 m，则结束操作；否则调整某些结点的关键字序列。B-树插入的算法思路如下所示。

【算法思路】

①首先在 B-中查找关键字 key，若查找成功则结束操作；否则将该关键字插至查找失败时对应的叶子结点中。

②若此时该结点的关键字个数不超过 $m-1$，则结束操作；否则调整某些结点的关键字

序列，执行思路③。

③以该结点的第$[m/2]$个关键字$K_{[m/2]}$为界，分成$K_{[m/2]}$左边部分、$K_{[m/2]}$右边部分和$K_{[m/2]}$。将$K_{[m/2]}$的左边部分保留在原结点中，将$K_{[m/2]}$的右边部分分裂出去，作为原结点的兄弟结点，将$K_{[m/2]}$插至原结点的双亲结点中。若双亲结点也需要分裂，则重复上述步骤，直至双亲结点为根结点，执行思路④。

④由于根结点无双亲结点，需要创建关键字为$K_{[m/2]}$的结点作为根结点，此时B-树的高度加1。

【例7-5】 在如图7-30所示的B-树中插入关键字7、3、65，其插入过程如图7-31所示。

①在图7-30所示的3阶B-树中插入关键字7，搜索新关键字的插入位置，即结点D，如图7-31(a)所示。因为插入关键字7后结点D中包含的关键字个数为2，故插入结束。

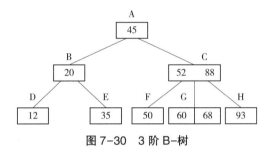

图7-30 3阶B-树

②继续插入关键字3，搜索新关键字的插入位置，即结点D，如图7-31(b)所示。因为插入关键字3后结点D中包含的关键字个数为3，故需要调整该树。按照上述调整算法，将该结点D进行"分裂"，将结点3留在原结点D中，关键字7插至结点D的双亲结点B中，关键字12插至新结点D′中，此时双亲结点B中的关键字个数为2个，故插入结束，如图7-31(c)所示。

③继续插入关键字65，搜索新关键字的插入位置，即结点G，如图7-31(d)所示。因为插入关键字65后结点G中包含的关键字个数为3，故需要调整该树。按照上述调整算法，将该结点G进行"分裂"，将结点60留在原结点G中，关键字65插至结点G的双亲结点C中，关键字68插至新结点G′中，此时双亲结点C中的关键字个数为3个，故需要对该树继续进行调整，如图7-31(e)所示。

④按照上述调整算法，将结点C进行"分裂"，将关键字52留在原结点C中，关键字65插至结点C的双亲结点A中，关键字88插至新结点C′中，此时双亲结点A中的关键字个数为2个，故插入结束，如图7-31(f)所示，第二次调整完成。

(4)B-树的删除

从B-树上删除一个关键字的操作同插入关键字操作类似，是从叶子结点开始的。如果被删除的关键字不在叶子结点中，那么由它的右(左)边的子树上的最小(大)关键字取代之，即由大于(小于)被删除关键字的最小(最大)关键字取代之。这种"替代"使得删除操作成为从B-树的叶子结点中删除关键字的操作。在B-树的叶子结点中删除关键字的基本思路如下：首先在B-中查找该关键字，若B-中不存在该关键字，则结束删除操作；若B-中存在该关键字且该结点的关键字个数不小于$[m/2]$，则删除该结点及其右邻的指针；否则对该结点进行调整。B-树删除的算法思路如下所示。

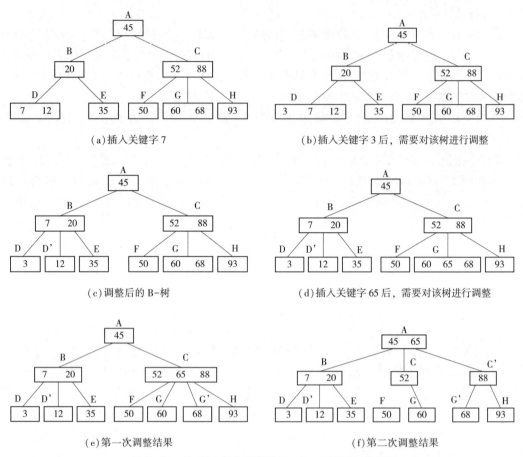

图 7-31　B-树中插入关键字 7、3、65 的插入过程

【算法思路】

①首先在 B-中查找关键字 key，若查找失败则结束删除操作；若查找成功且此时该结点的关键字个数不小于[*m*/2]，则删除该结点及其右邻的指针；否则转向思路②调整某些结点的关键字序列。

②若该结点的关键字个数小于[*m*/2]，但其右邻（左邻）结点的关键字数目大于[*m*/2]-1,则删除该关键字后执行思路③；若该结点的关键字个数小于[*m*/2]，但其右邻（左邻）结点的关键字数目等于[*m*/2]-1，则删除该关键字后执行思路④。

③并将右邻结点中最小关键字移至其双亲结点中，并将双亲结点中小于该最小关键字的前一个关键字移至被删除关键字所在的结点中；或者将左邻结点中最大关键字移至其双亲结点中，并将双亲结点中大于该最大关键字的后一个关键字移至被删除关键字所在的结点中。

④将该结点(假定其右邻结点的双亲结点中指向该右邻结点的指针为 D)中剩余的关键字和指针，和 D 的左邻关键字一起合并到该右邻结点中；若该结点无右邻结点，则按同一思路合并至左邻结点中。若此时双亲结点的关键字数目小于[*m*/2]-1，则继续按上述四项合并双亲结点。

【例7-6】 在如图7-32所示的B-树中依次删除关键字7、50、52、12，其删除过程如图7-32所示。

①在图7-32所示的3阶B-数中删除关键字7，搜索新关键字的所在位置，即结点D。由于结点D中包含的关键字个数为2（关键字个数不小于$\lceil m/2 \rceil = 2$），故直接删除该关键字，删除操作结束，如图7-33(a)所示。

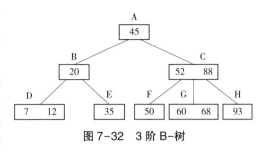

图7-32 3阶B-树

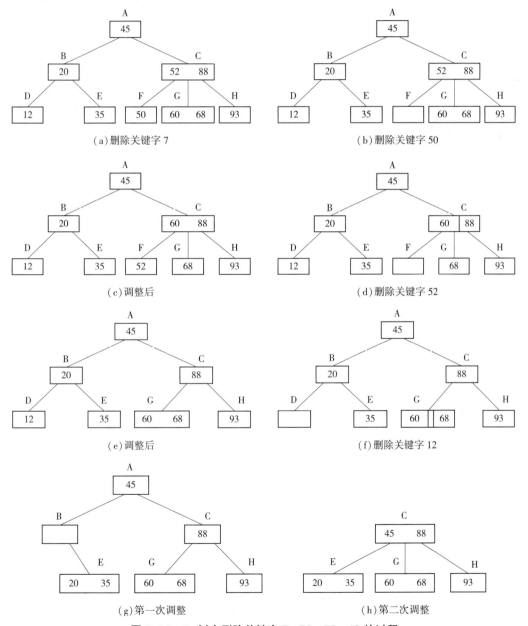

图7-33 B-树中删除关键字7、50、52、12的过程

②继续删除关键字 50，搜索新关键字的所在位置，即结点 F。结点 F 中包含的关键字个数为 1(关键字个数小于 $\lceil m/2\rceil = 2$)，结点 F 的右邻结点 G 中的关键字个数为 2(右邻结点中的关键字个数不小于 $\lceil m/2\rceil - 1 = 1$)，则删除该关键字 50，如图 7-33(b) 所示。

由于 F 中的关键字个数为 1，故需要调整相应结点的关键字序列：将结点 G 的关键字 60 插至双亲结点 C 中，将结点 F 的双亲结点 C 中的关键字 52 插至结点 F 中，如图 7-33(c) 所示。

③继续删除关键字 52，搜索新关键字的所在位置，即结点 F。结点 F 中包含的关键字个数为 1(关键字个数小于 $\lceil m/2\rceil = 2$)，结点 F 的右邻结点 G 中的关键字个数为 1(右邻结点中的关键字个数等于 $\lceil m/2\rceil - 1 = 1$)，则删除该关键字 52，如图 7-33(d) 所示。

由于 F 中的关键字个数为 1，故需要调整相应结点的关键字序列：将 F 中的剩余关键字(此处为空)和其双亲结点 C 中的关键字 60 插至结点 G 中，此时双亲结点 C 中的关键字个数为 1(双亲结点的关键字数目不小于 $\lceil m/2\rceil - 1 = 1$)，无需再进行调整，删除操作结束。

④继续删除关键字 12，搜索新关键字的所在位置，即结点 D。结点 D 中包含的关键字个数为 1(关键字个数小于 $\lceil m/2\rceil = 2$)，结点 D 的右邻结点 G 中的关键字个数为 1(右邻结点中的关键字个数等于 $\lceil m/2\rceil - 1 = 1$)，则删除该关键字 12，如图 7-33(f) 所示。

由于 D 中的关键字个数为 1，故需要调整相应结点的关键字序列：将 D 中的剩余关键字(此处为空)和其双亲结点 B 中的关键字 20 插至结点 E 中，此时双亲结点 C 中的关键字个数为 0，如图 7-33(g) 所示。

由于双亲结点 C 中的关键字个数为 0(双亲结点的关键字数目小于 $\lceil m/2\rceil - 1 = 1$)，故按照同样的方法继续进行第二次调整该树，如图 7-33(h) 所示。

7.3.1.4 B+树

(1)B+树的定义

B+树是 B-树的一种变形树，更常被使用在文件索引系统中。严格意义上，B+树已经不是第 5 章中定义的树了。

一棵 m 阶的 B+树和 m 阶的 B-树的差异为：

①有 k 棵子树的结点必含有 k 个关键字。

②所有关键字均出现在叶结点上，叶结点包含了全部关键字的信息及指向相应记录的指针，且叶子结点依照关键字大小，按从小到大的顺序链接。

③所有非叶子结点可以看成索引部分，结点中仅含其子树(根结点)中的最大(或最小)关键字。

在 B-树中，每一个关键字在该树中只出现一次，有可能在叶子结点上，也有可能在非叶子结点上，而在 B+树中，出现在非叶子结点中的关键字会被当作它们在该非叶子结点位置的中序后继者(叶子结点)中再次列出，并且每一个叶子结点都会保存一个指向后一叶子结点的指针。如图 7-34 所示的一棵 3 阶 B+树，在 B+树中通常两个指针，root 指针指向根结点，sqt 指向关键字最小的叶子结点，图中灰色关键字表示非叶子结点中的关键字在叶子结点再次列出，并且所有叶子结点都链接在一起。因此对 B+有两种查找运算：一

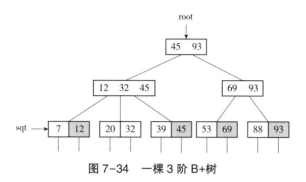

图 7-34　一棵 3 阶 B+树

种是从最小关键字起顺序查找；另一种是从根结点开始进行随机查找。

（2）B+树的查找

B+树有两种查找运算：一种是使用 sqt 指针从最小关键字所在的叶子结点进行顺序查找；另一种是从根结点开始进行随机查找。

在 B+树上从根结点开始进行随机查找与 B-树基本类似，稍有不同的是，在 B+树中查找关键字时，若非叶子结点上的关键字等于给定值，并不结束查找操作，而是继续向下查找直到该关键字所在的叶子结点。因此，在 B+树中，不管查找成功是否成功，每次查找都经历了一条从根结点到叶子结点的路径。

B+树不仅能够高效地查找单个关键字，而且更适合查找某个范围内的所有关键字。例如，要求在 B+树上找出范围[A,B]之间的所有关键字值，其操作基本思路如下：第一，通过一次查找找出关键字 A，不管关键字 A 是否存在，都可以到达可能出现关键字 A 的叶子结点；第二，在该叶子结点中查找关键字值等于 A 或大于 A 的关键字，对于所找到的每个关键字都有一个指针指向相应的记录，这些记录的关键字在所需要的范围。如果在当前结点中没有发现大于 B 的关键字，可以使用当前叶子结点的最后一个指针找到下一个叶子结点，并继续进行重复的操作，直至在某个叶子结点中找到大于 B 的关键字，结束查找操作。

（3）B+树的插入

在 B+树上插入关键字与 B-树基本类似，均是将关键字插入某个叶子结点中，稍有不同的是，在 B+树中进行插入操作时，当结点中关键字个数大于 m 时需要将结点进行"分裂"成两个结点，它们所含的关键字个数分别为 $\left\lceil \dfrac{m+1}{2} \right\rceil$ 和 $\left\lceil \dfrac{m+1}{2} \right\rceil$；且其双亲结点应同时包含这两个结点中的最大关键字。

（4）B+树的删除

B+树的删除也仅在叶子结点进行。若删除某一关键字后，该关键字所在结点的关键字数目小于 $\lceil m/2 \rceil$，则调整过程与 B-树类似；若叶子结点中最大关键字被删除时，虽然该关键字所在结点的双亲结点也包含这一关键字，但此时不删除双亲结点中的这一关键字。

B+树广泛地使用在包括 VSAM 文件在内的多种文件系统中，其中，每个叶子的关键字一般不是对应一个记录(稠密索引)，而是对应一个页块(稀疏索引)。也正是由于使用的广泛性，对其改进也有较大的意义。一种改进方法是 B*树，它是 B+树的变体，除了分裂和合并结点的规则不同外，二者完全相同。B*树在结点关键字过多时，并不马上分裂，而是先将一些记录分给相邻的兄弟结点。如果兄弟结点也满了，就将这 2 个结点分裂成 3 个。同样，当一个结点的关键字不足时，就将它与两个兄弟结点合并，使 3 个结点减少为 2 个。其目的是使结点内维持较多的关键字，提高结点存储密度，并提高检索效率。这个思想还可继续推广，使更多的结点参与合并和分裂，但算法也会更加复杂些，在此处不再赘述。

7.3.2 散列表查找

在之前章节中介绍的静态查找表和用于动态查找的树表中，结点的存储位置和结点的关键字之间的关系是不确定的，如果要查找某个关键字需要进行一系列的关键字比较。这类查找方法的特点是首先要比较给定值和查找表中关键字的大小，经过数次比较后逐步缩小查找范围，其查找效率取决于在查找过程中进行比较的次数。特别是当结点数较多时，查找某个给定值需要进行大量的比较，致使查找效率低下。那么是否可以不做比较就可以得到记录的存储地址，从而找到所要的结点呢？在本节中介绍的散列技术可以实现这一设想。

7.3.2.1 散列表的基本概念

散列既是一种存储方式，又是一种查找方法。散列查找的基本思路如下：如果在数据元素的存储位置和其关键字之间建立某种关系 H，使得每个关键字与表中唯一的位置相对应。那么在进行查找时，若存在某一数据元素的关键字与给定值 key 相等，则无需进行比较，根据关系 H 得到该关键字在表中的位置 $H(key)$。通常将关系 H 称为**散列函数**，又称哈希函数。根据散列函数将数据元素存储在一块连续的存储空间中，这块连续的存储空间称为**散列表**或哈希表。

如表 7-5 所列为某班级同学基本信息表，记录的各数据项为学号、姓名、性别、出生年月。

表 7-5 某班级同学基本信息表

学号	姓名	性别	出生年月
115208	周某一	男	1997-2
115209	郑某二	男	1997-7
115210	张某三	女	1997-5
115211	李某四	男	1997-3
115212	王某五	女	1999-7

假如按照编号依次存储表中信息，使用学号作为关键字，令其唯一确定该条记录的位置。例如，姓名为李某四的学生学号为 115211，当需要查找周某一同学的出生年月时，只需要提取出第四条记录即可。若以此方式构造散列表，则散列函数为 $H(key) = key$。表 7-6 所示为调用该散列函数建立的散列表（以学号为关键字）。

表7-6 以学号为关键字的散列表

地址	0	1	2	3	4
学号	115208	115209	115210	115211	115212
姓名	周某一	郑某二	张某三	李某四	王某五
性别	男	男	女	男	女
出生年月	1997-2	1997-7	1997-5	1997-3	1999-7

7.3.2.2 散列表的常用术语

①散列函数 在记录的存储位置 p 和其关键字 key 之间建立一个确定的对应关系 H，使得 $p=H(\text{key})$，称对应关系 H 为散列函数。

②散列地址 根据散列函数求得某一记录的存储位置 p，称为散列地址。

③散列表 一个有限连续的地址空间，用以存储按散列函数计算得到相应散列地址的数据记录。通常散列表的存储空间是一维数组，散列地址为数组的下标。散列表的逻辑结构是集合。根据组织形式的不同，通常有两种类型的散列表：闭散列表和开散列表。从形式上看，它们相当于一般数据结构常用的顺序存储方式和链式存储方式。结点的地址不反映逻辑关系，但与其内容或关键字有关，还与冲突处理的方法有关，散列表中一般不允许有键值相同的结点。

④冲突和同义词 对不同的关键字通过散列函数 H 计算，可能得到相同的散列地址，即 $\text{key}_1 \neq \text{key}_2$，但 $H(\text{key}_1)=H(\text{key}_2)$，这种现象称为**冲突**。其中，$\text{key}_1$ 和 key_2 称为**同义词**。

在表7-5所列的学生信息表中，使用出生年月作为关键字，并将散列函数定义为取关键字的月份作为散列函数值，则对应的散列函数值见表7-7所列。

表7-7 以出生年月中月份为散列函数值

学号	姓名	性别	出生年月	散列函数值
115208	周某一	男	1997-2	2
115209	郑某二	男	1997-7	7
115210	张某三	女	1997-5	5
115211	李某四	男	1997-3	3
115212	王某五	女	1999-7	7

对于出生年月1997-7，其散列函数值为7，对于出生年月1999-7的散列函数值也为7，此时发生冲突，其中，关键字1997-7和1999-7为同义词。

⑤均匀的散列函数 在表7-5所示的学生信息表中，使用出生年份、月份之和作为散列函数值，则对应的散列函数值见表7-8所列，未发生冲突。

表7-8　以出生年年份、月份之和作为散列函数值

学号	姓名	性别	出生年月	散列函数值
115208	周某一	男	1997-2	2000
115209	郑某二	男	1997-7	2015
115210	张某三	女	1997-5	2013
115211	李某四	男	1997-3	2001
115212	王某五	女	1999-7	2006

因此，在构建散列函数时，应该仔细观察关键字的特性，使得散列函数值尽可能均匀地分布在整个地址空间中，减少冲突的发生。称这种散列函数为均匀的散列函数。

⑥装填因子　散列表的存储空间一般是一个一维数组，散列地址是数组的下标。数组空间的大小称为表长。设散列表的长度为 m，散列表中已存入的数据元素的个数是 n，则称 $\alpha = \dfrac{n}{m}$ 为散列表的装填因子。

一般而言，冲突是不可避免的，只能尽量减少冲突。一旦发生了冲突，就必须采取适当的方法进行处理(将冲突项放到合适位置)。因此，采用散列技术时需要解决的两个主要问题是散列函数的构造和冲突的处理。

7.3.2.3　散列函数的构造方法

散列函数的种类很多，一般构造或选取散列函数的基本原则是计算简单和散列地址分布均匀。前者指散列函数的计算简单快捷，每一个关键字只能有一个散列地址与之对应；后者指散列函数能把记录尽量均匀地分布到散列表的任何位置，最大程度地减少冲突。如果关键字本身的分布很不均匀，如某些范围内比较密集，则对散列函数的均匀性要求就更加突出。下面介绍几种常用的构造散列函数的方法。

(1)直接定址法

直接定址法构造散列函数的思路是：将散列函数直接取为关键字的某种线性函数

$$H(\text{key}) = a \times \text{key} + b \tag{7-20}$$

其中，a、b 为常数。

例如，将表7-5某班级同学基本信息表中的学号作为关键字，构造散列函数为 $H(\text{key}) = \text{key} - 115208$，则对应的散列表见表7-9所列。

表7-9　某班级同学基本信息表

地址	学号	姓名	性别	出生年月
0	115208	周某一	男	1997-2
1	115209	郑某二	男	1997-7
2	115210	张某三	女	1997-5
3	115211	李某四	男	1997-3
4	115212	王某五	女	1999-7

直接定址法构造散列函数优点是计算简单、均匀，所得的散列地址集合大小和关键字集合大小相同，因此，不会产生冲突，但是需要事先知道关键字的分布情况，适合查找表较小且连续的情况。由于这样的限制，在现实应用中，直接定址法虽然简单但却并不常用。

（2）数字分析法

数字分析法构造散列函数的思路是：若事先知道关键字每一位上数字的分布规律，且关键字的位数比散列地址的位数多，则可取数字分布比较均匀的若干位或其组合作为散列地址。

表 7-10 数字分析法构造散列函数

关键字	散列地址 1(0~999)	散列地址 2(0~99)
13998023481	248	05
13998043512	451	57
13998077235	723	07
13997133858	385	96
13997107673	067	79
13998117064	106	74

见表 7-10 所列，有一组由 11 位数字组成的关键字。分析这些关键字会发现，前四位都是 1399，分布不均匀，第五位只取 7、8 这两个值，第六位只取 0、1 这两个值，第八位只取 3、7 这两个值，故这些位都不可取；第七、九、十、十一位数字分布较为均匀，因此，可根据散列表的长度抽取其中几位或它们的组合作为散列地址。例如，若表长为 1000（即地址为 0~999），则抽取其中三位（如七、九、十位）数字作为散列地址；若表长为 100（即地址为 0~99），则可抽取其中两位或两位的组合（如七、九与十、十一位之和并舍去进位）作为散列地址等，其结果见表 7-10 中的散列地址 1 和散列地址 2。

数字分析法的目的就是为了提供一个散列函数，能够合理地将关键字分配到散列表的各位置。这里提到了一个关键词——**抽取**。抽取方法是使用关键字的一部分来计算散列存储位置的方法，这在散列函数中是常常用到的方法。

数字分析法通常适合处理关键字位数比较大的情况，如果事先知道关键字的分布且关键字的若干位分布较均匀，则可以考虑使用这个方法。

（3）平方取中法

平方取中法构造散列函数的思路是：若关键字各位的数字分布未知，或不均匀，首先对关键字求平方以扩大差别，然后再取中间的几位或其组合作为散列地址。因为乘积的中间几位数和乘数的每一位都相关，故由此产生的散列地址也比较均匀，所取位数由散列表的表长决定。

例如，对关键字集合 {0011,0101,0110,0111,1101}，其各位分布很不均匀，平方后得：{0000121,0010201,0012100,0012321,1212201}。若表长为 10000，则可取中间四位作为散列地址：{0012,1020,1210,1232,1220}。

平方取中法构造散列函数适合不知道关键字的分布，而位数又不是很大的情况。

（4）折叠法

折叠法构造散列函数的思路是：若关键字位数较多时将关键字分割成位数相等的几段（最后一段的位数可能不同），然后将各段的叠加和（舍去最高进位）作为散列地址，段的长度由散列表的长度决定。

根据叠加的方式不同，折叠法又分移位叠加和边界叠加两种。移位叠加是将各段的最低位对齐，然后相加；边界叠加则是两个相邻的段沿边界来回折叠，然后对齐相加。

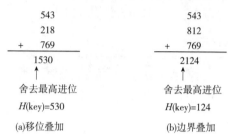

图 7-35　折叠法求散列地址

假设关键字为 543218769，散列表的长度为 1000，则散列地址位数为 3（0~999），即将关键字从左到右按三位数分割关键字得到三个部分：543、218、769，使用移位叠加和边界叠加这两种叠加方法，得到的散列地址分别为 530 和 124，如图 7-35 所示。

折叠法构造散列函数适用于散列地址位数较少，而关键字位数较多且关键字每一位的数据分布较为均匀的情况。

（5）除留余数法

除留余数法是最为常用的构造散列函数的方法，其思路是：将关键字 key 除以一个不大于散列表长度 m 的数 p，取其余数作为散列地址：

$$H(\text{key}) = \text{key} \% p \tag{7-21}$$

其中，% 为取模运算。除留余数法的关键是选取适当的 p，若选择不当，容易产生同义词。一般情况下，将 p 设为不大于 m 的最大质数。

假定关键字序列为（4，32，12，47，46，72，30），若散列表长 m 为 12，取 $p = 11$，则散列函数为 $H(\text{key}) = \text{key} \% 11$，对应的散列表见表 7-11 所示。

表 7-11　散列函数为 $H(\text{key}) = \text{key} \% 11$ 的散列表

地址	0	1	2	3	4	5	6	7	8	9	10	11
关键字		12	46	47	4		72		30		32	

除留余数法因其计算简单且适用范围非常广，是最常用的构造散列函数的方法。它不仅可以对关键字直接取模，也可在使用折叠法、平方取中法等运算之后取模，这样能够保证散列地址一定落往散列表的地址空间中。

7.3.2.4　处理散列冲突的方法

没有任何一种散列函数能够确保数据经过散列运算处理后所得到的散列地址是唯一的，当散列地址重复时就会产生冲突，并且随着数据量的增大，数据发生冲突的几率也在增大。因此，如何在发生散列冲突后处理溢出的问题就显得相当重要。常见的处理散列冲突方法与散列表的结构有关，按结构的不同基本上可以分为两大类：开放地址法和链地址法。

1）开放地址法

开放地址法指的是一旦发生冲突，就在散列表中寻找下一个空的散列地址，只要散列表足够大，一定能找到空的散列地址并将记录存入。

开放地址法这种冲突处理方法的基本思路是：当冲突发生时，使用某种探测技术在散列表中形成一个探测序列。沿此序列逐个单元地查找，直到找到给定的关键字，或者碰到一个开放的地址（即该地址单元为空）为止（若要插入，在探测到开放的地址后，则可将待插入的新结点存入该地址单元）。查找时探测到开放的地址，则表明表中无待查的关键字，即查找失败。在散列表中将空单元称作**开放地址**，是因为它对所有关键字都"开放"：既可存放同义词，也可存放非同义词，取决于谁先占用它。通常将生成新地址并寻找空闲地址单元的过程称为**探测**，寻找空闲地址单元的次数称为**探测次数**。

生成新的散列地址的公式如下：

$$H(\text{key}) = (H(\text{key}) + d_i)\%m \quad (d_i = 1,\ 2,\ 3,\ \cdots,\ m-1) \tag{7-22}$$

其中，$H(\text{key})$ 为散列函数，m 为散列表的表长，d_i 为增量序列。根据 d_i 取值的不同，可以分为以下两种探测方法：线性探测法和平方探测法。

（1）线性探测法

线性探测法的基本思路是：将散列表看成是一个环形表。若地址为 d 的单元发生冲突，则依次探测 d 的后继单元 $d+1$，$d+2$，$\cdots$，$m-1$，0，1，$\cdots$，$d-1$。

线性探测的增量序列 d_i 为：

$$d_i = 1,\ 2,\ 3,\ \cdots,\ m-1 \tag{7-23}$$

其中，i 为探测次数。探测时直到找到一个空闲地址单元或关键字为 key 的单元为止。如果一直探测到序列的最后一个地址 $d-1$ 都未找到一个空闲地址单元或关键字为 key 的单元，则无论是查找还是插入都意味着失败（此时表满）。

【例 7-7】 假设散列表的长度 $m=12$ 且关键字序列为 (26,13,23,15,61,92,54,32,21)。试采用除留余数法构造散列函数，用线性探测法处理冲突，试构造这组关键字的散列表。

解： 除留余数法构造散列函数将关键字 key 除以一个不大于散列表长度 m 的数 p，取其余数作为散列地址，一般情况下，将 p 设为不大于 m 的最大质数。在本题中散列表长度 $m=12$，因此，取 $p=11$，散列函数为 $H(\text{key}) = \text{key}\%11$。构造散列表的过程见表 7-12 所示。

表 7-12 线性探测法构造散列表

序号	散列地址	构造过程
1	$H(26) = 4$	无冲突，将关键字 26 存入 $a=4$ 的空闲单元，探测 1 次
2	$H(13) = 2$	无冲突，将关键字 13 存入 $a=2$ 的空闲单元，探测 1 次
3	$H(23) = 1$	无冲突，将关键字 13 存入 $a=1$ 的空闲单元，探测 1 次
4	$H(15) = 4$	发生冲突，探测 1 次
	$H(15) = (H(15)+1)\%12 = 5$	冲突解决，将关键字 15 存入 $a=5$ 的空闲单元，探测 2 次
5	$H(60) = 5$	发生冲突，探测 1 次
	$H(60) = (H(60)+1)\%12 = 6$	无冲突，将关键字 60 存入 $a=6$ 的空闲单元，探测 2 次
6	$H(92) = 4$	发生冲突，探测 1 次
	$H(92) = (H(92)+1)\%12 = 5$	发生冲突，探测 2 次
	$H(92) = (H(92)+2)\%12 = 6$	发生冲突，探测 3 次
	$H(92) = (H(92)+3)\%12 = 7$	冲突解决，将关键字 92 存入 $a=7$ 的空闲单元，探测 4 次

（续）

序号	散列地址	构造过程
7	$H(54)=10$	无冲突，将关键字 54 存入 $a=10$ 的空闲单元，探测 1 次
8	$H(32)=10$	发生冲突，探测 1 次
	$H(32)=[H(32)+1]\%12=11$	无冲突，将关键字 32 存入 $a=11$ 的空闲单元，探测 2 次
9	$H(21)=10$	发生冲突，探测 1 次
	$H(21)=[H(21)+1]\%12=11$	发生冲突，探测 2 次
	$H(21)=[H(21)+2]\%12=0$	冲突解决，将关键字 21 存入 $a=0$ 的空闲单元，探测 3 次

由上述过程构造的散列表及探测次数见表 7-13 所示。

表 7-13　散列函数为 $H(key)=key\%11$ 的散列表

地址	0	1	2	3	4	5	6	7	8	9	10	11
关键字	21	23	13		26	15	60	92			54	32
探测次数	3	1	1		1	2	2	4			1	2

在例 7-7 中，$H(15)=4$，$H(60)=5$，即关键字 15 和关键字 60 不是同义词，但由于处理关键字 15 和同义词 26 的冲突时，关键字 15 抢先占用了 $a=5$ 的空闲单元，这就使得在插入关键字 60 时，这两个本来不应该发生冲突的非同义词之间也会发生冲突。

【总结】

①线性探测法容易产生"聚集"现象。当表中的第 a、$a+1$、$a+2$ 的位置上已经存储某些关键字，则下一次散列地址为 a、$a+1$、$a+2$ 的关键字都将企图填入到 $a+3$ 的位置上，这种多个散列地址不同的关键字争夺同一个后继散列地址，导致在该位置上插入的概率比其他空闲单元高很多，通常将这种现象称为"聚集"。

②聚集使得在处理同义词冲突时加入了非同义词的冲突，导致查找效率明显降低。聚集导致某些单元附近"聚集"了大量结点，造成不是同义词的结点也处在同一个探测序列之中，增加了探测序列的长度。若干小聚集还可能汇集成大聚集，使得情况变得更差。显然，聚集越严重，以后的查找就越来越退化成顺序查找。

③若散列函数选择不当，或装填因子过大，都可能使得聚集的几率增大。

（2）平方探测法

平方探测的增量序列 d_i 为：

$$d_i=1^2,\ \_1^2,\ 2^2,\ \_2^2,\ 3^2,\ \_3^2,\ \cdots,\ k^2,\ \_k^2(k\leqslant m/2) \tag{7-24}$$

在例 7-7 中使用平方探测法解决冲突，构造的散列表见表 7-14 所示。

表 7-14　平方探测法构造散列表

序号	散列地址	构造过程
1	$H(26)=4$	无冲突，将关键字 26 存入 $a=4$ 的空闲单元，探测 1 次
2	$H(13)=2$	无冲突，将关键字 13 存入 $a=2$ 的空闲单元，探测 1 次
3	$H(23)=1$	无冲突，将关键字 13 存入 $a=1$ 的空闲单元，探测 1 次

（续）

序号	散列地址	构造过程
4	$H(15)=4$	发生冲突，探测 1 次
	$H(15)=[H(15)+1^2]\%12=5$	冲突解决，将关键字 15 存入 $a=5$ 的空闲单元，探测 2 次
5	$H(60)=5$	发生冲突，探测 1 次
	$H(60)=[H(60)+1^2]\%12=6$	无冲突，将关键字 60 存入 $a=6$ 的空闲单元，探测 2 次
6	$H(92)=4$	发生冲突，探测 1 次
	$H(92)=[H(92)+1^2]\%12=5$	发生冲突，探测 2 次
	$H(92)=[H(92)-1^2]\%12=3$	冲突解决，将关键字 92 存入 $a=3$ 的空闲单元，探测 3 次
7	$H(54)=10$	无冲突，将关键字 54 存入 $a=10$ 的空闲单元，探测 1 次
8	$H(32)=10$	发生冲突，探测 1 次
	$H(32)=[H(32)+1^2]\%12=11$	无冲突，将关键字 32 存入 $a=11$ 的空闲单元，探测 2 次
9	$H(21)=10$	发生冲突，探测 1 次
	$H(21)=[H(21)+1^2]\%12=11$	发生冲突，探测 2 次
	$H(21)=[H(21)-1^2]\%12=9$	冲突解决，将关键字 21 存入 $a=9$ 的空闲单元，探测 3 次

由上述过程构造的散列表及探测次数见表 7-15 所列。

表 7-15　散列函数为 $H(\text{key})=\text{key}\%11$ 的散列表

地址	0	1	2	3	4	5	6	7	8	9	10	11
关键字		23	13	92	26	15	60			21	54	32
探测次数		1	1	3	1	2	2			3	1	2

平方探测法可以有效减少聚集的可能性，但不能保证一定能探测到散列表的空闲地址单元。只有当表长 m 为 $4i+3$ 的素数时，才能探测到整个散列表空间，这里 i 为某一正整数。

2）链地址法

链地址法的基本思路是：将所有关键字为同义词的记录存储在同一个单链表中，称为**同义词链表**。通常将具有相同散列地址的关键字都存放在一个同义词链表中，有 m 个散列地址就有 m 个链表，同时使用数组 h[0,1,…,m-1]存放各个链表的头指针，凡是散列地址为 i 的记录都以 h[i]为头结点的单链表中。

【例 7-8】 假设散列表的长度 $m=8$ 且关键字序列为$\{45,13,58,59,99,78,2\}$。试采用除留余数法构造散列函数，用链地址法处理冲突，试构造这组关键字的散列表。

解： 除留余数法构造散列函数将关键字 key 除以一个不大于散列表长度 m 的数 p，取其余数作为散列地址，一般情况下，将 p 设为不大于 m 的最大质数。在本题中散列表长度 $m=8$，因此，取 $p=7$，散列函数为 $H(\text{key})=\text{key}\%7$。构造散列表的过程见表 7-16 所示。

表 7-16　链地址法构造散列表

序号	散列地址	构造过程
1	$H(45)=3$	无冲突，将关键字 45 存入以 $a=3$ 为头结点的单链表中，探测 1 次
2	$H(13)=6$	无冲突，将关键字 13 存入以 $a=6$ 为头结点的单链表中，探测 1 次
3	$H(58)=2$	无冲突，将关键字 13 存入以 $a=2$ 为头结点的单链表中，探测 1 次
4	$H(59)=3$	发生冲突，探测 1 次；将关键字 59 存入以 $a=3$ 为头结点的单链表中，探测 2 次
5	$H(99)=1$	无冲突，将关键字 99 存入以 $a=1$ 为头结点的单链表中，探测 1 次
6	$H(78)=1$	发生冲突，探测 1 次；将关键字 78 存入以 $a=1$ 为头结点的单链表中，探测 2 次
7	$H(2)=2$	发生冲突，探测 1 次；将关键字 2 存入以 $a=2$ 为头结点的单链表中，探测 2 次

由上述过程构造的散列表如图 7-36 所示。

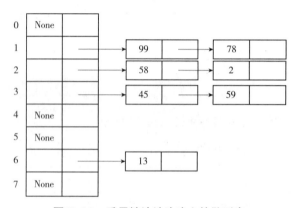

图 7-36　采用链地址法建立的散列表

【总结】

与开放地址法相比，链地址法优点如下：

①链地址法处理冲突简单，且无聚集现象，即非同义词决不会发生冲突，提高了查找效率。

②由于链地址法中各链表上的存储空间是动态申请的，因此，链地址法较适合于构造散列表前无法确定表长的情况。

③开放地址法为减少冲突，要求装填因子 α 必须小于 1，故当数据规模较大时会浪费较多空间；而链地址法中可取装填因子 $\alpha \geq 1$，且数据规模较大时，链地址法增加的指针域可忽略不计，因此节省空间。

④在用链地址法构造的散列表中执行插入、删除操作较易实现。

链地址法的主要缺点是指针需要额外的存储空间。

7.3.2.5　散列表的查找性能分析

散列表的运算有建表、查找、插入和删除等，但最基本的运算是查找。因为散列表的主要目的是为了快速查找，而建表、插入和删除等操作均要用到查找运算。

在使用链地址法构造的散列表中，删除记录的操作易于实现，只要简单地删除链表上相应的记录即可。在使用开放地址法构造的散列表，删除记录不能简单地将被删记录的空间置为空，否则在它之后填入散列表的同义词记录的查找路径将被中断，因为在开放地址法中，空闲地址单元是查找失败的条件。因此，在使用开放地址法处理冲突的散列表上执行删除操作，只能在被被删除记录上做删除标记，而不能真正删除记录。相应地，在插入操作时，若遇到有删除标记的地址，并不能马上将当前关键字插入到该处，而应沿探测序列继续进行下去。这是因为后面的探测序列中可能已有该关键字，插入后会导致散列表中出现相同的关键字。为提高插入(以及查找)的效率，当删除标记较多时，最好对散列表进行重建。

在散列表中查找元素的基本思路是：假设给定的值为 key，根据散列函数 H 计算出散列地址 $H(key)$，若表中该地址对应的单元为空，则查找失败；否则将该地址中结点的关键字与给定值 key 比较，若相等则查找成功，若不等则按解决冲突的方法求得新的散列地址，并继续查找，直到找到某个空闲单元(查找失败)或者关键字相等的地址(查找成功)。

这也就是说，在散列表中若查找元素时未发生冲突，则无需将给定值和关键字进行比较，而一旦发生冲突，则仍需将给定值和关键字进行比较，即在散列表中查找元素时仍可能需要比较。因此，我们使用平均查找长度来衡量散列表的查找效率，其中，影响散列表的平均查找长度的因素有：构建的散列函数、冲突的解决办法以及散列表的装填因子 α。

虽然散列函数的好坏在很大程度上决定冲突发生的概率，但在一般情况下，我们假定：对同组关键字，所有均匀的散列函数产生冲突的可能性相同，在此时可不考虑散列函数对平均查找长度的影响。因此，本小节仅讨论解决冲突的不同办法和散列表的装填因子对平均查找长度的影响。

(1)开放地址法

开放地址法分为线性探测法和平方探测法，本小节只介绍线性探测法构建散列表的查找算法。利用线性探测法解决冲突时，查找同义词的思路是：从冲突的地址单元开始，利用其增量序列 d_i 重新计算关键字的散列地址，并继续查找。线性探测法的算法思路如下：

【算法思路】

①对于给定值，通过散列函数计算得到相应的散列地址。

②若该地址类无数据元素，则查找失败。

③若该地址中存储的关键字等于给定值，则查找成功。

④若该地址中存储的关键字不等于给定值，则向后依次查找直到最后一个地址，若仍未找到，则从散列表的第一个地址开始继续查找，直到遍历完整个散列表，最后返回查找结果。

【算法实现】

代码段 7-12 为基于线性探测法解决冲突的查找算法的实现代码。

代码段 7-12　基于线性探测法解决冲突的查找算法

```
1    def search_hash_table( self, key) :
2        pos = -1
3        addr = key % self. length
4        if self. data[ addr] is None:
```

(续)

5	return pos
6	elif self. data[addr] is key:
7	pos = addr
8	return pos
9	elif self. data[addr] is not key:
10	while addr<=self. length−1:
11	if self. data[addr] is None:
12	return pos
13	elif self. data[addr] is not key:
14	addr = (addr+1) %self. length
15	elif self. data[addr] is key:
16	pos = addr
17	return pos
18	while True:
19	i = 0
20	if self. data[i] is None:
21	return pos
22	elif self. data[i] is not key:
23	addr = (i+1) % self. length
24	elif self. data[i] is key:
25	pos = addr
26	return pos

【例 7-9】 假设散列表的长度 $m=7$ 且关键字序列为 $(3,65,77,31,94)$。试采用除留余数法构造散列函数，用线性探测法处理冲突，试构造这组关键字的散列表。

解： 除留余数法构造散列函数将关键字 key 除以一个不大于散列表长度 m 的数 p，取其余数作为散列地址，一般情况下，将 p 设为不大于 m 的最大质数。在本题中散列表长度 $m=7$，因此，取 $p=7$，散列函数为 $H(\text{key})=\text{key}\%7$。构造散列表的过程见表 7-17 所列。

表 7-17　线性探测法构造散列表

序号	散列地址	构造过程
1	$H(3)=3$	无冲突，将关键字 3 存入 $a=3$ 的空闲单元，探测 1 次
2	$H(65)=2$	无冲突，将关键字 65 存入 $a=1$ 的空闲单元，探测 1 次
3	$H(77)=0$	无冲突，将关键字 77 存入 $a=0$ 的空闲单元，探测 1 次
4	$H(31)=3$	发生冲突，探测 1 次
	$H(31)=[H(31)+1]\%7=4$	冲突解决，将关键字 31 存入 $a=4$ 的空闲单元，探测 2 次

（续）

序号	散列地址	构造过程
	$H(94)=3$	发生冲突，探测1次
5	$H(94)=[H(94)+1]\%7=4$	发生冲突，探测2次
	$H(94)=[H(94)+2]\%7=5$	无冲突，将关键字94存入 $a=5$ 的空闲单元，探测3次

由上述过程构造的散列表及探测次数见表7-18所列。

表 7-18　散列函数为 $H(\text{key})=\text{key}\%7$ 的散列表

地址	0	1	2	3	4	5	6
关键字	77		65	3	31	94	

以在散列表中查找关键字94为例，通过散列函数 $H(94)=94\%7=3$，得出散列地址为3。其查找过程如图7-37所示，一共需要通过3次比较才能完成对关键字 key=94 的查找。

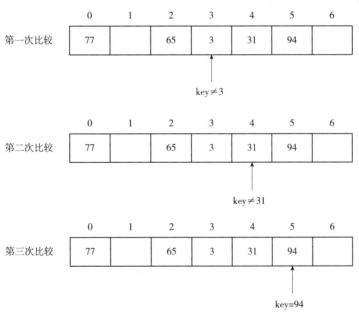

图 7-37　在散列表中查找关键字94的过程

类似地，查找关键字3、65、77和31分别比较了1次、1次、1次和2次。假定每个关键字的查找概率相等（1/5），当查找成功时，其平均查找长度 ASL 为：

$$ASL=\frac{1}{5}(1\times3+2\times1+3\times1)=\frac{8}{5} \tag{7-25}$$

在散列表中查找关键字存在查找失败的情况。以本题为例，当查找值为46的关键字时，通过散列函数 $H(46)=46\%7=4$，得出散列地址为4。其查找过程如图7-38所示，通过3次比较直至散列地址 $a=6$，由于该地址为空闲单元，因此，查找失败。

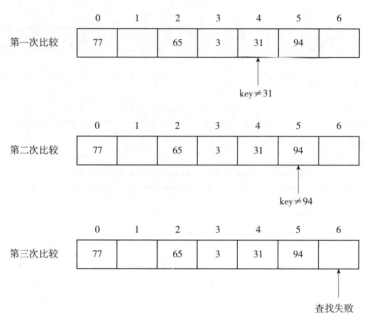

图 7-38 在散列表中查找关键字 46 的过程

类似地，在查找失败的情况下，当查找散列地址为 0、2、3、5 的某些值时，分别比较了 2 次、5 次、4 次和 2 次。假定计算散列函数得到每个取值的概率相等（1/5），当查找失败时，其平均查找长度 ASL 为：

$$ASL = \frac{1}{5}(2+5+4+3+2) = \frac{16}{5} \tag{7-26}$$

（2）链地址法

链地址法解决冲突的查找思路是：从单链表的头指针开始一次向后查找，其算法思路如下。

【算法思路】

①对于给定值，通过散列函数计算得到散列地址。

②若该地址内存储的单链表为空，则查找失败；否则在单链表中继续查找关键字。

③若在单链表中找到与给定值相等的关键字，则查找成功；否则查找失败。

【算法实现】

代码段 7-13 为基于链地址法解决冲突的查找算法的实现代码。

代码段 7-13　基于链地址法解决冲突的查找算法

```
1   def search_hash_table_linked( self, key) :
2       pos = -1
3       addr = key % self. length
4       if self. data[ addr] is None:
5           return pos
6       elif self. data[ addr] . key == key:
```

(续)

7		pos = addr
8		return pos
9	elif self. data[addr] . key ! = key:	
10		p = self. data[addr]
11		while p. next is not None:
12		if p. next. key == key:
13		pos = addr
14		return pos
15		else:
16		p = p. next
17		return pos

【例 7-10】 假设散列表的长度 $m=7$ 且关键字序列为(3,65,77,31,94)。试采用除留余数法构造散列函数,用链地址法处理冲突,试构造这组关键字的散列表。

解:除留余数法构造散列函数将关键字 key 除以一个不大于散列表长度 m 的数 p,取其余数作为散列地址,一般情况下,将 p 设为不大于 m 的最大质数。在本题中散列表长度 $m=8$,因此取 $p=7$,散列函数为 $H(\text{key})=\text{key}\%7$。使用链地址法构造散列表的过程见表 7-19 所列。

表 7-19　链地址法构造散列表

序号	散列地址	构造过程
1	$H(3)=3$	无冲突,将关键字 3 存入以 $a=3$ 为头结点的单链表中,探测 1 次
2	$H(65)=2$	无冲突,将关键字 65 存入以 $a=2$ 为头结点的单链表中,探测 1 次
3	$H(77)=0$	无冲突,将关键字 77 存入以 $a=0$ 为头结点的单链表中,探测 1 次
4	$H(31)=3$	发生冲突,探测 1 次 将关键字 31 存入以 $a=3$ 为头结点的单链表中,冲突解决,探测 2 次
5	$H(94)=3$	发生冲突,探测 1 次 发生冲突,探测 2 次 将关键字 94 存入以 $a=3$ 为头结点的单链表中,冲突解决,探测 3 次

由上述过程构造的散列表如图 7-39 所示。

以在散列表中查找关键字 94 为例,通过散列函数 $H(94)=94\%7=3$,得出散列地址为 3,一共需要通过 3 次比较才能完成对关键字 key = 94 的查找。类似的,查找关键字 3、65、77 和 31 分别比较了 1 次、2 次、1 次和 2 次。假定每个关键字的查找概率相等(1/5),当查找成功时,其平均查找长度 ASL 为:

$$ASL = \frac{1}{5}(1+2+1+2+3) = \frac{9}{5} \qquad (7-27)$$

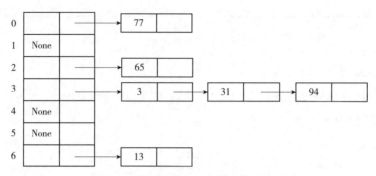

图 7-39　采用链地址法建立的散列表

在使用链地址法构造的散列表中，查找失败分为两种情况：一种是通过散列函数计算得到的散列地址无内容；另一种是通过散列函数计算得到的散列地址，在以该地址为表头的单链表中查找失败。

类似地，在查找失败的情况下，当查找散列地址为 0、2、6 的关键字时，在以该地址为表头的单链表中查找 1 次后失败。假定计算散列函数得到每个取值的概率相等（1/5），当查找失败时，其平均查找长度 ASL 为：

$$ASL = \frac{1}{5}(1+1+3+1) = \frac{6}{5} \tag{7-28}$$

对于开放地址法和链地址法构造散列表，当关键字序列相同时，如采用同样的散列函数，无论查找成功或失败，它们的平均查找长度均不同。

假定在散列表中每个关键字的查找概率相等，则查找成功时，平均查找长度 ASL 为：

$$ASL = \frac{1}{n}\sum_{i=1}^{n} C_i \tag{7-29}$$

其中，n 为散列表中关键字的个数；C_i 为查找第 i 个关键字时所需的比较次数。

假定计算得到每个散列函数值的概率相等，则查找失败时，平均查找长度 ASL 为：

$$ASL = \frac{1}{s}\sum_{i=1}^{s} iC_i \tag{7-30}$$

其中，s 为散列函数所有可能的取值个数；C_i 为散列函数值为 i 时查找失败所需的比较次数。

（3）装填因子

设散列表的长度为 m，散列表中已存入的数据元素的个数是 n，则称 $\alpha = n/m$ 为散列表的**装填因子**。由装填因子 α 的定义可知，α 标志散列表的装满程度。α 越小，发生冲突的可能性就越小；反之，α 越大，散列表中已填入的记录越多，再填记录时，发生冲突的可能性就越大，则查找时，给定值需与之进行比较的关键字的个数也就越多。

若仅考虑解决冲突而将 α 设置的过小，会影响散列表的空间利用率。因此，为了减少冲突的发生和提高散列表的空间利用率，α 需控制在适合的范围内。

在等概率的情况下，采用几种不同方法处理冲突时，得到的散列表查找成功和查找失败的平均查找长度 ASL 见表 7-20 所示。

表7-20　各种方法解决冲突时的 *ASL*

处理冲突的方法		平均搜索长度	
		查找成功	查找失败
开放地址法	线性探测法	$\dfrac{1}{2}\left(1+\dfrac{1}{1-\alpha}\right)$	$\dfrac{1}{2}\left(1+\dfrac{1}{(1-\alpha)^2}\right)$
	平方探测法	$-\dfrac{1}{\alpha}\ln(1-\alpha)$	$\dfrac{1}{1-\alpha}$
链地址法		$1+\alpha/2$	$\alpha+e^{-\alpha}\approx\alpha$

小　结

（1）查找是在由一组记录组成的集合中寻找符合特定条件的数据元素。若集合中存在符合条件的记录，则查找成功，否则查找失败。查找表是一种以同一类型的记录构成的集合为逻辑结构、以查找为主要运算的数据结构。在实现查找表时要根据实际情况按照查找的具体要求组织查找表，从而实现高效率的查找。

（2）静态查找表是指对表的操作不包括对表的修改的表，可以用顺序表或线性链表进行表示，基于静态查找表的查找主要包含顺序查找、折半查找和索引顺序查找。三者之间的比较见表7-21所示。

表7-21　顺序查找、折半查找和索引顺序查找的比较

	顺序查找	折半查找	索引顺序查找
查找成功的 *ASL*	$(n+1)/2$	$\log_2(n+1)-1$	$\dfrac{1}{2}\left(\dfrac{n}{s}+s\right)+1$
特点	查找表无需有序，算法较为简单，查找效率不高	查找表需有序，查找效率较高	查找表需有序，查找效率介于顺序查找和折半查找之间
适用情况	任何结构的静态查找表	元素有序的静态查找表	分块有序的静态查找表

（3）动态查找表是指对表的操作包括对表的修改的表，即表结构本身是在查找过程中动态生成的。基于动态查找表的查找包括二叉排序树查找、平衡二叉树查找、B-树查找、B+查找和散列表查找。

当二叉排序树是一棵斜树时，其查找效率与顺序查找相同，查找效率最高的二叉排序树是一棵二叉平衡树。

平衡二叉树是左、右子树深度之差的绝对值小于2并且左、右子树均为平衡二叉树的树。在平衡二叉树中查找关键字的过程与在二叉排序树中查找关键字的过程相同。平衡二叉树调整方法可分为 LL 型、RR 型、LR 型和 RL 型。

在 B-树中查找关键字的过程与在二叉排序树中查找关键字的过程类似。在 B-树中插入或删除关键字后可能需要调整某些结点的关键字序列。

B+树是 B-树的一种变型树，更常被使用在文件索引系统中。在 B+树中执行查找、插入和删除操作与在 B-树中执行查找、插入和删除操作类似。

散列存储以关键字值为自变量，通过散列函数计算出数据元素的存储地址，并将该数

据元素存入到相应地址的存储单元。在进行散列表查找时只需要根据查找的关键字采用同样的函数计算出存储地址即可到相应的存储单元取得数据元素。在进行散列表查找时需要构造好的散列函数并且制定解决冲突的方法。

构造散列函数主要有直接定址法、数字分析法、平方取中法、折叠法和除留余数法，其中，最常见的方法是除留余数法。

处理冲突的方法主要分为开放地址法和链地址法，两者之间的差别类似顺序表和单链表的差别，见表 7-22 所示。

表 7-22 开放地址法和链地址法的比较

比较类别		开放地址法和链地址法	链地址法
空间		无指针域，存储效率较高	附加指针域，存储效率较低
时间	查找	有二次聚集现象，查找效率低	无二次聚集现象，查找效率高
	插入、删除	不易实现	较易实现
适用情况		散列表大小固定	散列表长度经常发生变化

习 题

一、选择题

1. 在下列查找方法中，适用于静态查找的方法有(　　　)。

A. 折半查找、二叉排序树查找　　　　　　B. 折半查找、索引查找

C. 二叉排序树查找、顺序查找　　　　　　D. 散列表查找、索引查找

2. 对含 10 个数据元素的有序查找表执行折半查找，当查找失败时，至少需要比较(　　　)次。

A. 2　　　　　　　　B. 3　　　　　　　　C. 4　　　　　　　　D. 5

3. 下列选项中(　　　)可能是在二叉排序树中查找 35 时所比较的关键字序列。

A. 2,25,40,39,53,34,35　　　　　　　　B. 25,39,2,40,53,34,35

C. 53,40,2,25,34,39,35　　　　　　　　D. 39,25,40,53,34,2,35

4. 当采用索引顺序查找(分块查找)时，数据的组织方式为(　　　)。

A. 数据分成若干块，每块内数据有序

B. 数据分成若干块，每块内数据不必有序，但块间必须有序，每块内最大(或最小)的数据组成索引块

C. 数据分成若干块，每块内数据有序，每块内最大(或最小)的数据组成索引块

D. 数据分成若干块，每块(除最后一块外)中数据个数须相同

5. 分别以下列序列构造二叉排序树，与用其他三个序列所构造的结果不同的是(　　　)。

A. (100,80,90,60,120,110,130)　　　　　　B. (100,120,110,130,80,60,90)

C. (100,60,80,90,120,110,130)　　　　　　D. (100,80,60,90,120,130,110)

6. 下面关于 m 阶 B-树说法正确的是(　　　)。

①每个结点至少有两棵非空子树

②树中每个结点至多有 $m-1$ 个关键字

③所有叶子在同一层上

④当插入一个数据项引起 B-树结点分裂后，树长高一层

  A.①②③   B.②③   C.②③④   D.③

  7. 在平衡二叉树中插入一个结点后造成了不平衡，设最低的不平衡结点为 A，并已知 A 的左孩子的平衡因子为 0，右孩子的平衡因子为 1，则应作( )型调整以使其平衡。

  A. LL   B. LR   C. RL   D. RR

  8. 根据一组关键字(56，42，50，64，48)依次插入结点生成一棵平衡二叉树，当插入到值为( )的结点时需要进行旋转调整。

  A. 42   B. 50   C. 64   D. 48

  9. 设有一组记录的关键字为(19,14,23,1,68,20,84,27,55,11,10,79)，用链地址法构造散列表，散列函数为 $H(\text{key})=\text{key}\%13$，散列地址为 1 的链中有( )个记录。

  A. 1   B. 2   C. 3   D. 4

  10. 关于散列查找说法不正确的有几个( )。

①采用链地址法解决冲突时，查找一个元素的时间是相同的

②采用链地址法解决冲突时，如果插入规定总是在链首，则插入任一个元素的时间是相同的

③用链地址法解决冲突易引起聚集现象

④平方探测法不易产生聚集

  A. 1   B. 2   C. 3   D. 4

二、填空题

  1. 对含有 n 个元素的查找表执行顺序查找时，假定每个元素的查找概率相同，其平均查找长度为_____。

  2. 一个无序序列可以通过构造一棵_____而变成一个有序序列，构造树的过程即为对无序序列进行排序的过程。

  3. 在一棵二叉排序树中，每个分支结点的左子树上所有结点的值一定_____该结点的值，右子树上所有结点的值一定_____该结点。

  4. 从一棵二叉排序树中查找一个元素时，若元素的值等于根结点的值，则表明_____，若元素的值小于根结点的值，则继续向_____查找，若元素的值大于根结点的值，则继续向_____查找。

  5. 在一棵 m 阶 B-树中，若在某结点中插入一个新关键字而引起该结点分裂，则此结点中原有的关键字的个数是_____；若在某结点中删除一个关键字而导致结点合并，则该结点中原有的关键字的个数是_____。

三、判断题

  1. 采用线性探测法处理散列时的冲突，当从散列表删除一个记录时，不应将这个记录的所在位置置空，因为这会影响以后的查找。   ( )

  2. 二叉排序树中每个结点的关键字值大于其左非空子树(若存在的话)所有结点的关键字值，且小于其右非空子树(若存在的话)所有结点的关键字值。   ( )

3. 二叉排序树按照中序遍历将各结点打印出将各结点打印出来，将得到按照由小到大的排列。 （　　）

4. 在任意一棵非空二叉排序树中，删除某结点后又将其插入，则所得二叉排序树与原二叉排序树相同。 （　　）

5. 在平衡二叉树中，向某个平衡因子不为零的结点的树中插入一新结点，必引起平衡旋转。 （　　）

四、综合题

1. 依次读入给定的整数序列(7,16,4,8,20,9,6,18,5)，构造一棵二叉排序树，并计算在等概率情况下该二叉排序树的平均查找长度 ASL。(要求给出构造过程)

2. 输入一个正整数序列(53,17,12,66,58,70,87,25,56,60)，试完成下列各题。

(1)按次序构造一棵二叉排序树。

(2)假定每个元素的查找概率相等，试计算该二叉排序树的平均查找长度。

(3)画出在此二叉排序树中删除"66"后的树结构。

第8章 内排序

　　排序是数据处理中经常使用的一种重要运算，这一研究领域在计算机科学中占有相当重要的地位。简单的说，排序是将数据元素序列或记录按指定关键字值的递增或递减次序排序的有序序列。在计算机计算和数据处理过程中，都会直接或间接地涉及数据的排序问题。根据在排序过程中待排序的记录是否全部被放置在内存中，将排序分为内排序和外排序。内排序是在排序整个过程中，待排序的所有记录全部被放置在内存中。外排序是由于排序的记录个数较多，不能同时放置在内存，整个排序过程需要在内外存之间多次交换数据才能进行。本章主要介绍排序的基本概念以及常用的内排序方法。

思维导图 ---

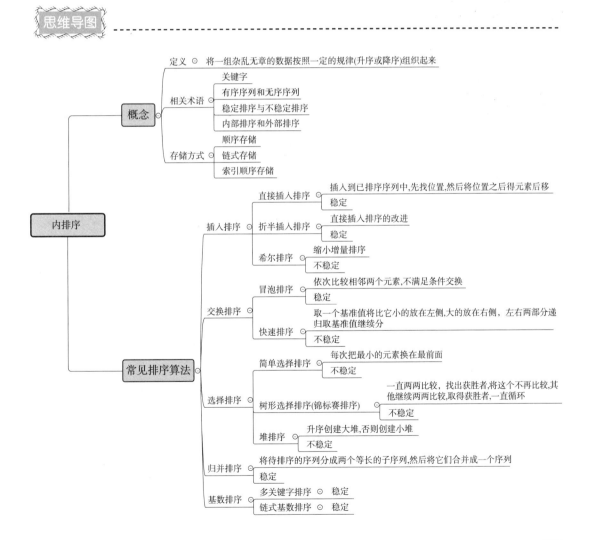

8.1　排序的基本概念

排序就是将一组任意排列的数据元素进行整理，使之重新排列成一个按关键字递增或递减的序列，排序的目的主要是为了便于进行数据查找，从而提高工作效率。事实上，排序在日常生活中无处不在，例如，学生排队列时按身高由矮到高排序，学生成绩表由高分到低分排序，电话号码簿按部门、职称对人员进行排序等。

8.1.1　排序的定义

排序是按关键字的非递减或非递增顺序对一组记录重新进行排列的操作。假设含 n 个记录的序列为 $\{R_1, R_2, R_3, \cdots, R_n\}$。其相应的关键字序列为 $\{K_1, K_2, K_3, \cdots, K_n\}$。需确定 1，2，$\cdots$，$n$ 的一种排列 P_1，P_2，P_3，$\cdots$，P_n，使其相应的关键字满足如下的非递减（或非递增）关系：$K_{p1} \leqslant K_{p2} \leqslant K_{p3} \leqslant \cdots \leqslant K_{pn}$，即成为一个按关键字有序的序列 $\{R_{p1}, R_{p2}, R_{p3}, \cdots, R_{pn}\}$。

8.1.2　相关术语

在本章中将被排序的对象，即数据元素称为**记录**。

①关键字　记录一般由若干个数据项组成，其中，可用来标识一个记录的数据项或其组合，称为关键字，简称键。该数据项的值称为键值。注意，关键字可为一个以上数据项的组合，但本章只考虑仅含一个数据项的关键字。关键字可用作排序的依据，它一般为数值型或字符串。

②有序序列和无序序列　按关键字值的大小排成非递减或非递增顺序的一组记录称为有序序列，反之则称为无序序列。

③稳定排序与不稳定排序　当数据表中各记录键值均不相同时，排序的结果是唯一的，否则结果不唯一。如果多个键值相同的记录，排序后相对次序总能保持不变，则称这种排序方法是稳定的，否则称为不稳定的。稳定性是算法本身的特性，若"稳定"则对所有情况都成立；若"不稳定"，只要举出一个反例即可。

④内部排序和外部排序　由于待排序记录总数所占空间无法预先估计，如果待排序总数相对于内存较小，整个排序过程可以在内存中进行，则称为内部排序。反之，如果待排序的记录总数较多，不能全部放入内存中，在排序过程中需要访问外部存储器，则称为外部排序，在本章中只讨论内排序。

8.1.3　待排序记录的存储方式

在排序过程中，比较关键字的大小和将记录从一个位置移动到另一个位置是排序运算中两种最基本的操作。因此，排序的时间开销主要是指算法执行中关键字的比较次数和记录的移动次数。当键值是字符串时，比较占用较多的时间，是影响时间复杂度的主要因素。当记录本身的数据量很大时，为了交换记录的位置，移动记录也要占用较多的时间，是影响时间复杂度的另一个主要因素，在下面讨论各种内部排序算法时，我们将主要给出各算法中记录的比较次数及移动次数。

在排序的两个基本操作中，对大多数排序方法来说比较操作是必要的，但移动操作可通过改变待排序记录的存储方式来避免。待排序记录的常用的存储方式有以下三种：

①顺序存储方式　将待排序记录按其在序列中出现的先后顺序依次存放在地址连续的存储单元上，即在序列中相邻的两个记录 $R[i]$ 和 $R[i+1]$（$i=1$，2，3），其存储位置也是相邻的。在排序过程中对记录本身进行物理重排，通过比较将记录移动到合适的位置。

②链式存储方式　将待排序记录存放在链表中（动态链表或静态链表），在排序过程中无需移动记录，仅需修改指针。

③索引顺序存储方式　将待排序记录按顺序存储方式存储，但另外建立一个关键字和对应存储位置的索引表，在排序时只对索引表进行物理重排而不移动原始记录本身。该存储方式可避免一般顺序存储方式中记录的移动问题。

8.1.4　抽象数据类型定义

待排序序列的抽象数据类型的定义见表 8-1 所示。

表 8-1　待排序序列的抽象数据类型的定义

ADT 待排序列表（list）	
数据对象：具有相同特性的数据元素的集合	
数据关系：除表头和表尾元素外，其他所有元素都有唯一的前驱元素和后继元素	
操作名称	操作说明
init_list(list)	初始化待排序列表 list
insert_sort(list)	对 list 进行直接插入排序
binary_insert_sort (list)	对 list 进行折半插入排序
shell_sort (list)	对 list 进行希尔排序
bubble_sort (list)	对 list 进行冒泡排序
qucik_sort (list)	对 list 进行快速排序
select_sort (list)	对 list 进行选择排序
heap_sort (list)	对 list 进行堆排序
merge_sort (list)	对 list 进行归并排序
traverse_list(list)	遍历待排序列表中元素

8.2　插入排序

插入排序的基本思路：每次将一个待排序的记录，按其关键字大小插入到前面已排好序的有序序列中的适当位置，直到全部记录插入完成为止。可以选择不同的方法在已经排好序的记录中寻找插入位置，目前，已有多种成熟的插入排序方法。本节主要介绍三种常用的插入排序方法：直接插入排序、折半插入排序和希尔排序。

8.2.1 直接插入排序

直接插入排序是一种最简单的排序方法，它的基本思路：设有 n 个记录的序列，直接插入排序将第一个记录看成一个有序子序列，再从第二个记录开始逐个插入到一个已经有序的子序列中去，使得每次插入记录后的子序列也是有序的。直接插入排序的每一趟插入一个记录，经过 $n-1$ 趟排序后原序列就排成了有序序列。

在插入记录时，如果有某个记录的关键字小于所有其他的记录的关键字，可能会出现下标越界的错误，为了避免这种错误，通常在序列前插入一个记录当作哨兵，用于在查找循环中"监视"下标变量是否越界，将哨兵和待插入记录进行比较，避免了在循环内每一次都要检查下标是否越界，提高了排序效率。直接插入排序的算法思路如下。

【算法思路】

①将待排序序列分为有序序列和无序序列两部分，并默认待排序序列的第一个记录有序。

②调用 range( ) 方法从第二个记录到第 listlen-1 个记录，执行思路③至思路④。

③将 list[0] 设为哨兵记录，将当前记录的关键字存入 list[0] 中，并将当前记录的下标存入变量 temp 中。

④当 list[temp-1] 中的关键字大于哨兵记录的关键字时，将 list[temp-1] 中的关键字复制到 list[temp] 中，并将 temp 值减 1；否则将哨兵记录的关键字复制到 list[temp] 中，完成一趟插入排序。

【算法实现】

代码段 8-1 为直接插入排序的实现代码。

代码段 8-1　直接插入排序代码实现

```
1    def  insert_sort( self, list) :
2        listlen = len( list)          #调用 len( ) 方法获取序列总长度,存入变量 listlen 中
3        for i in range( 2, listlen) :
4            list[ 0] = list[ i]
5            temp = i
6            while list[ temp-1] > list[ 0] :
7                list[ temp] = list[ temp-1]
8                temp = temp-1
9            list[ temp] = list[ 0]
```

【例 8-1】　已知有 8 个待排序的记录，关键字序列为 {34,10,2,66,31,72,66,29}，写出用直接插入排序法进行排序的过程。

解：直接插入排序过程如图 8-1 所示，其中，相同的关键字 66 使用下划线区分，方括号表示当前的有序区域。通过观察直接插入排序的过程，相同关键字 66 和 66 在排序后相对位置不变，因此，直接插入排序为稳定排序。

初始关键字	34	10	2	66	31	72	66	29
第1趟：	[10	34]	2	66	31	72	66	29
第2趟：	[2	10	34]	66	31	72	66	29
第3趟：	[2	10	34	66]	31	72	66	29
第4趟：	[2	10	31	34	66]	72	66	29
第5趟：	[2	10	31	34	66	72]	66	29
第6趟：	[2	10	31	34	66	66	72]	29
第7趟：	[2	10	29	31	34	66	66	72]

图 8-1　直接插入排序

【算法性能分析】

（1）时间复杂度

假设共有 n 个待排序记录，在最好情况下，即待排序序列中记录按关键字非递减有序排列下，在每一次循环中只需要比较一次即可，且不需要移动任何记录，此时关键字比较的总次数为 $C_{\min}=n-1$，移动次数 $M_{\min}=0$。

在最坏情况下，即待排序序列中记录按关键字非递增有序排列下，关键字的比较次数为：

$$C_{\max} = \sum_{i=1}^{n-1}(i) = \frac{n \times (n-1)}{2} = \mathrm{O}(n^2) \tag{8-1}$$

此时记录移动次数最多，其值为：

$$M_{\max} = \sum_{i=1}^{n-1}(i) = \frac{(n+4) \times (n-1)}{2} = \mathrm{O}(n^2) \tag{8-2}$$

若待排序序列中出现各种可能排列的概率相同，则可取上述最好情况和最坏情况的平均情况。在平均情况下，直接插入排序关键字的比较次数和记录移动次数均约为 $n^2/4$。

由上述分析可知，待排序记录的初始状态不同时，直接插入排序所耗费的时间会有很大差异。最好情况是待排序记录的初始状态为正序，此时算法的时间复杂度为 $\mathrm{O}(n)$，最坏情况是初态是待排序记录的初始状态为逆序，相应的时间复杂度为 $\mathrm{O}(n^2)$。算法的平均时间复杂度是 $\mathrm{O}(n^2)$。

（2）空间复杂度

直接插入排序所需的辅助空间是一个监视哨，与问题规模无关，因此空间复杂度为 $\mathrm{O}(1)$。

（3）算法稳定性

直接插入排序中记录的移动是按相邻位置顺序进行的，具有相同关键字的数据元素的位置与排序前相同，因此，直接插入排序是一种稳定的排序算法。

【算法特点】

①直接插入排序是稳定排序。

②算法简单易懂，且容易实现，但效率不高。

③同样适用于链式存储结构，在单链表进行比较时只需修改相应指针即可。

④当初始序列基本有序或 n 较小时，直接插入排序是最佳的排序方法，但当记录数 n 较大时，时间复杂度较高，不宜采用。

8.2.2　折半插入排序

插入排序算法的基本思路：不断依次将元素插入前面已排好序的序列中。折半插入排序是对直接插入排序算法的一种改进：将待排序序列分为有序序列和无序序列两部分，并默认待排序序列的第一个记录有序。每次从序列的无序部分取出一个记录，将其与有序序列中间位置的记录进行比较，如果比中间位置上的记录的关键字大，则使用上述方法在该关键字的右边继续比较；否则在该关键字的左边继续比较，直到找到合适的插入点将记录插入，使得该序列的有序部分仍然保持有序。折半插入排序的算法思路如下。

【算法思路】

①将待排序序列分为有序序列和无序序列两部分，并默认待排序序列的第一个记录有序。

②调用 range( ) 方法从第二个记录到第 listlen-1 个记录，执行思路③至思路⑪。

③将有序部分的第一个记录下标记为 low，最后一个记录下标记为 high。

④将无序部分的第一个记录的 key 存入 list[0] 中。

⑤若 low 不大于 high 时，执行思路⑥；否则执行思路⑩。

⑥令 mid = (low+high) // 2。

⑦若 list[mid] 中的关键字大于 list[0] 中的关键字，则执行思路⑧；否则执行思路⑨。

⑧令 high = mid-1，转思路⑤。

⑨令 low = mid+1，转思路⑤。

⑩将有序部分的最后一个记录的下标赋值给 j，将有序部分下标为 low 的记录依次往后移一位。

⑪将 list[0] 中的关键字存入下标为 left 的记录 list[low] 中，完成一趟排序。

【算法实现】

代码段 8-2 为折半插入排序的实现代码。

代码段 8-2　折半插入排序代码实现

```
1    def  binary_insert_sort ( self, list ) :
2        listlen = len( list )   #调用 len( ) 方法获取序列总长度, 存入变量 listlen 中
3        for i in range( 2, listlen ) :
4            low = 1
5            high = i-1
6            list[ 0 ] = list[ i ]
7            while low <= high :
8                mid = ( low+high ) // 2
9                if list[ mid ] > list[ 0 ] :
10                   high = mid-1
11               else :
12                   low = mid+1
13           j = i-1
14           while j >= low :
15               list[ j+1 ] = list[ j ]
16               j = j-1
17           list[ low ] = list[ 0 ]
```

【例 8-2】　已知有 8 个待排序的记录，关键字序列为 $\{34,10,2,66,31,72,\underline{66},29\}$，假定在对这一系列执行折半插入排序后，某一趟排序后的结果为 $\{2,10,31,34,66,72,\underline{66},29\}$，序列中前 6 个记录组成一个按值有序排列的序列，请写出将序列中第 7 个记录 $\underline{66}$ 使用折半插入排序插入到合适位置的排序过程。

解：折半插入排序过程如图 8-2 所示，其中，相同的关键字 66 使用下划线区分，方括号表示当前的有序区域。通过观察直接插入排序的过程，相同关键字 66 和 $\underline{66}$ 在排序后相对位置不变。

初始关键字	[2	10	31	34	66	72]	66	29
第1次比较	[2	10	31	34	66	72]	66	29
	low		mid			high		
第2次比较	[2	10	31	34	66	72]	66	29
				low	mid	high		
第3次比较	[2	10	31	34	66	72]	66	29
						low=mid=high		
第4次比较	[2	10	31	34	66	72]	66	29
					high > low(查找结束)			
排序结果：	[2	10	31	34	66	66	72]	29

图 8-2　折半插入排序

【算法性能分析】

（1）时间复杂度

从时间上比较，折半查找比顺序查找快，所以就平均性能来说，折半插入排序优于直接插入排序。折半插入排序所需要的关键字比较次数与待排序序列的初始排列无关，仅依赖于记录的个数。不论初始序列情况如何，在插入第 i 个记录时，需要经过 $\lceil \log_2 i \rceil + 1$ 次比较，才能确定它应插入的位置。所以当记录的初始排列为正序或接近正序时，直接插入排序比折半插入排序执行的关键字比较次数要少。

折半插入排序的对象移动次数与直接插入排序相同，依赖于对象的初始排列。

在平均情况下，折半插入排序仅减少了关键字间的比较次数，而记录的移动次数不变。因此，折半插入排序的时间复杂度仍为 $O(n^2)$。

（2）空间复杂度

折半插入排序所需附加存储空间和直接插入排序相同，只需要一个记录的辅助空间，因此，空间复杂度为 $O(1)$。

（3）算法稳定性

在使用折半插入排序后，具有相同关键字的数据元素的位置与排序前相同，因此，折半插入排序是一种稳定的排序算法。

【算法特点】

①折半插入排序是稳定排序。

②折半插入排序要进行折半查找，只能用于顺序结构，不能用于链式结构。

③适合初始记录无序且 n 较大的情况。

8.2.3　希尔排序

希尔排序又称递减增量排序，以其设计者希尔（Donald Shell）的名字命名，也是一种插入排序类的方法。

直接插入排序算法的时间复杂度为 $O(n^2)$，如果待排序记录在在排序前已经有序，则其时间复杂度为 $O(n)$。由此推测：若待排序记录在未排序之前已经基本有序，则其效率可明显提高；通过分析得知，当 n 值较小，直接插入排序算法的效率较高。希尔排序是基于上述两点，对直接插入排序法进行改进而得到的一种排序算法。

希尔排序的基本思路：将记录按下标的一定增量分组，对每组中的记录使用直接插入排序方法。随着增量的逐渐减少，所分成的组中包含的关键字值越来越多，当增量值减少到 1 时，整个序列恰好被分成一个组。待到以整个记录序列为一组，使用直接插入方法排序后，算法结束。希尔排序的算法思路如下：

【算法思路】

①通过将增量 incr 设定为序列长度的一半，使序列划分为 incr 个子序列。

②第一趟将所有间隔为 incr 的记录分在同一个子序列中，在每个子序列中进行直接插入排序。incr 缩小一半，完成一趟希尔排序。

③第二趟取 incr = incr // 2，重复思路②。

④依次类推，直到 incr = 1，所有的待排序记录都在同一个子序列中进行直接插入排序为止。

【算法实现】

代码段 8-3 为希尔排序的实现代码。

代码段 8-3　希尔排序代码实现

```
1    def   shell_sort( self, incrlist) :
2         listlen = len( incrlist)
3         incr = listlen // 2
4         while incr>0:
5             for i in range( incr+1, listlen) :
6                 incrlist[ 0] = incrlist[ i]
7                 j = i_incr
8                 while j>0 and incrlist[ 0] <incrlist[ j]:
9                     incrlist[ j+incr] = incrlist[ j]
10                    j = j_incr
11                incrlist[ j+incr] = incrlist[ 0]
12            incr = incr // 2
```

【例 8-3】 已知有 8 个待排序的记录，关键字序列为 $\{34,10,88,66,31,72,\underline{66},29\}$，请给出使用希尔排序法进行排序的过程。

解： 希尔排序过程如图 8-3 所示，其中，相同的关键字 66 使用下划线区分。通过观察希尔排序的过程，相同关键字 66 和 $\underline{66}$ 在排序后相对位置发生变化，因此，希尔排序是不稳定排序。

第一趟排序时，incr = 4，待排序记录被分为 4 组，$\{34,31\}$、$\{10,72\}$、$\{88,\underline{66}\}$、$\{66,29\}$。分别对各组进行直接插入排序，结果如图 8-3 第一趟排序结果。

第二趟排序时，incr = 2，待排序记录被分为 2 组，$\{31,\underline{66},34,88\}$、$\{10,\underline{29},72,66\}$。分别对各组进行直接插入排序，结果如图 8-3 第二趟排序结果。

第三趟排序时，incr = 1，待排序记录被分为 1 组，即对整个待排序序列做直接插入排序，其结果为有序表。结果如图 8-3 第三趟排序结果。

整个排序过程如图 8-3 所示。

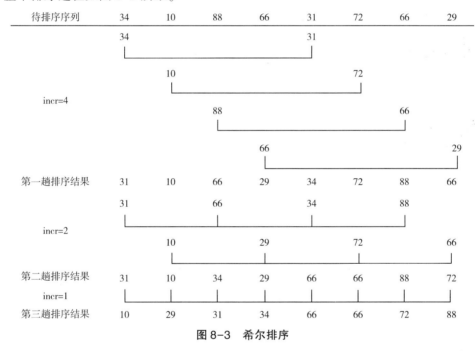

图 8-3　希尔排序

【算法性能分析】

(1) 时间复杂度

通过对算法分析得知，希尔排序算法的时间复杂度与算法中的增列紧密相关。当增列大于 1 时，关键字较小的记录跳跃式移动，从而使得在进行最后一趟增量为 1 的插入排序中，序列已基本有序，只要做记录的少量比较和移动即可完成排序。希尔排序的时间复杂度问题十分复杂，因为希尔排序的时间复杂度是所取"增量"序列的函数，涉及一些数学上尚未解决的难题。因此，到目前为止尚未有人求得一种最好的增量序列，但有数值试验表明，希尔排序的平均比较次数和平均移动次数大约为 $O(n^{1.3})$，即平均时间复杂度为 $O(n^{1.3})$。因此，希尔排序的时间复杂度低于直接插入排序，希尔排序的效率更高。

（2）空间复杂度

希尔排序和前两种排序方法一样，只需要一个记录的辅助空间，因此，空间复杂度为 $O(1)$。

（3）算法稳定性

希尔排序算法在比较的过程中会错过关键字相等的数据元素的比较，因此具有相同关键字的数据元素的位置与排序前可能不同，故希尔排序是一种不稳定的排序算法。

【算法特点】

①希尔排序是不稳定排序。

②希尔排序只能用于顺序结构，不能用于链式结构。

③增量序列可以有各种取法，但应该使增量序列中的值没有除 1 之外的公因子，并且最后一个增量值必须等于 1。

④待排序记录总的比较次数和移动次数都比直接插入排序要少，n 越大时，效果越明显。因此，希尔排序适合初始记录无序、n 较大时的情况。

8.3 交换排序

交换排序的基本思路：每次比较两个待排序的记录，一旦发现两个记录不满足次序要求时则进行交换，直到没有逆序的记录为止。交换排序的特点是较大的记录向序列表的一端移动，较小的记录向序列表的另一端移动。本节仅介绍两种方法：冒泡排序和快速排序。

8.3.1 冒泡排序

冒泡排序基本思路：设有 n 个记录，其关键字值序列为 k_0，k_1，…，k_{n-2}，k_{n-1}，冒泡排序算法首先将 k_0 与 k_1 进行比较，若为逆序，则将两个记录交换位置，然后将 k_1 与 k_2 比较……直到将 k_{n-2} 与 k_{n-1} 进行比较，若逆序，则交换，这是冒泡排序的一趟处理。经过一趟排序后，序列中关键字值最大的记录被放置在最后一个记录的位置上，然后对前 $n-1$ 个记录进行同样的操作，将具有次大关键字值的记录放置在倒数第二个位置上。重复上述过程直到没有记录需要交换为止。冒泡算法名字由来是因为越小的元素会经由交换慢慢"浮"到数列的顶端。冒泡排序的算法思路如下。

【算法思路】

①将序列当中的相邻元素依次比较，如果第一个元素比第二个元素大（升序），则交换元素位置。第一轮结束后，序列中最后一个元素一定是当前序列的最大值。

②对序列中除最后一个元素外剩下的 $n-1$ 个元素再次执行思路①。

③对于长度为 n 的序列，共需要执行 $n-1$ 轮比较。

【算法实现】

代码段 8-4 为冒泡排序的实现代码。

代码段 8-4 冒泡排序代码实现

1	def bubble_sort (self, list) :
2	listlen = len(list)　　#调用 len( ) 方法获取序列总长度, 存入变量 listlen 中
3	#序列长度为 listlen, 需要执行 listlen-1 轮交换
4	for i in range(1, listlen) : 　#对于每一轮交换, 都将序列当中的左右元素进行比较
5	#每轮交换当中, 由于序列最后的元素一定是最大的, 因此每轮循环到序列未排序的位置即可
6	for j in range(0, listlen-i) :
7	if list[j] >list[j +1] :
8	temp = list[j]
9	list[j] = list[j +1]
10	list[j +1] = temp

【例 8-4】 已知有 9 个待排序的记录，关键字序列为 $\{2,12,28,\underline{12},31,72,56,5,63\}$，写出使用冒泡排序法进行排序的过程。

解： 冒泡排序过程如图 8-4 所示，其中，相同的关键字 12 使用下划线区分。通过观察冒泡排序的过程，相同关键字 12 和 $\underline{12}$ 在排序后相对位置不变。

通过观察例 8-4 的执行过程可知，在执行完第六趟冒泡排序后，该序列已经是正序序列，直至排序结束，均为发生任何元素交换。因此，可以对上述算法进行改进，提高算法效率。在程序中新增变量 flag，在每一趟排序开始前将 flag 设置为 0，若发生相邻元素交换，则将 flag 设置为 1。在每一趟排序结束后，当 flag 为 0 时则序列为正序，程序结束；否则继续执行下一趟排序。冒泡排序的改进算法如图 8-4 所示。

待排序序列	第一趟排序后	第二趟排序后	第三趟排序后	第四趟排序后	第五趟排序后	第六趟排序后	第七趟排序后	第八趟排序后
2	2	2	2	2	2	2	2	2
12	12	12	12	12	12	5	5	5
28	$\underline{12}$	$\underline{12}$	$\underline{12}$	$\underline{12}$	5	12	12	
$\underline{12}$	28	28	28	5	$\underline{12}$	$\underline{12}$		
31	31	31	5	28	28			
72	56	5	31	31				
56	5	56	56					
5	63	63						
63	72							

图 8-4 冒泡排序

【算法实现】

代码段 8-5 为改进的冒泡排序的实现代码。

代码段 8-5　改进的冒泡排序代码实现

```
1    def   bubble_sort_1 ( self, list) :
2        listlen = len( list)          #调用 len( ) 方法获取序列总长度, 存入变量 listlen 中
3        #序列长度为 listlen, 需要执行 listlen-1 轮交换
4        flag = 0
5        for i in range( 1, listlen) :   #对于每一轮交换, 都将序列当中的左右元素进行比较
6        #每轮交换当中, 由于序列最后的元素一定是最大的, 因此每轮循环到序列未排序的位置即可
7            for j in range( 0, listlen-i) :
8                if list[ j] > list[ j +1] :
9                    temp = list[ j]
10                   list[ j] = list[ j +1]
11                   list[ j +1] = temp
12                   flag = 1
13           if flag == 0 :
14               break
```

【算法性能分析】

（1）时间复杂度

假设共有 n 个待排序记录, 在最好情况下, 即待排序序列中记录按关键字非递减有序排列下, 则只需进行 $n-1$ 次关键字比较且无需移动元素。此时关键字比较的总次数为 $C_{\min} = n-1$, 移动次数 $M_{\min} = 0$。

在最坏情况下, 即待排序序列中记录按关键字非递增有序排列下, 关键字的比较次数为:

$$C_{\max} = \sum_{i=1}^{n-1} (n-i) = \frac{n^2-n}{2} = O(n^2) \tag{8-3}$$

此时记录移动次数最多, 其值为:

$$M_{\max} = \sum_{i=1}^{n-1} 3(n-i) = \frac{3(n^2-n)}{2} = O(n^2) \tag{8-4}$$

若待排序序列中出现各种可能排列的概率相同, 则可取上述最好情况和最坏情况的平均情况。在平均情况下, 直接插入排序关键字的比较次数和记录移动次数均约为 $O(n^2)$。

由上述分析可知, 待排序记录的初始状态不同时, 冒泡排序所耗费的时间差异较大。最好情况是待排序记录的初始状态为正序, 此时算法的时间复杂度为 $O(n)$, 最坏情况是待排序记录的初始状态为逆序, 相应的时间复杂度为 $O(n^2)$。算法的平均时间复杂度是 $O(n^2)$。

（2）空间复杂度

冒泡排序在相邻元素交换位置时需要一个辅助空间用来暂存记录, 因此, 空间复杂度为 $O(1)$。

（3）算法稳定性

在使用冒泡排序后，具有相同关键字的数据元素的位置与排序前相同，因此，冒泡排序是一种稳定的排序算法。

【算法特点】

①冒泡排序是稳定排序。

②冒泡排序能用于顺序结构，也能用于链式结构。

③冒泡排序移动元素次数较多，算法平均时间性能低于直接插入排序。当初始记录无序、n 较大时，不宜采用冒泡排序。

8.3.2　快速排序

快速排序是冒泡排序的一种改进，在冒泡排序的过程中，只能对相邻元素进行比较，因此，每次比较相邻元素只能消除一个逆序。快速排序考虑通过两个（不相邻）记录的一次交换，消除多个逆序，可以明显提高排序效率。

快速排序又称划分交换排序。快速排序的基本思路：在待排序序列 $\{k_0, k_1, \cdots, k_{n-2}, k_{n-1}\}$ 中任选一个记录（通常取第一个，但这不是必需的，而且通常也不是最佳的）作为枢轴（或支点）；经过一趟排序处理后，以枢轴为轴心将待排序序列分为左子序列和右子序列，将小于枢轴的记录移动到左子序列中，将不小于枢轴的记录移动到右子序列中，实现对原始序列的重新排列（如果枢轴为待排序序列中的最大值，那么一趟快速排序就变成了一趟冒泡排序）。此时，待排序序列被分为三部分，即枢轴、左子序列和右子序列：

$$\{k_{p(0)}, k_{p(1)}, \cdots, k_{p(k-1)}\} k_{p(k)} \{k_{p(k+1)}, \cdots, k_{p(n-1)}\}$$

其中，$k_{p(k)}$ 是本趟排序处理选定的枢轴，位于位置 k 处。

快速排序是将原始序列的排序问题，分解成了两个待解决的、性质相同的子问题 $\{k_{p(0)}, k_{p(1)}, \cdots, k_{p(k-1)}\}$ 和 $\{k_{p(k+1)}, \cdots, k_{p(n-1)}\}$ 进行排序。只要分别将这两个子序列排成有序序列，则整个序列也就排成了有序序列。将对序列按上述要求重新排列的过程，称为一趟**划分**操作。接着对左子序列和右子序列分别重复执行上述步骤，只要待排序的子序列中超过 1 个记录，就可以同样对其执行分划操作，将该子序列细分成三部分：枢轴和两个更小的子序列。这种划分操作需要对每个长度大于 1 的子序列进行，直到所有子序列的长度不超过 1 为止。此时，整个序列已经排成有序序列。划分操作是快速排序的核心操作。一趟划分操作的算法思路如下：

【算法思路】

①从待排序序列中挑出一个元素作为枢轴，设枢轴记录的关键字为 pivotkey。

②设置变量 left 和 right 分别指向待排序序列的下界和上界，第一趟时，left=1，right=len(alist)。

③从待排序序列的最右侧位置，依次向左搜索找到第一个关键字小于 pivotkey 的记录和枢轴记录交换，即当 left<right 时，若 right 所指记录的关键字大于 pivotkey，则执行 right-=1；否则将 right 所指记录与枢轴记录交换。

④从待排序序列的最左侧位置，依次向右搜索找到第一个关键字大于 pivotkey 的记录和枢轴记录交换，即当 left<right 时，若 left 所指向的关键字小于 pivotkey，则执行操作

left+=1；否则将 left 所指记录与枢轴记录交换。

⑤重复思路③和思路④，直至 left 与 right 相等为止。此时 left 或 right 的位置即为枢轴在此趟排序中的最终位置，待排序序列被分成两个子序列。

【算法实现】

代码段 8-6 为快速排序的实现代码。

代码段 8-6　快速排序代码实现

```
1    def quick_sort( self, list, start, end) :
2        if start>=end:
3            return
4        mid = list[ start]     # 设定起始元素为枢轴记录
5        left = start
6        right = end
7        while left<right:
8            # 如果 left 与 right 未重合, right 指向的元素不比枢轴小, 则 right 向左移动
9            while left<right and list[ right] >=mid:
10               right = right−1
11           list[ left] = list[ right]     # 将 right 指向的元素放到 left 的位置上
12           # 如果 left 与 right 未重合, left 指向的元素比枢轴小, 则 left 向右移动
13           while left<right and list[ left] <mid:
14               left = left+1
15           list[ right] = list[ left]     # 将 left 指向的元素放到 right 的位置上
16           # 退出循环后, left 与 right 重合, 此时所指位置为枢轴的正确位置
17           # 将枢轴元素放到该位置
18           list[ left] = mid
19           self. quick_sort ( list, start, left−1)     # 对枢轴元素左边的子序列进行快速排序
20           self. quick_sort ( list, left+1, end)     # 对枢轴元素右边的子序列进行快速排序
```

【例 8-5】 对 n 个元素组成的顺序表进行快速排序时所需进行的比较次数与这 n 个元素的初始排序有关。请问：

①当 $n=7$ 时，在最好情况下需进行多少次比较？请说明理由。

②当 $n=7$ 时，给出一个最好情况下的初始排序的实例。

③当 $n=7$ 时，在最坏情况下需进行多少次比较？请说明理由。

④当 $n=7$ 时，给出一个最坏情况下的初始排序的实例解。

解：①在最好情况下每次划分能得到两个长度相等的子文件。假设文件的长度 $n=2k-1$，那么第一趟划分得到两个长度均为 $n/2$ 的子文件，第二趟划分得到 4 个长度均为 $n/4$ 的子文件，依此类推，总共进行 $k=\log_2(n+1)$ 趟划分，各子文件的长度均为 1，排序完毕。

当 $n=7$ 时，$k=3$，在最好情况下第一趟需比较 6 次，第二趟分别对两个子文件(长度均为 3，$k=2$)进行排序，各需两次，共 10 次即可。

②在最好情况下快速排序的原始序列实例为 $\{10,2,7,6,24,18,30\}$。

③在最坏情况下若每次用来划分记录的关键字具有最大(或最小)值，那么只能得到左(或右)子文件，其长度比原长度少 1。因此，若原文件中的记录按关键字递减次序排列，而要求排序后按递增次序排列，快速排序的效率与冒泡排序相同，所以当 $n=7$ 时最坏情况下的比较次数为 21 次。

④在最坏情况下快速排序的初始序列实例为 $\{30,24,18,10,10,7,6,2\}$，要求按递增排序。

【例 8-6】　已知有 8 个待排序的记录，关键字序列为 $\{51,37,\underline{51},96,25,8,98,\underline{\underline{51}}\}$，写出使用快速排序法进行排序的过程。

解：快速排序过程如图 8-5 所示，其中，相同的关键字 51 使用下划线区分，方括号表示当前的无序区域，阴影框记录表示枢轴。具体过程为：设置两个变量 left 和 right；令 right 从右向左扫描，直到找到 1 个小于枢轴的记录 list[right]，将它移到位置 left 处，使小于枢轴的记录移到枢轴的左边；令 left 从 left+1 起从左向右扫描，直至找到 1 个大于枢轴的记录 list[left]，将它移到位置 right 处，使小于枢轴的记录移到枢轴的左边；再令 right 自 right-1 起向左扫描，如此交替改变扫描方向，从待排序序列两端各自往中间靠拢，直至 left=right 时，left 便是枢轴的最终位置，将枢轴放在此处完成一趟排序。通过观察快速

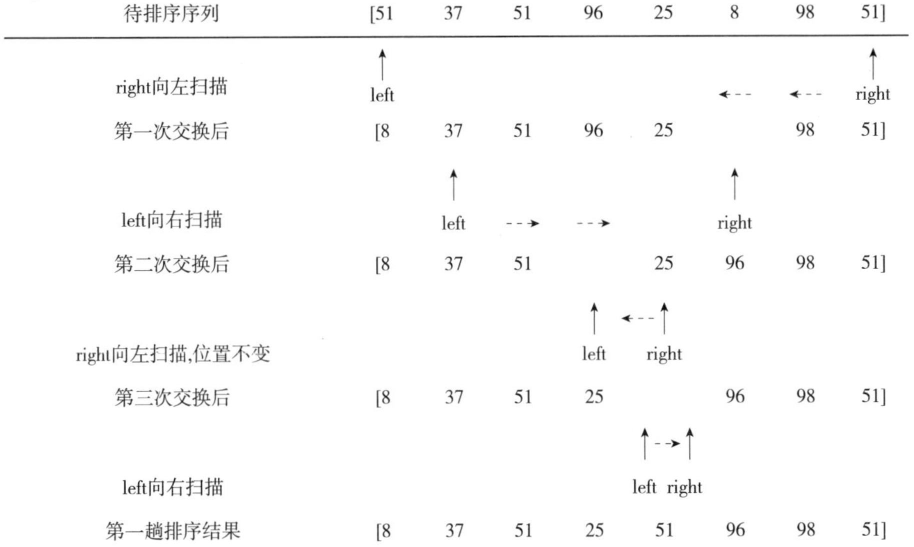

(a)第一趟排序过程

待排序序列	[51	37	51	96	25	8	98	51]
第一趟排序结果	[8	37	51	25]	51	[96	98	51]
第二趟排序结果	8	[37	51	25]	51	[51	96	98]
第三趟排序结果	8	25	[37]	51	51	51	96	98
最终排序结果	8	25	37	51	51	51	96	98

(b)各趟排序之后的状态

图 8-5　快速排序的过程

排序的过程，相同关键字 51、<u>51</u> 和 <u>51</u> 在排序后相对位置发生变化，因此，快速排序为不稳定排序。

【算法性能分析】

（1）时间复杂度

快速排序过程可用一棵二叉树来描述：树根表示枢轴记录，左右子树表示划分的两个区间，每个子区间继续用子二叉树表示，这种二叉树称为**快速排序的递归树**，如图 8-5 所示的快速排序过程可用图 8-6 的二叉树表示，从快速排序算法的递归树可知，快速排序的趟数取决于递归树的深度。

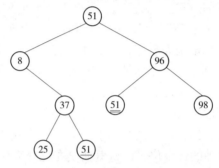

图 8-6　快速排序的递归树

在最坏情况下，待排序序列已经有序，此时快速排序退化为冒泡排序。每次划分选取的枢轴都是当前无序区中最小（或最大）的记录，划分的结果是枢轴某一侧（左边或右边）的子区间为空，另一侧子区间中的记录数仅比划分前区间的记录数少 1。因此，快速排序需进行 $n-1$ 趟，每一趟要进行 $n-i$ 次比较，总的比较次数达到最大值：

$$C_{\max} = \sum_{i=1}^{n+1} = \frac{n(n-1)}{2} = O(n^2) \tag{8-5}$$

因此，快速排序的最好时间复杂度为 $O(n^2)$。

在最好情况下，每一趟排序后都能将记录序列均匀地分割成两个长度大致相等的子序列。在 n 个元素的序列中，设 $C(n)$ 是对 n 个元素的序列进行快速排序所需的比较次数，显然，$C(n)$ 应该等于对长度为 n 的无序去进行划分所需的比较次数 $n-1$ 加上递归地对划分所得的左、右两个子序列（长度≤$n/2$）进行快速排序所需的比较次数。加入待排序序列长度 $n=2^k$，则总比较次数为：

$$
\begin{aligned}
C(n) &\leq n+2C(n/2) \\
&\leq n+2\left[n/2+2C(n/2^2)\right]=2n+4C(n/2^2) \\
&\leq 2n+4\left[n/4+2C(n/2^3)\right]=3n+8C(n/2^3) \\
&\leq \cdots \\
&\leq kn+2^k C(n/2^k)=n\log_2 n+nC(1) \\
&= O(n\log_2 n)
\end{aligned}
\tag{8-6}
$$

其中，$k=\log_2 n$，$C(1)$ 表示对长度为 1 的区间进行快速排序的比较次数，为常数。因为快速排序的记录移动次数不大于比较次数，所以快速排序的最好时间复杂度为 $O(n\log_2 n)$。

（2）空间复杂度

快速排序是递归的，执行时需要栈来存放相应数据。最大递归调用次数与递归树的深度一致，因此，最好情况下的空间复杂度为 O($n \log_2 n$)，最坏情况下为 O(n)。

（3）算法稳定性

快速排序算法在比较的过程中，具有相同关键字数据元素的位置与排序前可能不同，因此，快速排序是一种不稳定的排序算法。

【算法特点】

①快速排序是不稳定排序。

②快速排序过程中需要定位待排序序列的首记录和尾记录，因此，适合用于顺序结构，不宜用于链式结构。

③当待排序序列的长度 n 较大时，在平均情况下快速排序是内排序中速度最快的一种排序方法，因此，快速排序适合初始记录无序且 n 较大时的情况。

8.4 选择排序

选择排序的基本思路：在有 n 个记录组成的序列中，选择一个最小（或最大）关键字值的记录输出，接着在剩余的 $n-1$ 个记录中再选一个最小（或最大）关键字值的记录输出，依此类推，直到序列中只剩下一个记录为止，排序结束。由于从一个序列中选择最小记录的方法可以不同，因此，可有不同的选择排序算法。下面介绍三种选择排序算法：简单选择排序、树形选择排序和堆排序。

8.4.1 简单选择排序

简单选择排序的基本思路：将含有 n 个记录的待排序序列分为有序和无序两部分，开始时有序部分无记录，而无序部分包括序列中的 n 个记录，在接下来的每一趟中依次在无序部分中找出最小记录作为有序部分的记录，直至无序部分记录的总个数为 1，此时直接将该记录作为有序部分的最后一个元素，完成简单选择排序。简单选择排序的算法思路如下所示：

【算法思路】

①在所有待排序序列组成的初始无序区 list[1]~list[n]中选出最小的记录，与无序区第一个记录 list[1]交换。

②新的无序区为 list[2]~list[n]，从中再选出最小的记录，与无序区第一个记录 list[2]交换。

③类似地，第 i 趟排序时 list[1]~list[$i-1$]是有序区，无序区为 list[i]~list[n]，从中选出最小的记录，将它与无序区第一个记录 list[i]交换，list[1]~list[i]变为新的有序区。因为每趟排序都使有序区中增加一个记录，因此，在进行 $n-1$ 趟排序后，整个待排序序列全部有序。

【算法实现】

代码段 8-7 为简单选择排序的实现代码。

代码段 8-7　简单选择排序代码实现

```
1    def   simple_selection_sort ( self, list) :
2        listlen = len( list)
3        for i in range( listlen−1) :
4            min_index = i    # 记录最小位置
5            for j in range( i+1, listlen) :   # 从 i+1 位置到末尾选择出最小数据
6                if list[ j] <list[ min_index] :
7                    min_index = j
8            if min_index ! = i:   # 如果选择出的数据不在正确位置, 进行交换
9                list[ i] , list[ min_index] = list[ min_index] , list[ i]
```

【例 8-7】　已知有 8 个待排序的记录, 关键字序列为 $\{51,37,\underline{51},96,25,8,98,\underline{\underline{51}}\}$, 写出使用简单选择排序法进行排序的过程。

解: 简单选择排序过程如图 8-7 所示, 其中, 相同的关键字 51 使用下划线区分, 方括号表示当前的无序区域, 阴影部分为有序区域。通过观察简单选择排序的过程, 相同关键字 51、$\underline{51}$ 和 $\underline{\underline{51}}$ 在排序后相对位置发生变化, 因此简单选择排序为不稳定排序。

待排序序列	[51	37	51	96	25	8	98	51]
第一趟排序后	8	[37	51	96	25	51	98	51]
第二趟排序后	8	25	[51	96	37	51	98	51]
第三趟排序后	8	25	37	[96	51	51	98	51]
第四趟排序后	8	25	37	51	[96	51	98	51]
第五趟排序后	8	25	37	51	51	[96	98	51]
第六趟排序后	8	25	37	51	51	51	[98	96]
第7趟排序后	8	25	37	51	51	51	96	[98]
最终排序结果	8	25	37	51	51	51	96	98

图 8-7　简单选择排序的过程

【算法性能分析】

(1) 时间复杂度

简单选择排序所需进行记录移动的次数较少。在最好情况下, 待排序序列为正序, 移动次数为 0。在最坏情况下, 待排序序列为逆序, 移动次数为 $3(n-1)$ 次。无论待排序序列初始排序如何, 简单选择排序在每一趟排序的过程中需进行 $n-i$ 次比较, 总共需要循环 $n-1$ 次, 故总比较次数为:

$$\sum_{i=1}^{n-1} (n-i) = \frac{n^2-n}{2} \tag{8-7}$$

因此, 简单选择排序的时间复杂度为 $O(n^2)$。

（2）空间复杂度

和冒泡排序相同，简单选择排序只需在两个记录交换时提供一个辅助空间，因此，空间复杂度为 O(1)。

（3）算法稳定性

简单选择排序算法在比较的过程中，具有相同关键字的数据元素的位置与排序前可能不同，因此，简单选择排序是一种不稳定的排序算法。

【算法特点】

①简单选择排序是不稳定排序。

②简单选择排序可用于链式存储结构。

③该移动记录次数较少，当每一记录占用空间较大时，该排序方法比直接插入排序快。

8.4.2　树形选择排序

在直接选择排序中，为了从 n 个记录中找出最小记录，需要进行 $n-1$ 次比较，然后在剩下的 $n-1$ 个记录中找次小的记录，又需进行 $n-2$ 次比较，依此类推。实际上，除第一次的 $n-1$ 次比较外，后面各次比较中有很多可能是在重复进行比较，但由于这些结果没有保留下来，所以在以后又重复进行。

树形选择排序可克服这一缺点，其基本思路：首先对 n 个记录的关键字进行两两比较，然后在 $n/2$ 个较小者之间再进行两两比较，如此重复，直至选出最小的记录为止。树形选择排序是一种按照锦标赛的思想进行选择排序的方法，两两决胜负，最后决出冠军，因此，树形选择排序又称**锦标赛排序**。

上述过程可用一棵完全二叉树来表示，最底层和倒数第 2 层的叶子代表待排序序列的 n 个记录的键值；叶子上面一层是叶子两两比较后较小的结果；依此类推，最后树根表示选择出来的最小关键字。

将最小记录输出后，便完成了第一趟选择。然后在剩下的叶结点中，可按同样方法进行第二趟选择，得到新的最小关键字。注意到树中记录着以前比较的结果信息，所以在第二趟选择前，为了利用已有结果以及不破坏已有的树结构，可将前一趟找到的最小叶子结点的键值改为 ∞，这样重新比较时，实际只需修改从树根到刚成为 ∞ 的叶子结点这条路径上各结点的值，其他结点保持不变。由于二叉树的深度为 $\lceil \log_2 n \rceil + 1$，所以最多只需比较 $\lceil \log_2 n \rceil$ 次，而不是 $n-2$ 次。依次类推，经过 $n-1$ 趟选择可将记录按升序输出。

【例 8-8】 已知有 7 个待排序的记录，关键字序列为 $\{12,83,26,18,43,34,88\}$，写出使用树形排序法进行排序的过程。

解： 将待排序序列两两分组后得到表 8-2 所示序列。

表 8-2　序列两两分组

组号	两两分组	每组中较小的记录
第 1 组	[12, 83]	12
第 2 组	[26, 18]	18
第 3 组	[43, 34]	34
第 4 组	[88]	88

　　将每组中关键字较小的记录继续两两分组，并进行比较，直到选出记录最小的 12 并将其输出，这一过程可以用一棵完全二叉树表示。图 8-8 所示为对序列执行树形排序算法的全过程。

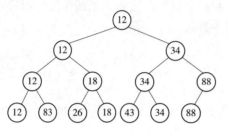

输出：12

(a)第一次树形选择排序

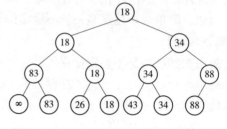

输出：12，18

(b)第二次树形选择排序

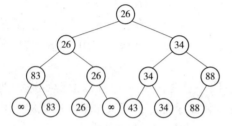

输出：12，18，26

(c)第三次树形选择排序

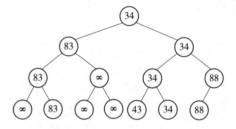

输出：12，18，26，34

(d)第四次树形选择排序

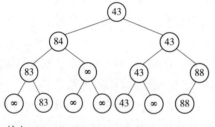

输出：12，18，26，34，43

(e)第五次树形选择排序

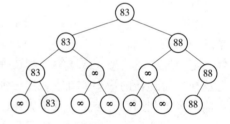

输出：12，18，26，34，43，83

(f)第六次树形选择排序

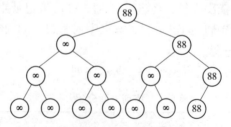

输出：12，18，26，34，43，83，88

(g)第七次树形选择排序

图 8-8　树形选择排序的过程

【算法性能分析】

（1）时间复杂度

树形选择排序除第一次需进行 $n-1$ 次比较外，以后每次都最多经过 $\lceil \log_2 n \rceil$ 次比较就可选择出最小的值，总的比较次数不超过 $(n-1)+(n-1)\lceil \log_2 n \rceil = \mathrm{O}(n \log_2 n)$，由于移动次数不超过比较次数，所以树形选择排序总的时间复杂度为 $\mathrm{O}(n \log_2 n)$。

（2）空间复杂度

树形选择排序虽然减少了比较次数，但对 n 个记录需要 $2n-1$ 个存储单元，即增加了 $n-1$ 个结点用于保存前面保存的结构，且排序的结果也需要另外存储，所以树形选择排序总的时间复杂度为 $\mathrm{O}(n)$。

（3）算法稳定性

树形选择排序算法在比较的过程中，具有相同关键字的数据元素的位置与排序前可能不同，因此，树形选择排序是一种不稳定的排序算法。

【算法特点】

①树形选择排序为不稳定排序。

②树形排序需要较多的辅助存储空间，并且存在较多不必要的比较次数，为此需要进一步优化。

8.4.3　堆排序

为了克服树形选择排序的缺点，罗伯特·弗洛伊德（Robert W. Floyd）和威廉姆斯（J. Williams）在 1964 年提出了一种改进方法，称为**堆排序**。堆排序是在树形选择排序的基础上进一步优化。堆排序的基本思路：将待排序的记录看成是一棵完全二叉树的顺序存储结构，利用完全二叉树中双亲结点和孩子结点之间的内在关系，在当前无序的序列中选择关键字最大（或最小）的记录。首先给出堆的定义。

n 个关键字序列 K_1，K_2，$\cdots$，K_n 称为**堆**，当且仅当该序列满足：①$K_i \leq K_{2i}$ 且 $K_i \leq K_{2i+1}$（$1 \leq i \leq \lfloor n/2 \rfloor$）或②$K_i \geq K_{2i}$ 且 $K_i \geq K_{2i+1}$（$1 \leq i \leq \lfloor n/2 \rfloor$）。

若将和此序列对应的一维数组（即以一维数组做此序列的存储结构）看成是一个完全二叉树，则堆实质上是满足如下性质的完全二叉树：树中所有非终端结点的值均不大于（或不小于）其左、右孩子结点的值。

例如，待排序序列 $\{12,18,57,28,41,66,82\}$ 和 $\{96,50,27,15,8,11,3\}$ 分别满足条件①和条件②，故它们均为堆，对应的完全二叉树分别如图 8-9（a）（b）所示。在这两种堆中，堆顶元素（或完全二叉树的根）必为序列中 n 个元素的最大值（或最小值），分别称之为**大根堆**和**小根堆**。

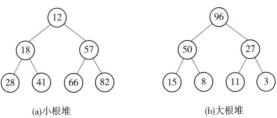

(a)小根堆　　　　　　　　(b)大根堆

图 8-9　堆示例

从堆定义可知堆的特点为：小根堆堆顶记录为序列中关键字最小的记录，与之对应的完全二叉树中所有非终端结点的值均不大于其孩子结点的值。大根堆堆顶记录为序列中关键字最大的记录，与之对应的完全二叉树中所有非终端结点的值均不小于其孩子结点的值。

以大根堆为例，堆排序的算法思路：将含有 n 个记录的序列分为有序部分和无序部分，初始时，有序部分含有 0 个记录，而无序部分则包含 n 个记录；在第一趟堆排序开始前，将含有 n 个记录的无序部分调整为大根堆，然后把堆中的第 1 个记录与第 n 个记录交换位置，交换后堆中第 n 个记录即为序列中关键字最大的记录，它被作为有序部分的第 1 个记录，此时无序部分总记录数减 1；在第二趟堆排序开始前，需将无序部分的 $n-1$ 个记录（即从第 1 个记录至第 $n-1$ 个记录）调整成为大根堆；重复执行上述步骤，直到堆中只剩下一个记录，则排序结束。堆排序的算法思路如下。

【算法思路】

①初始建堆　将含有 n 个记录的序列建成一个大根堆。

②输出栈顶记录　输出当前大根堆的堆顶记录。

③调整剩余记录　在输出大根堆的堆顶记录后，剩余的记录不符合堆的定义，因此，需要将剩余记录调整为大根堆。

由于初始时对含有 n 个记录的序列建堆的过程需要对每个记录进行调整，因此，需将剩余记录调整为大根堆。给定一个待排序序列为 $\{11,83,26,15,43,37,64\}$，使用该序列建立的初始大根堆如图 8-10（a）所示，由于此时堆顶记录的关键字为堆中最大，所以在图 8-10（b）中交换该堆顶记录与堆中最后一个记录，并在图 8-10（c）中输出最后一个记录（大根堆的堆顶记录），此时大根堆被破坏。在图 8-10（c）中，由于根结点的左右子树仍为堆，所以仅需自上而下进行一次调整。

在图 8-10（d）中，先将值为 43 的结点与值为 64 的结点进行比较，得到值较大的结点 64，再将 64 与值为 26 的根结点进行比较，由于 26<64，所以交换这两个结点。

在图 8-10（e）中，由于 26<37，所以交换这两个结点，得到图 8-10（f）所示的新堆。

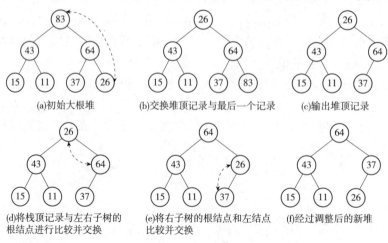

(a)初始大根堆　　　　　　(b)交换堆顶记录与最后一个记录　　　　　(c)输出堆顶记录

(d)将栈顶记录与左右子树的　　　(e)将右子树的根结点和左结点　　　(f)经过调整后的新堆
根结点进行比较并交换　　　　　比较并交换

图 8-10　堆排序

【算法实现】

代码段 8-8 为堆排序的实现代码。

代码段 8-8　堆排序代码实现

```
1    def   adjust_heap( self, list, i, listlen) :
2        list[ 0] = list[ i]
3        j = 2 * i
4        while j < = listlen:
5            if j < listlen and list[ j] < list[ j+1] :
6                j = j+1
7            if list[ 0] > = list[ j] :
8                break
9            else:
10               list[ i] = list[ j]
11               i = j
12               j = 2 * j
13        list[ i] = list[ 0]
14
15   def heap_sort( self, list) :
16       listlen = len( list)
17       for i in range( listlen // 2, 0, -1) :
18           self, adjust_heap( list, i, listlen-1)
19       for j in range( listlen-1, 1, -1) :
20           list[ 0] = list[ 1]
21           list[ 1] = list[ j]
22           list[ j] = list[ 0]
23           self, adjust_heap( list, 1, j-1)
```

【例 8-9】　已知有 7 个待排序的记录，关键字序列为 {11,83,26,15,43,37,64}，写出使用堆排序法进行排序的过程。

解： 如图 8-11 所示为堆排序的全过程。

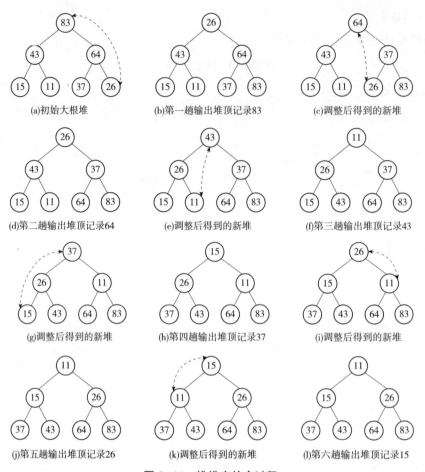

图 8-11　堆排序的全过程

【算法性能分析】

（1）时间复杂度

对于一棵含有 n 个结点的完全二叉树，假定其深度为 h。在初始建堆时，需要从第 $h-1$ 层开始至第一层执行 adjust_heap( ) 算法。由于以第 i 层结点为根结点的二叉树深度为 $h-i+1$，故在堆排序算法中，每个结点最多的比较次数为 $2(h-i+1-1)=2(h-i)$，又因为第 i 层结点的个数最多为 2^{i-1}，所以对于第 i 层的结点而言，其比较次数最多不超过 $2^{i-1}\times 2(h-i)$ 次。调用 adjust_heap( ) 算法记录比较次数最多为：

$$\text{Compare}_{\max}=\sum_{i=h-1}^{1}2^{i-1}\times 2(h-i)=\sum_{i=h-1}^{1}2^{i}\times(h-i)=\sum_{j=1}^{h-1}2^{h-j}\times j\leqslant 2n\times\sum_{j=1}^{h-1}\frac{j}{2j}\leqslant 4n$$

$$(8-8)$$

在初始建堆后，接下来则需要输出 $n-1$ 次堆顶记录并进行相同次数的调整，由于每次输出堆顶元素后堆中记录总数减 1，因此，第 i 次输出堆顶记录后只需对 $n-i$ 个记录进行调整。由于含有 $n-i$ 个记录的完全二叉树的高度为 $\log_2(n-i)$，所以最多只需进行 $2\times\log_2(n-i)$ 次记录比较，因此，在初始建堆后总共需要进行的比较次数不超过：

$$2\times[[\log_2(n-1)]+[\log_2(n-2)]+\cdots+[\log_2 2]]<2\times n(\log_2 n)\qquad(8-9)$$

综上所述，堆排序算法在最坏情况下的时间复杂度为 $O(n\log_2 n)$。

（2）空间复杂度

堆排序算法仅需一个辅助存储空间供交换用，故该算法的空间复杂度为 $O(1)$。

（3）算法稳定性

堆排序算法在比较的过程中，具有相同关键字的数据元素的位置与排序前可能不同，因此，堆排序是一种不稳定的排序算法。

【算法特点】

①堆排序是不稳定排序。

②堆排序只能用于顺序结构，不能用于链式结构。

③初始建堆所需的比较次数较多，因此，记录数较少时不宜采用。堆排序在最坏情况下时间复杂度为 $O(n\log_2 n)$，相对于快速排序最坏情况下的 $O(n^2)$ 效率稍高，该算法当记录较多时较为高效。

8.5　归并排序

归并排序是采用分治法的一个非常典型的应用，先递归分解数组，再合并数组，是将两个或两个以上的有序表合并成一个有序表的过程。其中，将两个有序表合并成一个有序表的过程称为**二路归并**，二路归并最为简单和常用。本节以二路归并为例介绍归并排序算法。二路归并的算法思路如下。

【算法思路】

①对于一个含有 n 个记录的待排序序列，首先将该序列看成 n 个长度为 1 的有序子序列，把这些子序列两两归并，得到 $\lceil n/2 \rceil$ 个有序的子序列（当 n 为奇数时，归并后仍有一个长度为 1 的子序列）。

②然后将这 $\lceil n/2 \rceil$ 个有序的子序列两两归并，依此类推，直到最后得到一个长度为 n 的有序序列为止。

【算法实现】

代码段 8-9 为归并排序的实现代码。

代码段 8-9　归并排序代码实现

```
1    def   merge( self, list, left, mid, right) :
2            i = left
3            j = mid + 1
4            temp = [ ]
5            while i < = mid and j < = right:
6                 if list[ i] < list[ j] :
7                      temp.append( list[ i] )
8                      i = i+1
9                 else:
10                     temp.append( list[ j] )
```

（续）

11	j = j+1
12	while i<=mid:
13	temp.append(list[i])
14	i = i+1
15	while j<=right:
16	temp.append(list[j])
17	j = j+1
18	index = range(left, right+1)
19	for i in range(len(temp)) :
20	list[index[i]] = temp[i]
21	
22	def merge_sort(self, arr, left, right) :
23	if left<right:
24	mid = (left+right) // 2
25	self. merge_sort(arr, left, mid)
26	self. merge_sort(arr, mid+1, right)
27	self. merge(arr, left, mid, right)

【例 8-10】 已知有 8 个待排序的记录，关键字序列为 $\{51,37,\underline{51},96,25,8,98,\underline{\underline{51}}\}$，写出使用归并排序法进行排序的过程。

解： 归并排序过程如图 8-12 所示，其中，相同的关键字 51 使用下划线区分，方括号表示当前的有序区域。通过观察二路归并排序的过程，相同关键字 51、$\underline{51}$ 和 $\underline{\underline{51}}$ 在排序后相对位置未发生变化，因此，二路归并排序为稳定排序。

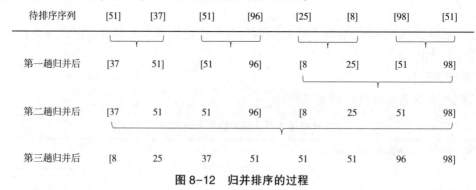

图 8-12 归并排序的过程

【算法性能分析】

（1）时间复杂度

当有 n 个记录时，需进行 $[\log_2 n]$ 趟归并排序，每一趟归并，其关键字比较次数不超过 n，元素移动次数都是 n，因此，归并排序的时间复杂度为 $O(n \log_2 n)$。

（2）空间复杂度

用顺序表实现归并排序时，需要和待排序记录个数相等的辅助存储空间，所以空间复杂度为 $O(n)$。

（3）算法稳定性

在使用归并排序后，具有相同关键字的数据元素的位置与排序前相同，因此，归并排序是一种稳定的排序算法。

【算法特点】

①归并排序是稳定排序。

②归并排序可用于链式存储并且不需要提供辅助存储空间，但在使用递归实现时仍需使用相应的递归工作栈。

小 结

本章主要介绍了一些常用的内部排序方法，这些算法的时间复杂度、空间复杂度和稳定性这几个方面对这些方法进行了比较，见表 8-3 所列。

表 8-3 各种内部排序方法的比较

排序方法	时间复杂度			空间复杂度	稳定性
	最好情况	最坏情况	平均情况		
直接插入排序	$O(n)$	$O(n^2)$	$O(n^2)$	$O(1)$	稳定
折半插入排序	$O(n\log_2 n)$	$O(n^2)$	$O(n^2)$	$O(1)$	稳定
希尔排序	—	—	$O(n^{1.3})$	$O(1)$	不稳定
冒泡排序	$O(n)$	$O(n^2)$	$O(n^2)$	$O(1)$	稳定
快速排序	$O(n\log_2 n)$	$O(n^2)$	$O(n\log_2 n)$	$O(\log_2 n)$	不稳定
简单选择排序	$O(n^2)$	$O(n^2)$	$O(n^2)$	$O(1)$	稳定
堆排序	$O(n\log_2 n)$	$O(n\log_2 n)$	$O(n\log_2 n)$	$O(1)$	不稳定
归并排序	$O(n\log_2 n)$	$O(n\log_2 n)$	$O(n\log_2 n)$	$O(1)$	稳定

在上述算法中，直接插入排序、折半插入排序、冒泡排序、简单选择排序的排序算法实现过程较为简单，一般称为简单排序方法。希尔排序、快速排序、堆排序、归并排序排序算法实现过程相对复杂，被称为复杂排序算法。从算法的平均时间复杂度来看，直接插入排序、折半插入排序、冒泡排序和简单选择排序速度较慢，而其他排序算法的速度较快。部分复杂排序算法在最好情况下的时间复杂度较部分简单排序算法更慢，而从空间复杂度来看，堆排序和归并排序需要根据不同情况选择合适的排序算法。总体来说，各种排序方法各有优缺点，没有哪一种排序方法是最优的，在使用时需要根据具体情况来选用合适的排序方法，也可以将多种方法结合起来使用，具体如下。

（1）当待排序记录的总个数 n 较小时，n^2 和 $n\log_2 n$ 的差别不大，可采用一些比较简单的排序方法，如直接插入排序或简单选择排序。在这两者中，当记录本身信息量较大时，宜选用简单选择排序，因为它所需记录移动次数较少；否则可用直接插入排序，它一般比简单选择排序略快。

（2）当待排序记录的总个数 n 较大时，n^2 和 $n\log_2 n$ 的差别较大，所以选择复杂排序算法较为合适。就平均时间复杂度来说，快速排序算法的速度最快，但在最坏的情况下，快速排序的时间复杂度为 $O(n^2)$，空间复杂度为 $O(n)$。归并排序虽然不会出现快速排序的最坏情况，但归并排序往往需要借助较大的辅助空间。因此，可以采用以下原则选择合适的排序方法。

①当序列基本有序且要求排序稳定时，选择归并排序较为合适。

②当序列基本有序且稳定性不做要求时，选择堆排序较为合适。

③当序列中记录分布随机且对稳定性不做要求时，选择快速排序较为合适。

(3)当待排序的总个数 n 较大时，可以将简单排序方法和复杂排序方法结合使用。例如，可以先将待排序序列划分成若干子序列进行直接插入排序，再利用归并排序将有序子序列合并成一个完整的有序序列。

(4)若对排序的稳定性有要求，则可使用一些稳定的排序方法，一般来说，如果排序过程中的"比较"是在"相邻的两个记录"间进行的，则排序方法是稳定的，如直接插入排序、冒泡排序和归并排序等。大多数情况下排序是按记录的主关键字进行的，则所用的排序方法是否稳定无关紧要。若排序按记录的次关键字进行，则必须采用稳定的排序方法。

习 题

一、选择题

1. 某内排序方法的稳定性是指(　　)。

A. 该排序算法不允许有相同的关键字记录

B. 该排序算法允许有相同的关键字记录

C. 平均时间为 $O(nlogn)$ 的排序方法

D. 以上说法都不对

2. 下列排序算法中，其中(　　)是稳定的。

A. 堆排序，冒泡排序　　　　　　　　　　B. 快速排序，堆排序

C. 直接选择排序，归并排序　　　　　　　D. 归并排序，冒泡排序

3. 从未排序序列中依次取出一个元素与已排序序列中的元素依次进行比较，然后将其放在已排序序列的合适位置，该排序方法称为(　　)。

A. 插入排序　　　　B. 选择排序　　　　C. 希尔排序　　　　D. 二路归并排序

4. 在排序算法中，每次从未排序的记录中挑出最小(或最大)关键码字的记录，加入到已排序记录的末尾，该排序方法是(　　)。

A. 选择排序　　　　B. 冒泡排序　　　　C. 插入排序　　　　D. 堆排序

5. 如果待排序序列中两个数据元素具有相同的值，在排序前后它们的相互位置发生颠倒，则称该排序算法是不稳定的。以下(　　)为不稳定的排序方法。

A. 冒泡排序　　　　B. 归并排序　　　　C. 希尔排序　　　　D. 直接插入排序

6. 对一组数据$\{84,47,25,15,21\}$进行排序，数据的排列次序在排序过程中的变化为

(1)84,47,25,15,21　　　　　　　　　(2)15,47,25,84,21

(3)15,21,25,84,47　　　　　　　　　(4)15,21,25,47,84

则采用的排序方法是(　　)。

A. 选择排序　　　　　B. 冒泡排序　　　　　C. 快速排序　　　　　D. 插入排序

7. 一组记录的关键码为{46,79,56,38,40,84}，则利用快速排序的方法，以第一个记录为基准得到的一次划分结果为(　　)。

A. {38,40,46,56,79,84}　　　　　　　B. {40,38,46,79,56,84}

C. {40,38,46,56,79,84}　　　　　　　D. {40,38,46,84,56,79}

8. 对初始状态为递增序列的表按递增顺序排序，最省时间的是(　　)算法，最费时间的是(　　)算法。

A. 堆排序　　　　　B. 快速排序　　　　　C. 插入排序　　　　　D. 归并排序

9. 快速排序方法在(　　)情况下最不利于发挥其长处。

A. 要排序的数据量太大　　　　　　　B. 要排序的数据中含有多个相同值

C. 要排序的数据个数为奇数　　　　　D. 要排序的数据已基本有序

10. 就排序算法所用的辅助空间而言，堆排序，快速排序，归并排序的关系是(　　)。

A. 堆排序<快速排序<归并排序　　　　B. 堆排序<归并排序<快速排序

C. 堆排序>归并排序>快速排序　　　　D. 堆排序>快速排序>归并排序

二、填空题

1. 若对序列{90,17,56,23,87,33}进行初始增量为 2 的希尔排序，则完成一趟排序后的序列为_____。

2. 若对含有 50 个记录的序列进行堆排序，建立初始堆的高度为_____，最后一个非终端结点的下标为_____(假定起始下标为 0)。

3. 在对含有 10 个记录的序列进行直接插入排序时，最少需要进行_____次记录的比较。

4. 若将序列{10,37,56,66,98}和序列{14,16,40,49,77}进行归并，得到的序列为_____。

三、判断题

1. 当待排序的元素很大时，为了交换元素的位置，移动元素要占用较多的时间，这是影响时间复杂度的主要因素。(　　)

2. 在执行某个排序算法过程中，出现了排序码朝着最终排序序列位置相反方向移动，则该算法是不稳定的。(　　)

3. 冒泡排序和快速排序都是基于交换两个逆序元素的排序方法，冒泡排序算法的最坏时间复杂性是 $O(n^2)$，而快速排序算法的最坏时间复杂性是 $O(n\log_2 n)$，所以快速排序比冒泡排序算法效率更高。(　　)

4. 当待排序记录已经从小到大排序或者已经从大到小排序时，快速排序的执行时间最省。(　　)

5. 在任何情况下，归并排序都比简单插入排序快。(　　)

四、综合题

1. 使用直接插入排序算法对序列{7,31,79,43,52,13,62,18}进行排序。输出每一趟直接插入序的执行结果，并计算整个排序过程中记录总的移动次数。

2. 请使用折半插入排序算法对序列{32,78,51,11,27,9}进行排序。输出每一趟折半插入排序的行结果，并说明折半插入排序算法是否稳定。

3. 请使用希尔排序算法对序列{10,33,17,71,46,29,58,25}进行排序(假定初始增量为序列长度的半)。输出每一趟希尔排序的执行结果，并计算整个排序过程中记录总的移动次数。

4. 请使用冒泡排序算法对序列{10,37,45,61,87,66,81,18,96}进行排序。输出每一趟冒泡排序的执行结果，并计算整个排序过程中记录总的移动次数。

5. 使用快速排序算法对序列{75,83,19,46,35,24}进行排序。写出每一趟快速排序的执行结果，判断快速排序算法是否稳定，计算整个快速排序过程中记录总的移动次数。

6. 使用简单选择排序算法对序列{21,49,78,50,39,33}进行排序。写出每一趟简单选择排序的执行结果，判断简单选择排序算法是否稳定，计算整个简单选择排序过程中记录总的移动次数。

7. 使用堆排序算法对序列{42,54,76,17,66,57}进行排序。写出每一趟堆排序的执行结果，判断堆排序算法是否是稳定的。

8. 使用归并排序算法对序列{25,39,52,87,40,93}进行排序，画出将初始序列分成若干子序列，直到每个子序列中只包含一个记录的过程，写出将子序列两两归并的每一趟结果(用括号将子序列隔开)，判断归并排序算法是否是稳定的。

*第9章 外排序

外排序和内排序是两种不同范畴的排序方法，由于计算机内存容量的限制，大量的信息需要保存在如磁盘以及光盘之类的外存储器上。外存储器上的数据一般都被组织成文件的形式，在对这样的文件进行排序时，数据信息只能分次调入内存，在内存中完成排序以后再送往外存，排序过程中需要进行多次内外存之间的数据交换才能达到排序目的。

思维导图

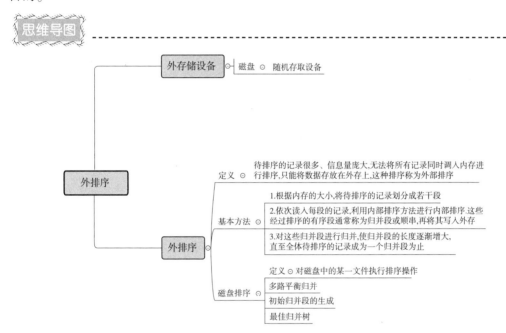

9.1 典型的外存储设备

主存储器和外存储器是两种不同的存储器，它们在性能上有着明显的差异。主存储器一般是指随机访问存储器，外存储器一般是指除计算机内存及 CPU 缓存以外的储存器，常见的外存储器有硬盘、光盘、U 盘等。随着 CPU 的速度越来越快，计算机的主存储器和辅助存储器的容量也随之增大。外存储器的优点，一是价格较低，二是永久性，此类储存器一般断电后仍然能保存数据。外存储器缺点是它的速度明显低于内存，它们之间速度之比最高可达一百万比一。由于访问磁盘中的数据速度太慢，因此，在程序设计时必须考虑如何使磁盘访问次数最少。在外排序中，待排序的数据是存储在外存储器上的，因此，外排序与外存储器设备的特征有关。目前，常用的外存储器种类较多，如硬盘、光盘、U 盘等，在本节中主要介绍磁盘。

磁盘通常称为直接访问存储设备，它与磁带这种顺序存储设备不同，访问磁盘文件中任何一个记录所花费的时间几乎相同。目前，使用较多的是机械硬盘，其简易结构如图9-1所示。硬盘一般有若干个盘片和若干个**读写磁头**。多个盘片固定在一个**主轴**上，并随着主轴沿一个高速旋转。最顶层和最下面的盘片的外侧面不用，其余盘片记录数据，称为**记录盘**。每个记录盘面对应一个磁头，磁头安装在一个**摇臂**上，这些摇臂与主杆相连。随着主杆的向里或向外移动，所有磁头可在盘面上一起做径向移动。每个记录盘面上都有许多**磁道**，即记录盘面上的同心圆，数据记录在磁道上。运行时，当磁头从一个磁道移到另一个磁道时，由于盘面做高速旋转，磁头所在的磁道上的数据相继在磁头下通过，从而可以把数据读入计算机。同样以类似的方式也可以把数据写到磁道上。

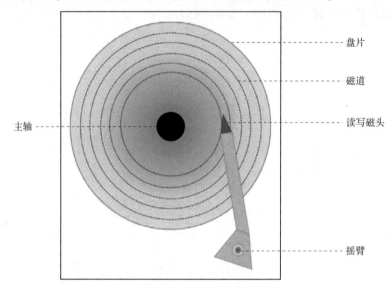

图 9-1　磁盘简易结构

如图9-2所示，为磁盘的立体结构。各记录盘面上具有相同半径的磁道合在一起称为一个**柱面**。一个柱面就是当摇臂在一个特定位置时，所有磁头可以读得的所有数据。摇臂移动时，实际上是将磁头从一个柱面移到另一个柱面。一个磁道可划分成若干段，称为**扇区**。对磁盘存储器来说，从大到小的存储单位是：盘片组、柱面、磁道和扇区。虽然外面的磁道比里面的磁道长，但它们的存储量是相同的，所以，每个扇区中包含相同的数据量，里层磁道的数据密度高于外层磁道。

从硬盘中读取数据可分以下几个独立的步骤：

①选定柱面　即需要将磁头移到该柱面。所需的时间称为定位或寻找时间。这一步骤属于机械动作，所以速度较慢。

②确定磁道　这一步骤即选定哪个磁头的问题，是由电子线路实现的，所以速度较快。

③确定所要读写的数据的准确位置　这就需要等待包含所需数据的扇区旋转到读写磁头下，平均情况下，需要等待半圈。这段时间称为旋转延迟或等待时间。

④真正的读写操作　由于电子线路的传输速度比磁道的旋转速度快得多，因此，读写

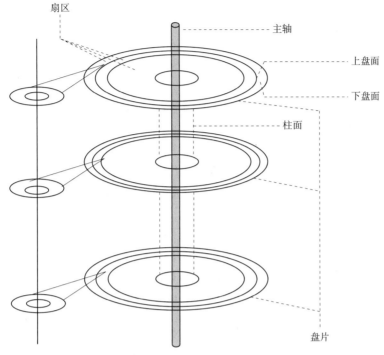

图 9-2 磁盘的立体结构

速度实际上取决于磁盘的转速。

由于磁盘数据读写的最小单位是扇区，一次读写要读取整个扇区的数据，而不是单个比特。这是与内存读写完全不同的。一旦读取了一个扇区，它的信息就存储在内存中，这称为缓冲或缓存。下次访问时可以从缓存中读取信息。一般有两个缓冲区，一个用于输入，一个用于输出。进一步可以在内存中建立多个缓冲区，称为缓冲池，缓冲池的目的是增加内存中的信息量，使近期常访问的信息尽可能直接从缓冲池读，从而减少磁盘读写次数。

9.2 外排序概述

外排序通常用于信息量很大的数据文件的排序。在本节中主要介绍外排序的定义以及磁盘排序方法。

9.2.1 外排序的基本方法

在上一章中介绍了很多排序方法，如插入排序、选择排序、归并排序等，这些方法都属于内部排序方法，整个排序过程中不涉及数据的内、外存交换，即待排序的记录全部存放在内存中完成。但在许多实际问题中，待排序的记录很多、信息量庞大，无法将所有记录同时调入内存进行排序，只能将数据存放在外存上，通常称这种排序为**外部排序**。

外部排序的实现，除了依靠数据的内外存交换外，基本方法是"内部归并"。其排序过程基本可以划分为三个阶段。

307

①根据内存的大小，将待排序的记录划分成若干段。

②依次读入每段的记录，利用内部排序方法进行内部排序。这些经过排序的有序段通常称为归并段或顺串，再将其写入外存。此时在外存上就得到了若干个初始归并段。

③对这些归并段进行归并，使归并段的长度逐渐增大，直至全体待排序的记录成为一个归并段为止。

由此可见，外排序由三个相对独立的阶段组成：预处理、生成初始归并段(初始归并段)以及对归并段进行归并。

最简单的归并方法是类似于归并排序中的二路归并。假设内部排序产生的初始归并段有 m 个，进行两两归并后就得到 $[m/2]$ 个较大的归并段，这是外排序的第一趟归并。n 个记录 m 个初始归并段经过 $[\log_2 m]$ 趟归并才能完成外排序，每一趟需进行全部 n 个记录的内外存交换。

外排序的时间由三部分组成：内部排序的时间、外存信息读写的时间和内部归并的时间。由于外存信息读写的时间远远多于比记录内部排序和归并所需的时间，因此提高外排序效率的关键在于减少数据内外存交换的次数，即减少归并的趟数。显然，采用多路归并可减少归并趟数，减少初始归并段 m 也可减少归并趟数。

9.2.2 磁盘排序

本节将从磁盘排序过程、多路平衡归并、初始归并段的生成和最佳归并树四个方面来具体介绍磁盘排序的基本知识。

9.2.2.1 磁盘排序过程

在外排序中，将对磁盘中的某一文件执行排序操作称为**磁盘排序**。由于磁盘可随机存取数据，因此，我们在计算数据存取时间时可忽略读写头到达指定位置的时间，仅通过读写数据记录块的总次数预估总存取时间。下面通过一个具体的例子来进一步理解磁盘排序的过程。

【例 9-1】 假设有一个文件 file，内含 24000 条记录，若内存空间一次性只能对 3000 个记录进行排序操作，磁盘一次只能读入或写入 1000 条记录(即一个物理块的大小)，请写出这一文件具体的排序过程。

解：文件 file 的排序过程如下。

①预处理阶段 由于内存空间一次性只能对 3000 个记录进行排序操作，即每次从磁盘中能读入 3 个物理块(即 3000 条记录)存入内存中。因此，我们可将文件 file 中的 24000 记录划分为 8(24000/3000)个子文件。

②初始归并段 对每次得到的子文件 subfile(内含 3 个物理块，共 3000 条记录)进行内部排序，排序后可得到一个有序的子文件 subfile-n，需将其重新写回磁盘中为后续待排序的子文件腾出内存空间。在经过 8 次内部排序后，我们可得到 8 个有序的子文件(归并段)subfile-1，subfile-2，…，subfile-8。

③对归并段进行归并(二路归并) 在进行二路归并之前，我们可先将内存空间平均划分为 3 块，将其中两块作为输入缓冲区，用于存入从两个子文件中读入的记录。另一块作为输出缓冲区，用于存放进行二路归并排序后的记录。

首先对子文件 subfile-1 和 subfile-2 进行排序，将两个子文件中的第一个物理块（1000 条记录）分别读入两个输入缓冲区中，再通过二路归并对其进行排序，将所得结果写入输出缓冲区中。当输出缓冲区写满时，就将其内记录写回磁中；当某一输入缓冲区读取完毕后，则将对应子文件的下物理块读入、继续执行排序操作，直至两个子文件中的所有记录均完成归并操作，最终可在磁盘中得到由子文件 subfile-1 和 subfile-2 归并得来的子文件 subfile-1-2。接着对子文件 subfile-3 和 subfile-4 进行归并操作，并将结果存入子文件 subfile-3-4 中。依次类推，最终我们可得到 4 个经第一次归并后的文件 subfile-1-2、subfile-3-4、subfile-5-6 和 subfile-7-8。然后可以继续对上述经一次归并后得到的文件再次进行归并。经过多次归并后方可得到一个有序的文件。文件归并过程如图 9-3 所示。

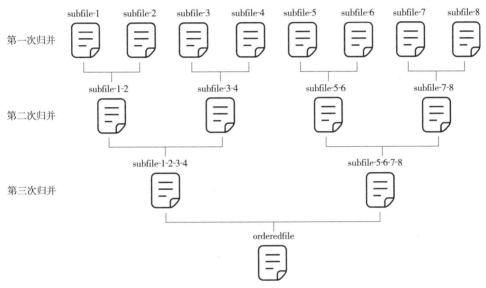

图 9-3 文件归并过程

在例 9-1 中，通过 3 次归并排序，将 8 个有序子文件归并为了一个有序文件。在归并过程中，因为内存有限，所有需要不断的在内、外存之间进行数据交换，而不能直接将两个有序段放入内存中进行归并操作。因此，这一归并排序不同于直接在内存中进行的归并排序，其所用时间往往大于直接在内存中进行的归并操作。一般情况下，磁盘排序所需总时间 T 与产生一个初始归并段所用时间 t_1、读取或写入一条外存信息所用时间 t_2 和在内部归并 m 条记录所需时间 mt_3 有关，磁盘排序所需的总时间可用以下公式表示：

$$T = n \times t_1 + d \times t_2 + s \times mt_3 \tag{9-1}$$

其中，n 为经过最初的内部排序后，得到初始归并段的个数；d 为写入或读取记录的总次数；s 为归并的次数。

由此可见，磁盘排序所需总时间 T 等于产生初始归并段所用时间 T_1、读取或写入外存信息所用总时间 T_2 与经内部多次归并 m 条记录所需时间 T_3 之和。

在例 9-1 中，因为每个物理块可容纳 1000 条记录，因此，每一次归并都需要 24 次"读入内存"和 24 次"写回磁盘"，经过 3 次归并排序和划分初始归并段时的内部排序，则一共需要 192 次读入磁盘/写回磁盘，才可将文件 file 中 24000 条记录归并为一个有序的文件。因此，24000 条记录进行磁盘排序所需的总时间可按式（9-1）计算如下。

$$T=8×t_1+192×t_2+3×24000×t_3 \tag{9-2}$$

在待排序文件确定的情况下，若想减少排序所需的时间，则应从读取或写入外存信息所用总时间 T_2 和经内部多次归并 m 条记录所需时间 T_3 入手。

由于 $T_2=d×t_2$、$T_3=s×mt_3$，可通过减少写入或读取记录的总次数 d、归并的总次数 s 来降低排序的耗时。

在例 9-1 中，如果对得到的 8 个有序子文件进行四路归并，只需经过两次归并即可完成对所有记录的排序，如图 9-4 所示。写入或读取记录的总次数 d 也可减少至 $2×48+48=144$ 次。

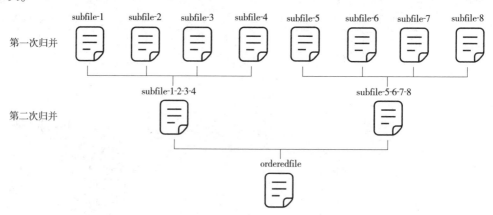

图 9-4　四路归并过程

由此可知，对同一待排序文件来说，在降低写入或读取记录的总次数 d 时，归并的次数也会随之减少，即与入或读取记录的总次数 d 与归并的总次数 s 成正比。而在一般情况下，当对 n 个归并段进行 k 路排序时，归并的次数 s 应满足 $s=\lceil \log_k n \rceil$。因此，若想减少归并的总次数 s，可通过增加 k 或减少 n 来实现。

9.2.2.2　多路平衡归并

通过上一小节的学习可知，当对 n 个归并段进行 k 路排序时，归并的次数 s 应满足 $s=\lceil \log_k n \rceil$。因此，若想减少归并的总次数 s，可通过增加 k 或减少 n 来实现。在本小节中，考虑从增加 k 这一方面来分析其对归并的总次数 s 的影响。

因为归并趟数 $s=\lceil \log_k n \rceil$，从而增加归并路数 k 可以减少归并趟数 s，进而减少访问外存的次数。然而，当增加归并路数 k 时，内部归并时间也将增加。在做内部归并时，在 k 个归并段中选择关键字最小的记录需要经过 $k-1$ 次比较。要得到包含 α 条记录的归并段，需要进行 $(k-1)(\alpha-1)$ 次比较，由此得知，s 趟归并总共需要的比较次数为：

$$s(k-1)(\alpha-1)=\lceil \log_k n \rceil(k-1)(\alpha-1)=\left\lceil \frac{\log_2 n}{\log_2 k} \right\rceil(k-1)(\alpha-1) \tag{9-3}$$

其中，$\log_2 n(\alpha-1)$ 在初始归并段个数 n 和总记录个数 α 一定时值为常数。而 $(k-1)/\log_2 k$ 随着 k 的增长而增长，则内部归并的比较次数也随之增加，这将抵消由于增大 k 而减少外存访问次数所得到的效益，也不能达到提高磁盘排序效率的目的。因此，在 k 路平衡归并中，并非 k 值越大，归并的效果越好。

为了使内部归并不受 k 增大的影响，引入了"败者树"这一数据结构。败者树是对树形选择排序的一种变形，可以看作一棵完全二叉树。在败者树中，败者是指关键字较大的结点，而胜者是指关键字较小的结点。每个叶结点存放各归并段在归并过程中当前参加比较的记录，内部结点用来记忆左右子树中的"失败者"，而让胜者往上继续比较，一直到根结点。如果比较两个数，大的为失败者，小的为胜利者，则根结点指向的树为最小数。假定现有 k 个有序段准备进行 k 路平衡归并，其具体构建步骤如下。

①初始化败者树　将 k 个有序段的第一个记录作为败者树的 k 个叶子结点，在双亲结点中暂时记入最小关键字($-\infty$)，自下向上建立初始 k 路平衡归并败者树。

②初始叶子结点比较　k 个叶子结点两两一组进行比较。在其双亲结点中记录下"比赛"的败者，将胜者送入更高一层进行比较，最终在根节点的上方得到这一轮"比赛"的最终胜者，记为冠军。将其写入输出归并段中。

③调整败者树　因为 k 路平衡归并败者树为完全二叉树，所以 $n_1=0$，又因为 $n_2=n_0-1=k-1$，$n=n_0+n_1+n_2=2k-1$（n 表示树中结点总个数，n_0、n_1 和 n_2 分别代表度数为 0 的结点个数、度数为 1 的结点个数及度数为 2 的结点个数），因此，可得 $h=\lceil\log_2 n+1\rceil=\lceil\log_2 k\rceil+1$，在 k 个记录中选出关键字最小的记录时仅需进行 $\lceil\log_2 k\rceil$ 次比较，因此，总的比较次数即为 $\lceil\log_2 n\rceil(\alpha-1)$ 次，此时 k 的增长与内部归并过程中进行比较的次数无关，不会随着 k 的增大而增加。

通过例 9-2 来进一步理解败者树创建及归并的过程。

【例 9-2】　假设现有四个归并段等待归并，每个归并段中的内容具体如 subfile-1 ~ subfile-4 所示。subfile-1 为 {10, 34, ∞}；subfile-2 为 {60, 98, ∞}；subfile-3 为 {75, 88, ∞}；subfile-4 为 {82, 100, ∞}。请写出利用败者树进行四路平衡归并排序的过程。

解：首先，在每个归并段中设置一个最大值 ∞ 标记防止在归并过程中某个归并段变空；当冠军为 ∞ 标记时，即表示此次归并完成。其次，在初始化败者树时，可将双亲结点先初始化为 $-\infty$，叶子结点对应初始化为 subfille-1 ~ subfile-4 中的第一条记录，初始化完成后，如图 9-5(a) 所示。接着，从 b_0 开始依次调整败者树，过程如图 9-5(b) ~ (e) 所示。由图 9-5 可知，第一轮选出的冠军为 10。在进行第二轮比赛之前，应先在 10 对应的叶子结点 b_0 处读取该归并段中的下一条记录 34，然后再继续按照 b_0 ~ b_3 的顺序依次调整败者树。依次类推，直至选出的冠军为 ∞ 时，本轮"比赛"结束。本例中只画出败者树第一次调整过程，读者可根据上述思路完成败者树归并的全过程。

9.2.2.3　初始归并段的生成

上一小节中介绍了进行 k 路排序时，可以通过增加 k 来减少归并排序的次数 s。在本小节中，主要从另外一个方面来分析，即减少归并段的个数 n。

最初生成初始归并段采用的方法是根据内存空间的大小，分段读入待排序的记录，因此，在经过内部排序后所生成的归并段均是等长的。假定有 α 条待排序的记录，而内存空间中一次性最多能读取 β 条记录，则此时生成的归并段个数 $n=\alpha/\beta$。β 越小，生成的初始归并段就越多。为了解决这一问题，本小节介绍一种置换-选择算法，该算法通过生成长度较大的初始归并段，进而减少归并段个数，以达到提高磁盘排序效率的目的。

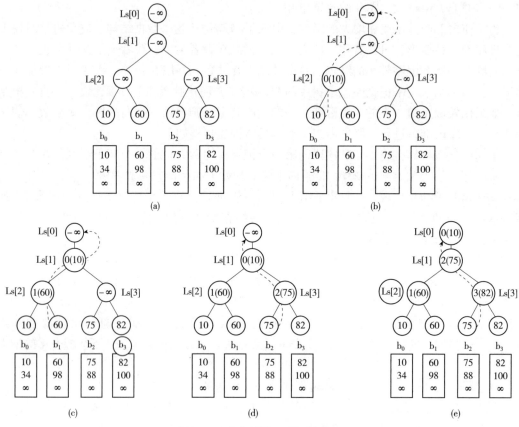

图 9-5 败者树第一次调整过程

置换-选择算法是一种对树形选择排序改进的排序方法，该算法的算法思路如下。

【算法思路】

①假设要排序的文件为f_1，建立一个能容纳 β 条记录的内存工作区 WORK，从 file 中顺序读取 β 条记录存入 WORK 中，设此时归并段的序号为 $i=1$。

②从 WORK 的 β 条记录中选择一个关键字值最小的记录，把它的关键字写入变量 min 中。

③把关键字为 min 的记录输出至文件f_0中。

④若f_1非空，则顺序读下一条记录到 WORK 中，替换已写到 subfile-i 上的那条记录。

⑤在 WORK 的所有关键字大于 min 的记录中选择一条关键字值最小的记录，把它的关键字读到 min 中。

⑥重复思路③至思路⑤，直到 WORK 中选不出新的 min 的记录。这时，在f_0上写一个归并段的结束标志，意味着此时已产生了一个归并段。

⑦重复思路②至思路⑥，直到 WORK 为空。

【例 9-3】 磁盘中现有一待排序文件 file，该文件中共包含 18 条数据记录，file = {12, 2, 98, 65, 16, 33, 110, 45, 78, 8, 39, 83, 58, 31, 72, 80, 304, 69}，假设内存工作区一次性只能读入 5 条记录。请使用置换-选择算法写出最终产生的初始归并段的个数及其内容。

解：初始归并段的生成过程见表 9-1 所示。由表 9-1 可知，文件 file 通过置换-选择算法共生成了 2 个初始归并段，归并段 1 为 {2,12,16,33,45,65,78,83,98,110}，归并段 2 为{8,31,39,58,69,72,81,304}。

表 9-1　初始归并段的生成过程

读入记录	内存工作区状态	最小关键字(min)	输出之后的初始归并段状态
12,2,98,65,16	12,2,98,65,16	2($i=1$)	归并段 1:{2}
33	12,33,98,65,16	12($i=1$)	归并段 1:{2,12}
110	110,33,98,65,16	16($i=1$)	归并段 1:{2,12,16}
45	110,33,98,65,45	33($i=1$)	归并段 1:{2,12,16,33}
78	110,78,98,65,45	45($i=1$)	归并段 1:{2,12,16,33,45}
8	110,78,98,65,8	65($i=1$)	归并段 1:{2,12,16,33,45,65}
39	110,78,98,39,8	78($i=1$)	归并段 1:{2,12,16,33,45,65,78}
83	110,83,98,39,8	83($i=1$)	归并段 1:{2,12,16,33,45,65,78,83}
58	110,58,98,39,8	98($i=1$)	归并段 1:{2,12,16,33,45,65,78,83,98}
31	110,58,31,39,8	110($i=1$)	归并段 1:{2,12,16,33,45,65,78,83,98,110}
81	81,58,31,39,8	8(没有大于 110 的记录，生成一个新的归并段，即 $i=2$)	归并段 1:{2,12,16,33,45,65,78,83,98,110} 归并段 2:{8}
72	81,58,31,39,8	31($i=2$)	归并段 1:{2,12,16,33,45,65,78,83,98,110} 归并段 2:{8,31}
304	81,58,304,39,72	39($i=2$)	归并段 1:{2,12,16,33,45,65,78,83,98,110} 归并段 2:{8,31,39}
69	81,58,304,69,72	58($i=2$)	归并段 1:{2,12,16,33,45,65,78,83,98,110} 归并段 2:{8,31,39,58}
	81,304,69,72	69($i=2$)	归并段 1:{2,12,16,33,45,65,78,83,98,110} 归并段 2:{8,31,39,58,69}
	81,304,72	72($i=2$)	归并段 1:{2,12,16,33,45,65,78,83,98,110} 归并段 2:{8,31,39,58,69,72}
	81,304	81($i=2$)	归并段 1:{2,12,16,33,45,65,78,83,98,110} 归并段 2:{8,31,39,58,69,72,81}
	304	304($i=2$)	归并段 1:{2,12,16,33,45,65,78,83,98,110} 归并段 2:{8,31,39,58,69,72,81,304}

通过例 9-3 可以很直观地看到，如果按照最初的平均分配归并段方法，应产生 4 个初始归并段；而通过置换-选择算法，可将其缩小至 2 个。同时还可以知道最终生成的初始归并段的长度与内存工作区的大小(即最多可读入的记录条数 β)和输入文件中记录的顺序有关。相关研究已经证明当输入文件中记录的关键字为随机数时，初始归并段的平均长度

为内存工作区大小的两倍。因此，置换-选择算法能有效地减少生成初始归并段的个数，从而达到减少归并次数的目的，最终提高磁盘排序效率。

置换-选择算法还可以进一步优化，因为在内存工作区中，每读入一个新数据就需进行 $\beta-1$ 次比较，所以在 α 条记录中得到 i 个归并段就需经过 $\alpha(\beta-1)$ 次比较。若此时再次借助败者树对 WORK 中的 β 条记录进行比较，即可使得 α 条记录经过 $\alpha\log_2\beta$ 次比较便完成初始归并段的生成，由于比较次数减少，因此，排序效率得到进一步提高。

9.2.2.4 最佳归并树

由于采用置换-选择算法生成的初始归并段长度不等，在进行逐路归并时对归并段的组合不同，会导致归并过程中对外存的读写次数不同。为提高归并的时间效率，有必要对各归并段进行合理的搭配组合。按照最佳归并树的设计可以使归并过程中对外存的读写次数最少。归并树是描述归并过程的 k 叉树。因为每一次进行 k 路归并都需要有个归并段参加，因此，归并树是只包含度为 0 和度为 k 的结点的标准 k 叉树。设有 13 个长度不等的初始归并段，其长度（记录个数）序列为 $\{0,0,1,3,5,7,9,13,16,20,24,30,38\}$。其中，长度为 0 的是空归并段。对它们进行三路归并时的归并树如图 9-6 所示。

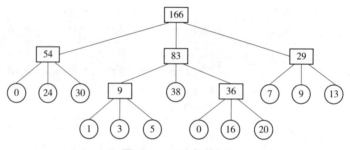

图 9-6　三路归并树

由图 9-6 可知，此三路归并树的带权路径长度为：

$$WPL=(24+30+38+7+9+13)\times2+(16+20+1+3+5)\times3=377 \tag{9-4}$$

因为在归并树中，各叶结点代表参加归并的各初始归并段，叶结点上的权值即为该初始归并段中的记录个数，根结点代表最终生成的归并段，叶结点到根结点的路径长度表示在归并过程中的读记录次数，各非叶结点代表归并出来的新归并段，则归并树的带权路径长度 WPL 即为归并过程中的总读记录次数。因此，在归并过程中总的读写记录次数为 $2\times WPL=754$。

不同的归并方案所对应的归并树的带权路径长度各不相同，为了使得总的读写次数达到最少，需要改变归并方案，重新组织归并树，使其路径长度 WPL 尽可能短。所有归并树中最小路径长度 WPL 的归并树称为**最佳归并树**。为此，可将哈夫曼树的思想扩充到 k 叉树的情况。在归并树中，让记录个数少的初始归并段最先归并，记录个数多的初始归并段最晚归并，就可以建立总的读写次数达到最少的最佳归并树。

例如，有 11 个初始归并段，其长度（记录个数）序列为 $\{1,3,5,7,9,13,16,20,24,30,38\}$ 做三路归并。为使归并树成为一棵正则三叉树，可能需要补入空归并段。补空归并段的原则为：若参加归并的初始归并段有 n 个，做 k 路平衡归并。因为归并树是只有度为 0 和度为 k 的结点的正则 k 叉树，设度为 0 的结点有 n_0 个，度为 k 的结点有 n_k 个，则有 $n_0=$

$(k-1)n_k+1$。因此，可以得出 $n_k=(n_0-1)/(k-1)$。如果该除式能整除，即 $(n_0-1)/(k-1)=0$，则说明这 n_0 个叶结点（即初始归并段）正好可以构造 k 叉归并树，不需加空归并段。此时，内结点有 n_k 个。如果 $(n_0-1)/(k-1)=\gamma\neq0$，则对于这 n_0 个叶结点，其中的 γ 个不足以参加 k 路归并。故除了有 n_k 个度为 k 的内结点之外，还需增加一个内结点。它在归并树中代替了一个叶结点位置，被代替的叶结点加上刚才多出的 γ 个叶结点，再加上 $k-\gamma-1$ 个记录个数为零的空归并段，就可以建立归并树。最佳归并树是带权路径长度最短的 k 叉哈夫曼树，构造最佳归并树的算法思路如下。

【算法思路】

①$(n-1)\ \mathrm{MOD}\ (k-1)$，则需附加 $(k-1)-(n-1)\ \mathrm{MOD}\ (k-1)$ 个长度为 0 的虚段，以使每次归并都可以对应 k 个段。

②按照哈夫曼树的构造原则（权值越小的结点离根结点越远）构造最佳归并树。

在前面的例子中，$n_0=11$，$k=3$，$(11-1)\ \mathrm{MOD}\ (3-1)=0$，可以不加空归并段，直接进行三路归并，如图 9-7 所示。

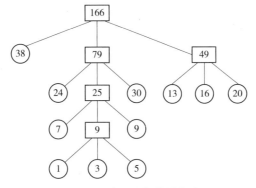

图 9-7 构造三路归并树的过程

由图 9-7 可知，此三路归并树的带权路径长度为：

$$WPL=38\times1+(13+16+20+24+30)\times2+(7+9)\times3+(1+3+5)\times4=328 \qquad (9\text{-}5)$$

【例 9-4】 假定现有某一文件经置换-选择排序处理后得到了 11 个初始归并段，其长度分别为 47，9，39，18，4，12，237，21，16，26，请在读写外存信息次数最少的基础上，为其设计一个四路平衡归并的最佳归并树。

解：已知初始归并段的个数 $n=11$，归并路数 $k=4$，由于 $(n-1)\ \mathrm{MOD}\ (k-1)=1$，不为 0，因此，需附加 $(k-1)-(n-1)\ \mathrm{MOD}\ (k-1)=2$ 个长度为 0 的虚段。根据集合 $\{49,9,35,18,4,12,23,7,21,14,26,0,0\}$ 构造 4 阶哈夫曼树，如图 9-8 所示。

该最佳归并树显示了读写文件次数最少的归并方法：

①将长度为 4 和 7 的初始归并段归并为长度为 11 的有序段。

②将长度为 9、12 和 14 的初始归并段以及长度为 11 的生成有序段归并为长度为 46 的有序段。

③将长度为 18、21、23 和 26 的初始归并段归并为长度为 88 的有序段。

④最终将长度为 35 和 49 的初始归并段以及长度为 46 和 88 的生成有序段归并为记录长度为 218 的有序文件整体。

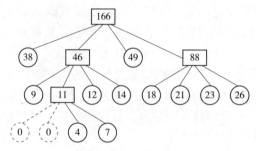

图 9-8　四路归并树

若每个记录占用一个物理页块，则此方法对外存的读写次数为：

$$2 \times \left[(4+7) \times 3 + (9+12+14+18+21+23+26) \times 2 + (35+49) \times 1 \right] = 726 \qquad (9\text{-}6)$$

小　结

本章主要介绍了外排序的概念以及外排序的基本方法。为了提高磁盘排序的效率，引入了多路平衡归并、败者树和最佳归并树等概念。外排序一般由三个相对独立的阶段组成：预处理、生成初始归并段(初始归并段)及对归并段进行归并。首先使用置换选择排序对磁盘文件进行预处理；然后得到多个初始归并段，进行多路归并；最后将子文件归并成一个有序文件。为了提高排序效率，多路归并时，应按最佳归并树的归并方案进行。

习　题

一、选择题

1. 外排序最主要的特点是(　　)。

A. 排序速度较快　　　　　　　　　　　B. 进行外排序的数据需全部存储在内存中

C. 需涉及内、外存数据交换　　　　　　D. 所需内存较小

2. 进行多路平衡归并是为了(　　)。

A. 创建败者树　　　　　　　　　　　　B. 减少归并段的个数

C. 减少归并总次数　　　　　　　　　　D. 创建最佳归并树

3. m 个归并段采用 k 路平归并时对应的败者树共有(　　)个结点。

A. $2k$　　　　　　　　B. $2k-1$　　　　　　　　C. $2m-1$　　　　　　　　D. $2m$

4. 现有一个记录序列(43,48,80,61,42,58,21,65,96,50)，若内存工作区可容纳的记录个数为5，则对该序列采用置换选择算法可产生(　　)个递增有序段。

A. 1　　　　　　　　　B. 2　　　　　　　　　C. 3　　　　　　　　　D. 4

二、填空题

1. 外排序可采用归并排序的方法实现对数据的排序处理，但在进行归并处理前，首先需生成＿＿＿＿＿＿＿。

2. n 个归并段进行3路排序，其所需的归并次数 s 为＿＿＿＿＿＿＿。

3. 败者树中的胜者是＿＿＿＿＿＿＿。

4. 现有一组序列(62,96,74,66,92,87,40,72,75)，若此时内存工作区最多可容纳两个记录，则采用置换选择排序法时，产生的归并段为＿＿＿＿＿＿＿＿＿。

三、判断题

1. 影响外排序的时间因素主要是内存与外设交换信息的总次数。（   ）

2. 为提高在外排序过程中，对长度为 N 的初始序列进行"置换–选择"排序时，可以得到的最大初始有序段的长度不超过 N/2。（   ）

3. 外排序一般由三个相对独立的阶段组成：预处理、生成初始归并段（初始归并段）以及对归并段进行归并。（   ）

四、综合题

某文件中存放了的记录为{12,2,16,30,8,28,4,10,20,6,18}，设内存工作区可容纳 4 个记录，请写出用置换–选择排序法得到的全部初始归并段。

参考文献

陈慧南，2009. 数据结构：C 语言描述［M］. 西安：西安电子科技大学出版社.

程杰，2011. 大话数据结构［M］. 北京：清华大学出版社.

李春葆，苏光奎，2005. 数据结构与算法教程［M］. 北京：清华大学出版社.

裘宗燕，2016. 数据结构与算法：Python 语言描述［M］. 北京：机械工业出版社.

严蔚敏，吴伟民，2002. 数据结构：C 语言版［M］. 北京：清华大学出版社.

张光河，2018. 数据结构——Python 语言描述［M］. 北京：人民邮电出版社.

Cormen T H，Leiserson C E，Rivest R L，et al.，2009. Introduction to algorithms［M］. Cambridge：MIT Press.

Goodrich M T，Tamassia R，Goldwasser M H，2013. Data structures and algorithms in Python［M］. Hoboken：John Wiley & Sons Inc..